跟我一起学人工智能

大模型核心技术与应用

微课视频版

薛 鹏 ◎ 编著

清華大學出版社
北京

内 容 简 介

本书首先从大型模型的结构讲起，让读者了解大型模型的内部实现原理，然后讲解如何在特定任务下对大型模型进行预训练、有监督的微调，以及进行强化学习。通过对模型采用不同的方法进行训练，持续改进模型在特定任务上的性能。最后，本书将与读者一起探讨如何利用大型模型开发大模型时代的智能应用。

本书共9章，第1章讲解大型模型发展的历史及其带来的变革。第2章深入讲解大型模型内部结构的演进。第3章尝试自己运行一个大模型。第4章介绍大型模型对模型训练和推理过程中带来的技术挑战和解决办法。第5章讲解如何进行大型模型的预训练以获取大模型的基本能力。第6章讲解如何对大模型进行有监督的微调，使大型模型的输出与人类意图对齐。第7章讲解如何通过强化学习进一步提升大型模型的表现。第8章讲解如何对大模型进行评估。第9章讲解如何利用大模型构建智能应用。

本书适合有一定深度学习基础的读者，帮助他们从原理到应用，快速了解大型模型的原理、训练方法，并利用大型模型进行智能应用的开发。

图书在版编目(CIP)数据

大模型核心技术与应用：微课视频版 / 薛鹏编著. -- 北京：清华大学出版社，2025. 6.
(跟我一起学人工智能). -- ISBN 978-7-302-69577-6

Ⅰ. TP18

中国国家版本馆 CIP 数据核字第 2025KT1837 号

责任编辑：赵佳霓
封面设计：吴　刚
责任校对：郝美丽
责任印制：刘海龙

出版发行：清华大学出版社
网　　址：https://www.tup.com.cn，https://www.wqxuetang.com
地　　址：北京清华大学学研大厦 A 座　　**邮　　编**：100084
社 总 机：010-83470000　　**邮　　购**：010-62786544
投稿与读者服务：010-62776969，c-service@tup.tsinghua.edu.cn
质量反馈：010-62772015，zhiliang@tup.tsinghua.edu.cn
课件下载：https://www.tup.com.cn，010-83470236
印 装 者：三河市春园印刷有限公司
经　　销：全国新华书店
开　　本：186mm×240mm　　**印　　张**：18.5　　**字　　数**：419 千字
版　　次：2025 年 7 月第 1 版　　**印　　次**：2025 年 7 月第1次印刷
印　　数：1～1500
定　　价：79.00 元

产品编号：108235-01

前言
PREFACE

时间回到2010年，笔者刚刚加入IBM SPSS Modeler的研发团队，从此开始了笔者在人工智能领域的职业生涯。转眼间，这段旅程已经持续了十五年。这十五年里，人工智能的发展波澜壮阔，笔者有幸站在科技的潮头，见证了3次极具意义的浪潮。每次浪潮都代表了人类对于智能的探索迈入了新的阶段，每次浪潮也深刻地改变了科技的边界，社会的面貌，以及我们的日常生活。

在笔者的职业生涯中，第1次人工智能浪潮可以追溯到卷积神经网络的崛起。这一波浪潮最具代表性的事件，也就是深度学习在计算机视觉领域的突破性进展。从2012年AlexNet在ImageNet比赛上的惊艳表现开始，计算机视觉得以迅猛发展，神经网络在图像识别、物体检测、人脸识别等领域逐渐超过了人类的表现。可以说，卷积神经网络让计算机具备了"看"的能力，得以从数亿像素中理解出形状和内容。那一时期，视觉任务相对容易取得突破，这在一定程度上归功于图像本身所包含的直观且自成一体的信息。就像一个三岁小孩能够通过图像辨别出水果、动物、人物一样，计算机在有了强大的视觉模型之后也能通过学习海量的图片，较为准确地判断图像中包含了什么。

然而，语言是另外一个层次的挑战。语言是人类社会最自然的沟通工具，却充满了歧义和复杂的语境。一句话中的每个词汇都可能包含多重含义，需要结合上下文乃至社会背景去理解，尤其是在日常交流中，隐含的讽刺、幽默，甚至体察情绪的能力远远超过一个刚学会说话的孩子。这就意味着，语言理解和生成任务对计算机来讲要比视觉更具挑战。

这就带来了第2次人工智能浪潮：基于Transformer的BERT预训练模型的出现。BERT模型通过利用大量语料和创新性的训练方法(例如前后句判断和完形填空式的掩码训练)让模型逐渐学会理解语义和语境。这一阶段，基于Transformer架构的模型使自然语言处理实现了跨越式的发展。与之前的循环神经网络相比，Transformer显著地提高了训练效率，通过自注意力机制，不仅能并行处理序列数据，还能在长句中抓住远距离词语之间的关联。BERT的出现使NLP各项任务达到了前所未有的高度——机器能够理解段落、回答问题、生成摘要，并且通过预训练与下游任务微调的结合方式，有效地解决了许多工程应用中的问题。

然后我们迎来了第3次浪潮，这一浪潮就是当前的大模型革命。GPT系列的出现，尤其是GPT-3的出现和ChatGPT的广泛传播，让人工智能不再局限于特定领域，而是成为全社会的讨论热点。GPT-3不仅是一种模型，它的能力和表现让我们重新思考人与机器之间的互动模式。通过自然语言，GPT-3 具备了与人类进行复杂对话、进行推理、提供创意建议的能力，ChatGPT 的出现更是掀起了一场关于人工智能将如何改变社会的全民讨论。这是我们朝向通用人工智能迈出的重要一步，各行各业都在思考大模型将如何彻底变革其生产模式和交互方式。

大模型的崛起带来了前所未有的理解、推理、生成的通用能力，也改变了人类与机器的交互方式。在这个大模型的时代，人与机器之间的界限变得越来越模糊，机器不再只是简单地接受命令，它开始具备理解上下文、推测人类意图，甚至具有一定创造力的能力。这种变革不仅是技术上的突破，更是一次对于人类社会运作方式的重新定义。

笔者深感非常幸运，能够处在这样一个激动人心的时代。人工智能的大浪潮，既推动了时代的进步，也让我们这些从业者成为这场伟大变革的亲历者。笔者感受到的，不只是对于技术进步的震撼，更是对于未来无限可能性的憧憬。

本书旨在和读者一起探索大模型的原理、发展和应用，笔者希望通过本书，能够帮助更多的读者理解大模型背后的技术，感受到它所带来的改变。无论你是科技爱好者，还是从事其他领域的专业人士，笔者相信你都能在这场变革中找到属于自己的启发和机遇。

希望我们能够共同见证大模型时代的到来，也希望我们能够携手探索，用大模型技术去改变我们的生活，让人工智能成为我们日常的助手、伙伴，甚至灵感的源泉。让我们一起迎接这个充满希望和挑战的未来。

资源下载提示

素材(源码)等资源：扫描目录上方的二维码下载。

视频等资源：扫描封底的文泉云盘防盗码，再扫描书中相应章节的二维码，可以在线学习。

笔者的阅历有限，书中难免存在疏漏，希望读者热心指正，在此表示感谢。

薛　鹏

2025 年 5 月于西安

目录

CONTENTS

本书源码

第1章 大模型时代

近年来,大语言模型(Large Language Model,LLM)技术迅速崛起,成为学术界与产业界讨论的焦点。从智能对话到代码生成,众多领域在大模型的推动下取得了显著进展,然而,大模型的成功并非偶然,它是长期技术积累和持续研究创新的结晶。本章将回顾大模型的演变过程,探讨其背后的技术发展脉络,并深入分析这一技术变革对未来可能产生的深远影响。

1.1 大模型的发展历史

在深度学习浪潮席卷人工智能领域时,卷积神经网络(Convolutional Neural Network,CNN)和循环神经网络(Recurrent Neural Network,RNN)曾占据统治地位。

卷积神经网络最初在图像处理领域取得了巨大成功,卷积操作可以有效地捕捉图像中的特征,并且卷积核可以在整个图像上共享参数,减少了模型的参数数量,提高了训练效率。另外卷积操作可以并行处理,计算效率高,但是卷积神经网络在处理自然语言处理(Natural Language Processing,NLP)任务时,虽然可以捕捉到文本中的局部特征,但是难以有效地捕捉长文本中的全局依赖关系。文本中的依赖关系和句法结构复杂,单纯依靠局部卷积难以建模,导致卷积神经网络对复杂语义理解能力不足。同时卷积神经网络不具备处理序列信息的机制,无法利用序列数据中的顺序关系。

循环神经网络是一种专门用于处理序列数据的神经网络架构,其独特之处在于它能够通过隐藏状态将前一时刻的信息传递到下一时刻,从而捕捉到数据的时间依赖性。这使循环神经网络特别适合处理如文本这样的序列数据,但是由于循环神经网络的逐步计算特性,梯度在反向传播中容易消失或者爆炸,特别是在处理长序列时,导致模型训练困难。由于循环神经网络需要逐步计算每个时间步的数据,无法并行处理,所以导致训练和推理速度都很慢。最后,对于序列中相隔较远的信息,循环神经网络难以有效捕捉和利用,导致模型在处理远距离依赖关系时表现较差。

1.1.1 注意力机制的发扬光大

虽然 CNN 和 RNN 在各自领域内都取得了显著的成功,但它们在处理自然语言处理任务时，特别是在处理长文本和复杂句法结构时，表现出明显的局限性。这些局限性促使研究人员探索新的模型架构，以更好地捕捉序列中的全局依赖关系和复杂语义，从而推动了Transformer的诞生和应用。

Transformer模型由Vaswani等在2017年提出，并彻底改变了自然语言处理领域。与传统RNN的逐步计算方式不同，Transformer采用了完全基于注意力机制的架构，使其在处理长文本和复杂句法结构方面表现出色。通过自注意力机制、多头注意力、编码-解码结构和位置编码，Transformer模型不仅解决了传统RNN和CNN在处理长文本和复杂句法结构方面的局限性，还显著地提升了模型的计算效率和效果，推动了自然语言处理领域的快速发展。基于这一架构，出现了一系列极具影响力的模型，其中最具代表性的当属BERT(Bidirectional Encoder Representations from Transformers)系列和GPT(Generative Pre-trained Transformer)系列。

BERT系列模型在多种NLP任务中表现出色，其双向编码器机制使模型能够同时考虑上下文信息，从而在文本分类、问答系统和命名实体识别等任务中取得了显著的效果。BERT通过预训练和微调的方式，首先在大规模文本语料上进行预训练，然后在特定任务上进行微调，使模型能够快速地适应不同的NLP任务，展现出卓越的泛化能力和性能。

另一方面，GPT系列模型则在生成式任务中展现了强大的语言生成能力。GPT通过单向的生成模式，使模型能够根据前文生成高质量的连续文本。这一特性在文本生成、对话系统和写作助手等应用中得到了广泛应用和验证。特别是GPT-3，凭借其庞大的参数规模和强大的生成能力，能够生成令人难以辨别的自然语言文本，极大地推动了生成式人工智能的发展。

可以说，Transformer模型的出现为大模型的发展种下了种子，其独特的注意力机制、多头注意力和编码-解码结构，使模型能够高效地处理复杂的自然语言任务。Transformer不仅在学术界引发了广泛的研究热潮，还在工业界得到了广泛应用，引领了整个自然语言处理领域的革命。作为现代大模型的基础，Transformer模型奠定了未来大模型发展的方向和基础，推动了人工智能技术的不断进步和创新。

1.1.2 从GPT到InstructGPT

GPT是OpenAI提出的一种基于Transformer模型架构的语言模型。GPT的核心概念是通过大量未标注文本数据进行预训练，从而实现广泛的自然语言处理任务。GPT的第1个版本于2018年发布。GPT-1模型具有1.17亿个参数，采用单向的自回归生成方式。通过在海量的文本数据上进行预训练，GPT-1展示了生成高质量文本的能力，并在文本生成、对话系统等任务中表现出色。尽管GPT-1在语言生成上取得了显著进步，但在一些复杂任务上仍存在局限性。

GPT-2于2019年发布，具有15亿个参数，远远超过了GPT-1。GPT-2通过更大规模的模型和更广泛的训练数据，显著地提升了文本生成的质量和连贯性。GPT-2能够生成高度一致和富有创意的长篇文本，在文本生成、对话系统、文本摘要等任务中表现优异，然而，由于其强大的生成能力，GPT-2 也引发了对滥用和安全问题的担忧。

GPT-3 于 2020 年发布，具有 1750 亿个参数。GPT-3 的巨大参数规模使其能够捕捉到更细致的语言模式和上下文关系，生成更加自然和连贯的文本。GPT-3 在文本生成、对话系统、写作助手、代码生成等多种应用场景中表现卓越，展示了前所未有的多功能性和实用性。GPT-3 不仅在生成式任务中表现出色，还能够通过少量的示例进行零样本学习和少样本学习，极大地扩展了其应用范围。

InstructGPT 是 OpenAI 在 GPT-3 的基础上进一步改进的一种模型，专注于处理指令和交互式任务。InstructGPT 的核心目标是使模型能够更好地理解和执行用户的指令，从而提升用户体验和交互效果。InstructGPT 通过在预训练阶段引入指令数据集，使模型能够更好地理解和响应自然语言指令，并通过强化学习让模型进一步生成更符合人类期望的内容。与传统的 GPT 模型不同，InstructGPT 能够根据用户提供的指令完成特定的操作和任务。

从 GPT 到 InstructGPT 的不断演进，这些模型在自然语言处理领域展现了强大的能力和广泛的应用前景。它们不仅在文本生成和理解任务中取得了显著进步，还让大模型生成的内容越来越符合人类期望。这一系列的技术进步为未来的大模型发展和应用奠定了坚实基础。

1.1.3 ChatGPT 惊艳登场

ChatGPT 是由 OpenAI 在 2022 年底发布的一款在线的聊天机器人程序，它基于 GPT 和 InstructGPT 技术。ChatGPT 采用了简捷易用的聊天窗口界面，使即使是非人工智能领域的用户也能轻松地体验到大语言模型的强大功能。这种直观的交互方式降低了技术使用门槛，使 ChatGPT 迅速走红，成为社会各界广泛关注的焦点。

作为一个强大的生产力工具，ChatGPT 在翻译、编写代码和写作等多个领域展现了卓越的能力。在翻译方面，ChatGPT 能够提供高质量的多语言翻译服务。在编写代码领域，ChatGPT 辅助程序员进行代码生成和优化，提高了开发效率和代码质量。在写作方面，ChatGPT 帮助用户进行内容创作，从头脑风暴到文本润色，显著地提升了写作效率和创意表达。

随着不同行业的专业人士不断加入，ChatGPT 的应用边界和潜力得到了进一步拓展。各行业的用户不仅在使用 ChatGPT 的过程中获得了实际的生产力提升，也为模型的改进和新功能开发提供了宝贵的反馈和建议。这种广泛的跨领域应用，使大语言模型的想象空间得到了极大的拓展。

凭借其在各方面的出色表现，ChatGPT 已经被誉为人工智能历史上最伟大的应用之一。它不仅重新定义了人类与机器的交互方式，还为未来的人工智能应用树立了标杆。ChatGPT 的成功展示了大语言模型在实际应用中的巨大潜力，推动了人工智能技术的普及和发展，开创了人机协作的新纪元。

1.1.4 全球首个 AI 程序员诞生

Devin 是由 Cognition AI 推出的全球首个 AI 程序员。作为一名不知疲倦且技术娴熟的 AI 程序员，Devin 不仅能独立解决编程问题，还可以与人类员工协同工作。

Devin 具备计划和执行复杂工程任务的能力，这些任务需要数千次决策。在每个决策过程中，Devin 都能够回忆相关背景信息，从而做出更可靠的决策。Devin 还能像人类程序员一样使用各种工具，包括 Shell、代码编辑器和浏览器等。此外，Devin 能够与人类员工进行协作，实时报告工作进展，接受反馈，并在需要时征求人类员工的意见。

Devin 具备学习新技术的能力，通过在互联网上检索相关资料来提升自己的编程能力。根据用户的需求，Devin 会逐步增加功能，最终将应用部署上线。同时，Devin 还能够检查、调试和维护自己的代码。

Devin 具有人类程序员的诸多能力，包括学习、记忆、思考、使用工具及与他人沟通和协作。这些能力的实现，在大模型出现之前是难以想象的。

1.2 大模型时代的新范式

大模型的出现掀起了一场技术变革，不仅改变了我们获取知识和与技术互动的方式，还推动了智能化应用的广泛普及，然而，如何充分理解和应用大模型仍是一个需要深入探讨的课题。下边将围绕 3 个关键问题展开讨论。

(1) 大模型给我们带来了什么？

首先，大模型彻底革新了人们获取知识的方式。以往，人们依赖搜索引擎来查找信息，并需要自行甄别和筛选所需的内容。如今，只需直接提出问题，大模型便能提供针对性的回答，大大地提高了信息获取的效率。

其次，大模型变革了人机交互的模式。回顾人机交互的发展历史，从最初的打孔卡片，到命令行界面。再到目前主流的图形用户界面，用户主要通过用户界面控件与计算机进行互动，然而，人类最自然和直接的交互方式是通过语言交流。大模型的出现，使人类可以通过自然语言与计算机进行交互，显著地提升了交互的便捷性和自然度。

最后，大模型带来了前所未有的智能水平。它具备通用的自然语言理解、任务规划、推理和内容生成能力，这些是以往程序所无法实现的。大模型不仅能理解复杂的任务需求，还能自主地生成高质量的内容，体现出强大的综合智能。

(2) 大模型如何重塑软件产品？

大模型技术正在以惊人的速度重塑软件行业的格局。微软作为行业的先驱，率先将大模型与其现有的软件产品进行深度融合，为 Windows 操作系统、Bing 搜索引擎和 Office 办公套件引入了创新的 Copilot 功能。这一举措不仅改变了用户与软件的交互方式，还赋予这些产品前所未有的智能化能力。

大模型技术的引入为软件开发带来了新的可能性，使开发者能够更轻松地创建具有高度智能和自适应能力的应用程序。这不仅推动了软件行业的创新，也为各行各业带来了深远的影响。随着大模型技术的不断进步和普及，未来的软件将变得更加智能化、个性化，推动社会各个领域的数字化转型和发展。

（3）如何应用大模型？

大模型虽然给我们带来了前所未有的自然语言理解、任务规划、推理、内容生成等方面的能力，但是大模型也有其自身的缺点，例如幻觉问题，对专业知识的欠缺，缺乏对最新知识的了解，复杂计算能力不足，训练推理资源需求大等，这些都是在大模型应用时需要解决的问题。

本书将从大模型的模型结构开始讲起，再到大模型的训练、微调、部署，最后到大模型的应用，让你从原理到实践最大限度地利用大模型的优点规避大模型的缺点。让我们开始吧！

第 2 章

深入了解大模型

本章将首先介绍 Transformer 模型架构，接着讲解 OpenAI 的系列模型，最后深入学习 Meta 的 Llama 系列模型。

2.1 Transformer 横空出世

27min

Transformer 是第 1 个仅使用注意力机制来解决序列到序列问题的模型。序列到序列问题最典型的应用就是机器翻译。这个模型就是被设计用来解决机器翻译问题的。对于利用神经网络将源语言文本翻译为目标语言文本而言，主要有 3 个具体问题需要解决。第一，如何表示文本。因为神经网络只能处理向量。如何把文本转换为向量就是必须解决的问题。第二，如何让神经网络理解语义。只有让神经网络理解了语义，才能更精准地进行翻译。第三，在理解了需要被翻译文本的语义后，如何生成目标语言文本。

2.1.1 词典生成

进行模型架构设计前的第 1 个要解决的问题就是确定模型的词典。词典里的元素叫作 token。词典定义了模型认识哪些 token，例如利用 Transformer 模型将英语翻译为法语。希望模型能认识尽可能多的英文和法语单词。以英文为例，它本身单词数量就有几十万个，而且还不断有新的词汇产生。人类会根据词根来推断单词含义，例如认识了 high 这个单词，就知道 higher、highest 的含义。同样知道了 low 就知道了 lower、lowest 的含义。如果让模型利用词根来认识单词，则可以减少词典大小。模型只要学习 low、high、er、est 这 4 个 token 的含义。根据词根来划分 token 就可以获得更多针对每个 token 的训练样本，从而让训练后的模型拥有更好的泛化效果。

字节对编码(Byte Pair Encoding，BPE)原本是一个通过合并频繁出现的字节对来进行数据压缩的算法。后来被用来进行单词分割，以及生成词典。在 Transformer 里，采用 BPE 算法来生成词典。

BPE 算法通过对一批语料进行统计来得到每个单词出现的次数，同时规定词典的大小(这里设定为 15)。算法初始化时，给每个单词后边加上</w>表示这是一个单词的结束位置，然后按字母对每个单词进行切分，将切分后的字符和</w>符放入词典，如图 2-1 所示。

单词	出现次数
b i g </w>	4
h i g h </w>	3
h i g h e r </w>	2
l o w e r </w>	4

词典
b　i　g　</w>　h
e　r　w　l　o

合并规则

图 2-1　初始化

接下来对所有相邻 token 进行统计，找出出现最多的两个 token 组合，将它们合并为一个新的 token，放入词典。同时记录合并规则。如果同时有多个 token 对出现次数一样且都是最大，则任选一对进行合并。这一步被合并的是 i 和 g，它们一共出现了 9 次。同时，i 与 g 的合并规则也被记录下来，如图 2-2 所示。

单词	出现次数
b **ig** </w>	4
h **ig** h </w>	3
h **ig** h e r</w>	2
l o w e r </w>	4

词典
b　i　g　</w>　h
e　r　w　l　o　ig

合并规则
[i,g]

图 2-2　第 1 次合并

经过第 1 次合并后，ig 被作为一个 token，然后统计所有单词里相邻 token 出现最多的组合。由于 e 和 r 的组合出现的次数最多，所以这次将 e 和 r 进行合并，并记录合并规则，如图 2-3 所示。

单词	出现次数
b **ig** </w>	4
h **ig** h </w>	3
h **ig** h **er** </w>	2
l o w **er** </w>	4

词典
b　i　g　</w>　h
e　r　w　l　o　ig
er

合并规则
[i,g]　[e,r]

图 2-3　第 2 次合并

第 3 次合并将 er 和</w>进行合并，如图 2-4 所示。

单词	出现次数
b **ig** </w>	4
h **ig** h </w>	3
h **ig** h **er</w>**	2
l o w **er</w>**	4

词典
b　i　g　</w>　h
e　r　w　l　o　ig
er　er</w>

合并规则
[i,g]　[e,r]　[er,</w>]

图 2-4　第 3 次合并

第 4 次合并将 hi 和 g 进行合并，如图 2-5 所示。

单词	出现次数
b **ig** </w>	4
hig h </w>	3
hig h **er</w>**	2
l o w **er</w>**	4

词典
b i g </w> h
e r w l o ig
er er</w> hig

合并规则
[i,g] [e,r] [er,</w>]
[h,ig]

图 2-5　第 4 次合并

第 5 次合并将 hig 和 h 进行合并。经过 5 次合并后，由于词典内的 token 数量达到了预设的 15 个，所以停止合并。此时，算法产生了一个字典，同时有一组合并规则，如图 2-6 所示。

单词	出现次数
b **ig** </w>	4
hig h </w>	3
high er</w>	2
l o w **er</w>**	4

词典
b i g </w> h
e r w l o ig
er er</w> hig high

合并规则
[i,g] [e,r] [er,</w>]
[h,ig] [hig,h]

图 2-6　第 5 次合并

有了通过 BPE 算法生成的词典和合并规则，对于一句话的分词过程为先将单词按字符拆分，再应用合并规则进行 token 合并，最终返回 token 在字典里的序号。这就完成了对句子的分词，例如，如果输入 higher lower，则分词完的结果为[14,12,8,9,7,12]。

2.1.2 词嵌入

经过分词，可以将一句话转换为一个 id 的序列，其中每个 id 代表了一个 token。由于神经网络处理的是向量，所以 id 需要被转换为向量。

Transformer 给每个 id 分配一个 512 维可以学习的参数向量。这个参数向量就是对应 token 的向量嵌入(Embedding)。对于“我爱吃苹果”这句话经过分词和向量嵌入后的表示，如图 2-7 所示。

我	1.12	−0.42	…	−0.42	1.32	−0.62
爱	0.12	−1.42	…	−0.22	0.32	−0.52
吃	0.52	1.45	…	−0.42	1.32	−0.62
苹果	0.89	−1.12	…	−0.78	0.24	−0.68

512维可学习参数

图 2-7　token 嵌入

每个 token 的向量嵌入初始都是随机分配的，经过训练后，每个 token 都被恰当地映射到 512 维的语义空间中。假设语义空间有两个维度，一个维度代表大小，另一个维度代表质量。那么可以在质量和大小组成的这个二维空间里可视化一组 token，如图 2-8 所示。

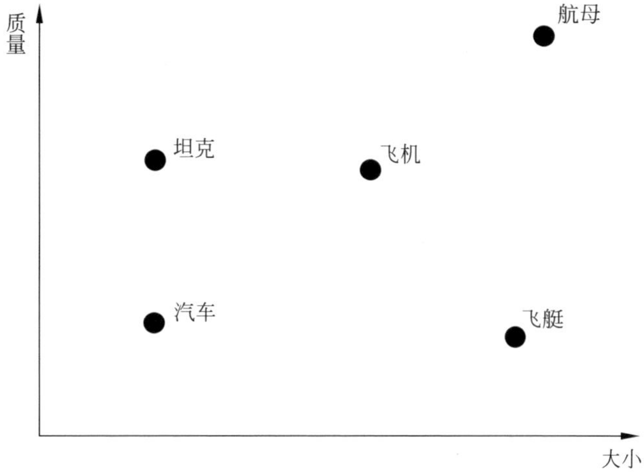

图 2-8 嵌入二维可视化

每个 token 经过训练后都被映射到 512 维的向量空间。语义相似的 token 在这个空间里就离得近一些，语义不同的 token 就离得远一些。更进一步，将 token 经过向量嵌入后还可以拥有其他的一些性质，例如对于国王、皇后、男人、女人，这 4 个 token 的向量，用国王减去男人得到的向量大致等于皇后减去女人得到的向量。也就是说，通过语义向量嵌入的向量也具备了语义计算的特性。

通过神经网络学习得到 token 的向量嵌入可以有很好的语义表征，之前也有很多算法可以得到不错的向量嵌入，例如谷歌公司的 Word2Vec 算法，但是，有一个问题，这些 token 的向量嵌入训练完成后就固定了，不能根据 token 所在的上下文来进行改变，但是 token 所表达的语义信息在不同的上下文里可能有很大的不同，例如下边这两个句子：

(1) 我喜欢吃苹果。

(2) 我喜欢苹果手机。

这两个句子里都有苹果这个 token，但是在两句话里有着截然不同的意思。希望第一句话里"苹果"这个 token 可以注意到前边"吃"这个 token，从而改变自身的向量嵌入。第二句话里的"苹果"可以注意到"手机"，改变自身的向量嵌入。

2.1.3 自注意力机制

在 Transformer 里，通过引入 token 间的注意力，让每个 token 都有机会根据上下文不断地更新自身的向量嵌入。接下来就详细介绍自注意力机制。

每个 token 在初始向量嵌入的基础上，通过共享的 3 个线性层进行映射，分别得到 3 个向量，即 query 向量、key 向量、value 向量，简称为 $\boldsymbol{q}$、$\boldsymbol{k}$、$\boldsymbol{v}$ 向量。

(1) $\boldsymbol{q}$ 向量是查询向量,对其他 token 的 $\boldsymbol{k}$ 向量进行查询。

(2) $\boldsymbol{k}$ 向量是应答向量,对其他 token 的 $\boldsymbol{q}$ 向量进行应答。

(3) $\boldsymbol{v}$ 向量是值向量,用来更新其他 token 的向量嵌入。

例如图 2-9 中的“苹果”这个 token,它通过共享的 3 个线性层映射后,生成了自己的 3 个向量 $\boldsymbol{q}_4$、$\boldsymbol{k}_4$、$\boldsymbol{v}_4$,然后 $\boldsymbol{q}_4$ 分别去和 $\boldsymbol{k}_1$、$\boldsymbol{k}_2$、$\boldsymbol{k}_3$ 及自身的 $\boldsymbol{k}_4$ 进行查询匹配,这里的查询匹配是进行相似度计算。Transformer 里用的是点积。如果 $\boldsymbol{q}_4$ 和 $\boldsymbol{k}_3$ 的相似度最高,则用$\boldsymbol{v}_3$ 来更新“苹果”这个 token 的向量嵌入时权重就最大,如图 2-9 所示。

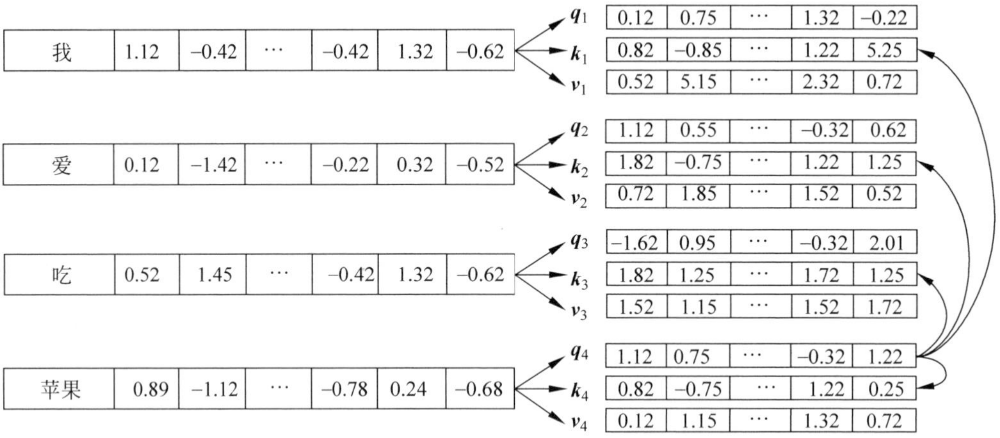

图 2-9 自注意力机制中的注意力

具体的计算过程首先计算 $\boldsymbol{q}_4$ 和 $\boldsymbol{k}_1$、$\boldsymbol{k}_2$、$\boldsymbol{k}_3$、$\boldsymbol{k}_4$ 的点积,组成向量$\boldsymbol{v}_s$,如式(2-1)所示。$\boldsymbol{v}_s$ 代表了每个 token 和“苹果”这个 token 之间的注意力,然后对$\boldsymbol{v}_s$ 应用 softmax()函数,如式(2-2)所示,将$\boldsymbol{v}_s$ 转换为每个 token 对“苹果”这个 token 注意力所占百分比的向量。

$$\boldsymbol{v}_s = [\boldsymbol{q}_4 \cdot \boldsymbol{k}_1, \boldsymbol{q}_4 \cdot \boldsymbol{k}_2, \boldsymbol{q}_4 \cdot \boldsymbol{k}_3, \boldsymbol{q}_4 \cdot \boldsymbol{k}_4] \tag{2-1}$$

$$\boldsymbol{v}_p = \mathrm{softmax}(\boldsymbol{v}_s) \tag{2-2}$$

假设$\boldsymbol{v}_p$ 最终经计算得到的向量为[0.1,0.1,0.35,0.45],则“苹果”这个 token 将更新自己的向量嵌入,如式(2-3)所示。

$$\mathrm{Embedding} = 0.1\boldsymbol{v}_1 + 0.1\boldsymbol{v}_2 + 0.35\boldsymbol{v}_2 + 0.45\boldsymbol{v}_4 \tag{2-3}$$

得到新的向量嵌入后,还需要经过一个线性网络层的映射,然后就得到“苹果”这个 token 经过一次自注意力机制后最终的向量表示了。之所以叫作自注意机制,是因为这里的注意力的计算是对 token 所在序列自身所有 token 进行的。

在具体实现时会将所有 *token* 的 $\boldsymbol{q}$ 向量收集到一起,从而得到 $\boldsymbol{Q}$ 矩阵。同理,可以得到 $\boldsymbol{K}$ 矩阵和 $\boldsymbol{V}$ 矩阵,如图 2-10 所示。

进行注意力计算时,通过矩阵运算,可以方便地一次得到所有 token 更新后的 Embedding 值,具体如式(2-4)。公式里为什么会除以$\sqrt{d_k}$呢?其中 d_k 是 token 特征的维度,Transformer里是512维。这是因为原始的$\boldsymbol{q}$向量和$\boldsymbol{k}$向量默认均值为0,方差为1,

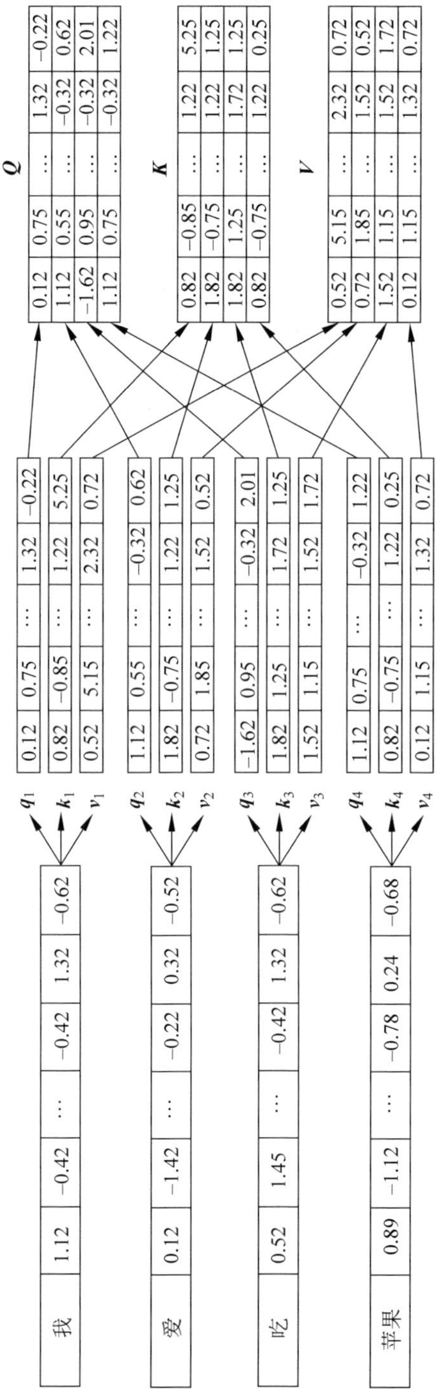

图 2-10　$\boldsymbol{Q}$、$\boldsymbol{K}$、$\boldsymbol{V}$ 矩阵

经过点乘后，是 d_k 个 $\boldsymbol{q}$ 和 $\boldsymbol{k}$ 中的值乘积相加，那么得到的结果均值还为 0，但是方差变为 d_k。为了让点积后的结果仍然保持方差为 1，就要除以标准差，也就是$\sqrt{d_k}$。

$$\text{Attention}(\boldsymbol{Q},\boldsymbol{K},\boldsymbol{V})=\text{softmax}\left(\frac{\boldsymbol{Q}\boldsymbol{K}^{\mathrm{T}}}{\sqrt{d_k}}\right)\boldsymbol{V} \tag{2-4}$$

类似于在卷积神经网络里，可以定义多个卷积核，在自注意机制里，同样可以定义多个 $\boldsymbol{q}$、$\boldsymbol{k}$、$\boldsymbol{v}$ 并分别进行各自的注意力机制计算。每个 $\boldsymbol{q}$、$\boldsymbol{k}$、$\boldsymbol{v}$ 被称为一个头。每个头可以关注不同的语义特征，例如先让“苹果”这个 token，经过不同的线性映射，生成多个 $\boldsymbol{q}$、$\boldsymbol{k}$、$\boldsymbol{v}$ 向量，然后第 1 组 $\boldsymbol{q}$、$\boldsymbol{k}$、$\boldsymbol{v}$ 向量去和所有 token 第 1 组 $\boldsymbol{q}$、$\boldsymbol{k}$、$\boldsymbol{v}$ 进行自注意力计算，从而得到一个更新后的向量嵌入值。多个头会得到多个更新后的向量嵌入值，最后对多个向量嵌入值进行拼接，从而得到最终更新的向量嵌入。

在实际的多头注意力机制的实现时，并不是每个 token 生成多个 $\boldsymbol{q}$、$\boldsymbol{k}$、$\boldsymbol{v}$ 向量，而是 $\boldsymbol{q}$、$\boldsymbol{k}$、$\boldsymbol{v}$ 向量都只生成一个和原始 token 特征维数一样的向量，然后将 $\boldsymbol{q}$、$\boldsymbol{k}$、$\boldsymbol{v}$ 向量拆分成多份。每份代表一个头。每个 token 的第 i 个头只和所有 token 的第 i 个头进行注意力计算，例如每个 token 的第 1 个头的 $\boldsymbol{q}$、$\boldsymbol{k}$、$\boldsymbol{v}$ 向量只和所有 token 的第 1 个头的 $\boldsymbol{q}$、$\boldsymbol{k}$、$\boldsymbol{v}$ 向量进行计算。原论文里 token 的特征维度是 512，这样为这个 token 生成的 $\boldsymbol{q}$、$\boldsymbol{k}$、$\boldsymbol{v}$ 向量维度也是 512，但是把它们拆分为 8 个头，每个头的维度为 64。最终每个头生成的新的向量表示也是 64 维。对 8 个头生成的特征进行拼接之后，就又合成 512 维的特征了。

同样，在多头注意力机制下，也可以用 $\boldsymbol{Q}$、$\boldsymbol{K}$、$\boldsymbol{V}$ 矩阵来进行加速度计算。$\boldsymbol{Q}$、$\boldsymbol{K}$、$\boldsymbol{V}$ 矩阵也被划分为多个头，最终对多个头计算的结果进行拼接。

如图 2-11 所示，在这个示例里，将 $\boldsymbol{Q}$、$\boldsymbol{K}$、$\boldsymbol{V}$ 矩阵划分为 3 个头，首先分别用 head1 的 $\boldsymbol{Q}$、$\boldsymbol{K}$、$\boldsymbol{V}$ 矩阵按式(2-4)计算 head1 的自注意力结果，然后计算 head2、head3 的自注意力结果。最后对多个头的结果进行拼接。

	head1		head2		head3	
Q	0.12	0.75	1.32	−0.22	1.32	−0.22
	0.82	−0.85	1.22	5.25	1.22	5.25
	0.52	5.15	2.32	0.72	2.32	0.72
	1.12	0.75	−0.32	1.22	−0.32	1.22
K	1.12	0.75	1.32	−0.22	1.12	−2.22
	0.42	−0.75	1.32	2.25	1.26	3.25
	0.32	2.15	1.24	0.32	−1.32	1.75
	1.02	0.43	0.52	0.52	−0.82	1.23
V	1.12	1.75	0.32	−1.22	2.32	−0.22
	0.42	−1.85	1.02	2.25	1.25	2.25
	0.72	1.15	1.32	1.72	1.22	1.72
	1.32	1.75	−0.12	0.22	−4.32	1.82

图 2-11　多头注意机制

在多头自注意机制的实现中，初始化函数的代码如下：

```
//chapter2/Transformer.py
class MultiHeadAttentionBlock(nn.Module):

    def __init__(self, d_model: int, h: int, dropout: float) -> None:
        super().__init__()
        self.d_model = d_model                  #编码特征大小
        self.h = h                              #头的个数
        #确保 d_model 可以被 h 整除
        assert d_model % h == 0, "d_model 不能被 h 整除"
```

```
        self.d_k = d_model //h          #每个头特征大小
        self.w_q = nn.Linear(d_model, d_model, bias=False)     #Wq
        self.w_k = nn.Linear(d_model, d_model, bias=False)     #Wk
        self.w_v = nn.Linear(d_model, d_model, bias=False)     #Wv
        self.w_o = nn.Linear(d_model, d_model, bias=False)     #Wo
        self.dropout = nn.Dropout(dropout)
```

attention()函数的代码如下：

```
//chapter2/Transformer.py
    def attention(query, key, value, mask, dropout: nn.Dropout):
        d_k = query.shape[-1]
        #(batch, h, seq_len, d_k) --> (batch, h, seq_len, seq_len)
        attention_scores = (query @key.transpose(-2, -1)) / math.sqrt(d_k)
        if mask is not None:
            #给 mask == 0 的位置写入一个很小的值
            attention_scores.masked_fill_(mask == 0, -1e9)
        #(batch, h, seq_len, seq_len)
        attention_scores = attention_scores.softmax(dim=-1)       #调用 softmax
        if dropout is not None:
            attention_scores = dropout(attention_scores)
        #(batch, h, seq_len, seq_len) --> (batch, h, seq_len, d_k)
        return (attention_scores @value), attention_scores
```

attention()函数传入的是 $\boldsymbol{Q}$、$\boldsymbol{K}$、$\boldsymbol{V}$ 矩阵，一个 mask(后边会讲解 mask，这里先忽略)，还有一个 DropOut 层。传入的 $\boldsymbol{Q}$、$\boldsymbol{K}$、$\boldsymbol{V}$ 矩阵是经过多头划分的。它们的形状为(批次大小，头的个数，序列长度，每个头的维度)。在 PyTorch 里进行多维矩阵乘法，只在最后两个维度上进行，并保持其他维度不变。

forward()函数的代码如下：

```
//chapter2/Transformer.py
    def forward(self, q, k, v, mask):
        #(batch, seq_len, d_model) --> (batch, seq_len, d_model)
        query = self.w_q(q)
        key = self.w_k(k)
        value = self.w_v(v)
        #(batch, seq_len, d_model) --> (batch, seq_len, h, d_k) --> (batch, h, seq_
len, d_k)多头拆分，并调整序列长度和头维度
        query = query.view(query.shape[0], query.shape[1], self.h, self.d_k).
transpose(1, 2)
        key = key.view(key.shape[0], key.shape[1], self.h, self.d_k).transpose(1, 2)
        value = value.view(value.shape[0], value.shape[1], self.h, self.d_k).
transpose(1, 2)

        #计算注意力
         x, self.attention_scores = MultiHeadAttentionBlock.attention(query,
key, value, mask, self.dropout)
```

```
        #合并多头结果
        #(batch, h, seq_len, d_k) --> (batch, seq_len, h, d_k) --> (batch, seq_len,
d_model)
        x = x.transpose(1, 2).contiguous().view(x.shape[0], -1, self.h * self.d_k)

        #计算输出
        return self.w_o(x)
```

forward()函数传入的是 $\boldsymbol{Q}$、$\boldsymbol{K}$、$\boldsymbol{V}$ 矩阵和一个 mask。这里传入的 $\boldsymbol{Q}$、$\boldsymbol{K}$、$\boldsymbol{V}$ 矩阵是没有经过多头拆分的。它的形状是(批次大小，序列长度，特征维度)。

首先经过 w_q、w_k、w_v 这 3 个线性层生成 $\boldsymbol{Q}$、$\boldsymbol{K}$、$\boldsymbol{V}$ 的矩阵。接下来就是对 $\boldsymbol{Q}$、$\boldsymbol{K}$、$\boldsymbol{V}$ 矩阵进行多头拆分，并调整序列长度和头这两个维度。处理好的矩阵，将在后两个维度上进行矩阵计算。一次性在所有 token 的所有头上进行注意力计算。最后将计算结果的维度调整到输入的尺寸，通过 w_o 输出层转换后，就可以得到一次多头自注意力计算的结果。

2.1.4 层归一化

Transformer 里对特征进行的是层归一化，它会先统计每个 token 特征向量的均值和标准差，然后对每个特征都减去各自的均值除以各自的标准差。为了防止标准差为 0 通常会给标准差加上一个很小的值。接着对 token 特征向量里的每个值进行线性变化，所有的 token 相同位置的特征共享一个线性变换的权重和偏差值，如式(2-5)所示。

$$\text{LayerNorm}(\boldsymbol{x}) = \frac{\boldsymbol{x} - E[\boldsymbol{x}]}{\text{std}[\boldsymbol{x}] + \varepsilon} * \gamma + \beta \tag{2-5}$$

具体实现代码如下：

```
//chapter2/Transformer.py
class LayerNormalization(nn.Module):
    def __init__(self, features: int, eps: float = 10 ** -6) -> None:
        super().__init__()
        self.eps = eps
        #可学习权重
        self.alpha = nn.Parameter(torch.ones(features))
        #可学习偏差
        self.bias = nn.Parameter(torch.zeros(features))
    def forward(self, x):
        #x: (batch, seq_len, hidden_size)
        #保留维度来进行广播
        mean = x.mean(dim=-1, keepdim=True) #(batch, seq_len, 1)
        std = x.std(dim=-1, keepdim=True) #(batch, seq_len, 1)
        #eps 是为了防止除以 0 而设置的很小的值
        return self.alpha * (x - mean) / (std + self.eps) + self.bias
```

2.1.5 残差连接

残差连接的思想是，输入 $\boldsymbol{x}$ 经过一些层的处理后，再把原始的输入 $\boldsymbol{x}$ 加到处理后的结果上。这是为了在网络层数变深的情况下，在后向传播时，梯度有捷径可以绕过处理层，传递到前边，避免梯度消失，如图 2-12 所示。

在 Transformer 模型架构里，残差连接和上边讲到的层归一化及一个 DropOut 层结合在一起，代码如下：

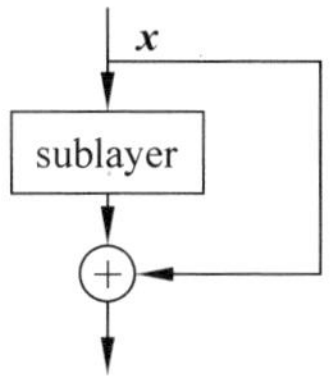

图 2-12 残差连接

```
//chapter2/Transformer.py
class ResidualConnection(nn.Module):

    def __init__(self, features: int, dropout: float) -> None:
        super().__init__()
        self.dropout = nn.Dropout(dropout)
        self.norm = LayerNormalization(features)

    def forward(self, x, sublayer):
        return x + self.dropout(sublayer(self.norm(x)))
```

2.1.6 前馈模块

前馈模块非常简单，通过两个普通的线性层，以及两个线性层中的一个 DropOut 层构成。第 1 个线性层会将传入特征维度放大，第 2 个线性层会将特征维度缩小回传入前馈模块时的大小，代码如下：

```
//chapter2/Transformer.py
class FeedForwardBlock(nn.Module):

    def __init__(self, d_model: int, d_ff: int, dropout: float) -> None:
        super().__init__()
        self.linear_1 = nn.Linear(d_model, d_ff)
        self.dropout = nn.Dropout(dropout)
        self.linear_2 = nn.Linear(d_ff, d_model)

    def forward(self, x):
        #(batch, seq_len, d_model) --> (batch, seq_len, d_ff) --> (batch, seq_len,
d_model)
        return self.linear_2(self.dropout(torch.relu(self.linear_1(x))))
```

2.1.7 Transformer 的整体架构

Transformer 的整体架构如图 2-13 所示，它分为左右两部分，左边叫作编码器，右边叫作解码器。编码器负责对输入进行编码，解码器负责根据编码器的输出及已经生成的 token 来生成新的 token。

Transformer 模型架构的编码器部分前文已经讲解了。首先输入是原始的自然语言的句子。经过字典转换为 token，然后将 token 对应到可学习的向量嵌入。向量嵌入接下来传

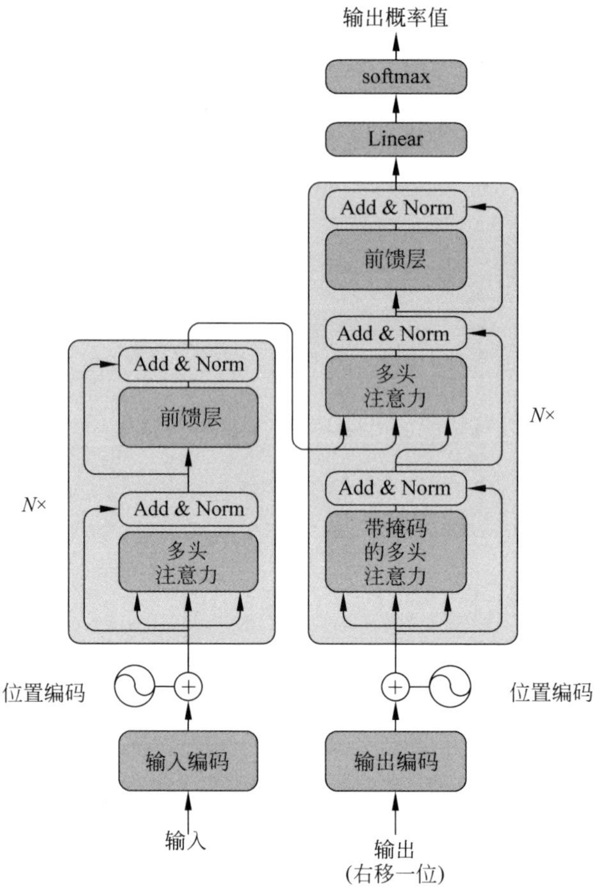

图 2-13 Transformer 的整体架构

入多头注意力模块,多头注意力模块的输入和输出有一个残差连接。接下来是前馈模块,同样对前馈模块输入和输出进行残差连接。多头自注意力模块、前馈层和各自的层归一化、残差连接合起来便构成了一个编码器。这样的编码器在 Transformer 的原始实现里有 6 个。因为编码器的输入和输出的维度是一样的,所以可以简单地累加起来,以此增加模型的深度,让模型学习到更抽象的概念。

编码器模块还有一个位置编码(Position Encoding)没有介绍,接下来会详细介绍位置编码的作用和实现。

2.1.8 位置编码

回忆一下自注意力机制,它的计算过程对于上下文的 token 没有考虑 token 之间的位置关系。这是有问题的,“他打我。”和“我打他。”的意思是明显不同的。为了让自注意力机制可以学习到 token 之间的位置关系,需要在 token 的向量嵌入的基础上额外加上位置编码信息。

增加位置信息有很多种不同的办法，容易想到的就是给序列里的每个 token 增加一个自己绝对位置的数字信息，例如还是“我爱吃苹果”这句话，“我”的位置编码是 1，“爱”的位置编码是 2，“吃”的位置编码是 3，“苹果”的位置编码是 4。

这样进行编码的问题是，如果将来在模型推理时遇到句子 token 长度大于训练时句子 token 的长度，模型就没有办法进行处理了。

需要找一个编码函数，它需要是周期变化的，低维度的数字变化得快，越高维度的数字变化越慢。这就像数字进位一样，在计数过程中，个位变化最快，接下来是十位、百位等，越高维的数字变化越慢，模型通过学习，可以掌握这种周期变化的规律，从而在推理时可以处理训练时没有见过的序列长度。

可以考虑 sin()函数，它是周期变化的，而且是连续的，通过设置输入的系数，可以改变 sin()函数的波长，如图 2-14 所示。sin()函数输入系数越小，波长越长。用波长短的 sin()函数生成位置编码的低维度，用波长长的 sin()函数生成位置编码的高维度。

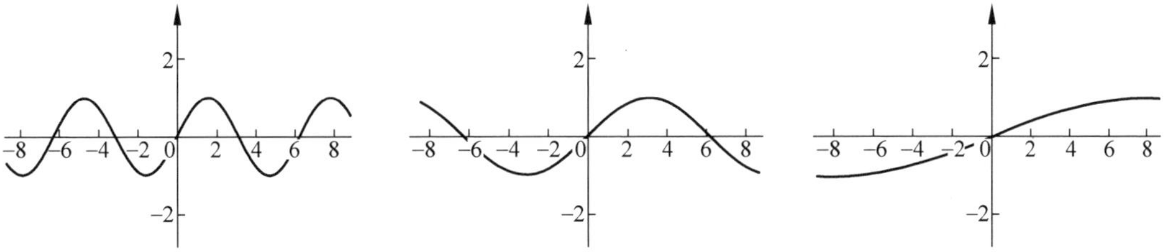

(a) $y=\sin(x)$　(b) $y=\sin(0.5x)$　(c) $y=\sin(0.2x)$

图 2-14　sin()函数波长变化

对于“我爱吃苹果”这个句子，每个 token 的原始向量嵌入加上利用 sin()函数生成的位置编码来给 token 引入位置信息。位置编码的维度和原始特征编码的维度是一致的，它们都是 512 维。每个维度的位置编码的值都是用这个 token 在序列里的位置和这个编码的位置作为 sin()函数的输入生成的，维度越高，sin()函数的波长越长，函数值随位置变化越慢，如图 2-15 所示。

我	1.12	−0.42	…	−0.42	1.32	−0.62
	$\sin(w_0)$	$\sin(w_1)$	…	$\sin(w_{509})$	$\sin(w_{510})$	$\sin(w_{511})$
爱	0.12	−1.42	…	−0.22	0.32	−0.52
	$\sin(2w_0)$	$\sin(2w_1)$	…	$\sin(2w_{509})$	$\sin(2w_{510})$	$\sin(2w_{511})$
吃	0.52	1.45	…	−0.42	1.32	−0.62
	$\sin(3w_0)$	$\sin(3w_1)$	…	$\sin(3w_{509})$	$\sin(3w_{510})$	$\sin(3w_{511})$
苹果	0.89	−1.12	…	−0.78	0.24	−0.68
	$\sin(4w_0)$	$\sin(4w_1)$	…	$\sin(4w_{509})$	$\sin(4w_{510})$	$\sin(4w_{511})$

图 2-15　sin()位置编码

每个编码位置的 sin()函数的系数用 w_i 表示，i 从 0 开始，到 feature_size 减 1。随着编码位置的增加，w_i 变小，意味着 sin()函数的波长变长。

$$w_i = \frac{1}{10\,000^{i/\text{feature\_size}}} \tag{2-6}$$

实际上，Transformer 里用的是 sin()和 cos()函数交替来编码的，如图 2-16 所示。

我	1.12	−0.42	…	−0.42	1.32	−0.62
	$\sin(w_0)$	$\cos(w_1)$	…	$\cos(w_{509})$	$\sin(w_{510})$	$\cos(w_{511})$

爱	0.12	−1.42	…	−0.22	0.32	−0.52
	$\sin(2w_0)$	$\cos(2w_1)$	…	$\cos(2w_{509})$	$\sin(2w_{510})$	$\cos(2w_{511})$

吃	0.52	1.45	…	−0.42	1.32	−0.62
	$\sin(3w_0)$	$\cos(3w_1)$	…	$\cos(3w_{509})$	$\sin(3w_{510})$	$\cos(3w_{511})$

苹果	0.89	−1.12	…	−0.78	0.24	−0.68
	$\sin(4w_0)$	$\cos(4w_1)$	…	$\cos(4w_{509})$	$\sin(4w_{510})$	$\cos(4w_{511})$

图 2-16　sin()和 cos()位置编码

图 2-16 中偶数位置的 sin()函数的系数如式(2-7)所示，用 w_{2i} 表示，奇数位置的 cos()函数的系数如式(2-8)所示，用 w_{2i+1} 表示。

$$w_{2i} = \frac{1}{10\,000^{2i/\text{feature\_size}}} \tag{2-7}$$

$$w_{2i+1} = \frac{1}{10\,000^{2i/\text{feature\_size}}} \tag{2-8}$$

同样 sin()和 cos()函数都是随着维度增加波长增加的，那么加入 cos()函数的好处是什么呢？注意力机制是通过 $\boldsymbol{q}$ 向量和 $\boldsymbol{k}$ 向量的点积来计算的。对于用 sin()和 cos()交替进行编码的两个位置向量，一个位置是 t，另一个位置是 t 加 Δt。对这两个位置编码进行点积运算如下：

$$\begin{aligned}
&(\sin(w_i t),\cos(w_i t))\cdot(\sin(w_i(t+\Delta t)),\cos(w_i(t+\Delta t))) \\
&=\sin(w_i t)\sin(w_i(t+\Delta t))+\cos(w_i t)\cos(w_i(t+\Delta t)) \\
&=\cos(w_i(t-(t+\Delta t))) \\
&=\cos(w_i\Delta t)
\end{aligned}$$

通过上边计算可以看到最后注意力计算结果只与两个位置之间的相对位置 Δt 有关，而和绝对位置 t 无关。这对于自然语言处理是非常重要的，因为一个词组的意思只和这个词组里单个字之间的相对位置有关，而和这个词出现在句子里的绝对位置无关。

位置编码的代码如下：

```
//chapter2/Transformer.py
class PositionalEncoding(nn.Module):
```

```
    def __init__(self, d_model: int, seq_len: int, dropout: float) -> None:
        super().__init__()
        self.d_model = d_model
        self.seq_len = seq_len
        self.dropout = nn.Dropout(dropout)
        #创建一个空的 tensor
        pe = torch.zeros(seq_len, d_model) #(seq_len, d_model)
        #创建一个位置向量
        position = torch.arange(0, seq_len, dtype=torch.float).unsqueeze(1)
        #计算分母
        div_term = torch.pow(10000.0, -torch.arange(0, d_model, 2, dtype=torch.
float) / d_model) #(d_model / 2)
        #偶数位调用 sin
        pe[:, 0::2] = torch.sin(position *div_term)
        #奇数位调用 cos
        pe[:, 1::2] = torch.cos(position *div_term)
        #增加 batch 维度
        pe = pe.unsqueeze(0) #(1, seq_len, d_model)
        #将位置编码注册为一个 buffer
        self.register_buffer('pe', pe)

    def forward(self, x):
        x = x + (self.pe[:, :x.shape[1], :]).requires_grad_(False)
        return self.dropout(x)
```

2.1.9 解码器的输入输出

到目前为止，编码器部分的原理和实现已经全部介绍了。它负责对输入的 token 进行上下文理解，不断地更新这些 token 在当前句子里的编码，然后就需要解码器部分利用这些输入 token 的编码信息进行翻译工作了。

从图 2-13 可以看到解码器的输入有两部分，一部分是编码器的输出，另一部分是通过输出右移一位构成的输入序列。

对于 Transformer 当时需要解决的翻译问题，中文是“我爱吃苹果”，首先这句话经过分词、词嵌入、加上位置编码，输入编码器，编码器输出的是每个 token 经过上下文理解后的编码嵌入。

在解码器里，输入的是< bos > I like to eat apple。< bos >的意思是句子的开始（begin of sentence，bos）。希望的输出是 I like to eat apple < eos >。< eos >的意思是句子的结束（end of sentence，eos），如图 2-17 所示。

在解码器的输入为< bos >时，希望模型结合编码器的输出，输出 I。当输入为< bos > I 时，希望模型结合编码器的输出，输出 I like。虽然翻译时是一个一个 token 进行的，但是通过巧妙的掩码机制，可以在训练时一次对所有的 token 进行训练。需要注意的是，在模型训练完成后进行推理时，还是需要一个一个 token 进行输出的。

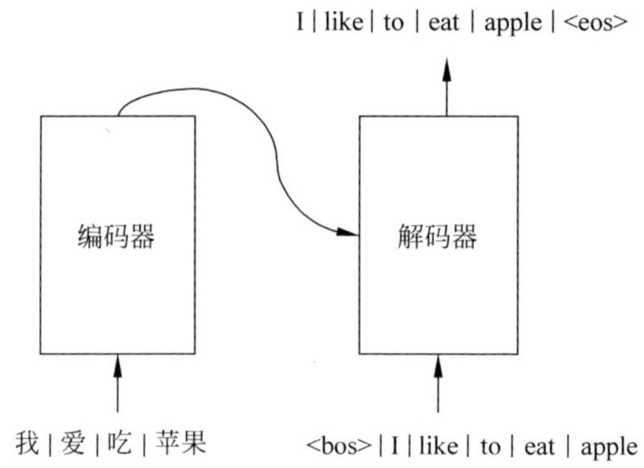

图 2-17　Transformer 输入输出

2.1.10　掩码机制

掩码(Mask)机制是如何对所有位置的 token 同时进行训练的呢？对于一个输出为 6 个 token 的序列，需要构造一个如图 2-18 所示的 Mask 矩阵。矩阵中的第 i 行代表第 i 个 token 可以看到的 token。元素为 1 代表可以看到这个位置的 token，元素为 0 代表不能看到这个位置的 token，例如第 1 行，代表第 1 个 token 只能看到第 1 个 token，也就是自己，其他位置都不能看到。第 2 行代表第 2 个 token 可以看到第 1 个和第 2 个 token。

1	0	0	0	0	0
1	1	0	0	0	0
1	1	1	0	0	0
1	1	1	1	0	0
1	1	1	1	1	0
1	1	1	1	1	1

图 2-18　Mask 矩阵

在进行注意力计算时，不光需要传入 $\boldsymbol{Q}$、$\boldsymbol{K}$、$\boldsymbol{V}$ 矩阵，还需要传入 Mask 矩阵，让每个 token 只关注自己和自己前边的 token。这样在一次训练里就可以对所有需要翻译的 token 进行训练。

在实际代码实现时，先利用 $\boldsymbol{Q}$、$\boldsymbol{K}$ 矩阵进行注意力计算，在 softmax()前，把 Mask 矩阵为 0 的位置的注意力结果填充成一个非常大的负值，这样经过 softmax()后，这些位置的值就都变为 0。接下来在计算当前 token 的特征值时，序列中 Mask 为 0 的 token 的权重就为 0，代码如下：

```
//chapter2/Transformer.py
def attention(query, key, value, mask, dropout: nn.Dropout):
    d_k = query.shape[-1]
    #(batch, h, seq_len, d_k) --> (batch, h, seq_len, seq_len)
    attention_scores = (query @key.transpose(-2, -1)) / math.sqrt(d_k)
    if mask is not None:
        #在 mask 为 0 的位置填入一个很大的负值
        attention_scores.masked_fill_(mask == 0, -1e9)
    #(batch, h, seq_len, seq_len)
    attention_scores = attention_scores.softmax(dim=-1)
    if dropout is not None:
        attention_scores = dropout(attention_scores)
    #(batch, h, seq_len, seq_len) --> (batch, h, seq_len, d_k)
    return (attention_scores @value), attention_score
```

再强调一次，Mask 机制只能在训练时一次性地对解码器所有位置的 token 进行训练，但是在模型训练好进行生成时，因为事先并不知道答案，所以只能一步生成一个新的 token，然后拼接到解码器的输入，再生成下一个。

2.1.11 交叉注意力

回顾图 2-13 中 Transformer 架构图的解码器部分，解码器里的带掩码的多头注意力机制刚才进行了讨论。可以看到解码器部分的多头注意力模块与编码器部分的不同。它从编码器的输出获取信息，所以叫作交叉注意力。交叉注意力模块的 $\boldsymbol{K}$ 和 $\boldsymbol{V}$ 矩阵来自编码器的输出。$\boldsymbol{Q}$ 矩阵来自解码器部分，代码如下：

```
//chapter2/Transformer.py
def forward(self, x, encoder_output, src_mask, tgt_mask):
    x = self.residual_connections[0](x, lambda x: self.self_attention_block(x,
x, x, tgt_mask))
    #交叉注意力模块的 Q 矩阵来自解码器，K 和 V 矩阵来自编码器的输出
    x = self.residual_connections[1](x, lambda x: self.cross_attention_block(x,
encoder_output,encoder_output, src_mask))
    x = self.residual_connections[2](x, self.feed_forward_block)
    return x
```

2.1.12 线性分类头

如图 2-13 中的 Transformer 架构图，在解码器部分的上边还有一个线性层，它输入的维度是每个 token 的特征维度，在原始 Transformer 的实现里是 512，输出维度是字典的大小。线性层的输出再经过 softmax()之后，也就是字典里每个 token 作为输出下一个 token 的概率值。

2.2 GPT

17min

OpenAI 开发的 GPT 系列模型开创了大语言模型的时代，从 2018 年推出的 GPT-1 开始，随着模型在参数规模和训练语料不断增加，模型逐渐表现出令人惊叹的语言理解和生成能力。尤其是 GPT-3，它采用了 1750 亿个参数，是第 1 个真正意义上的大语言模型。GPT-4，除了性能进一步得到提升外，还采用了多模态的输入，可以同时接收图片和文本的输入，让大语言模型展现出更多的可能性。

2.2.1 GPT-1

GPT-1 的论文题目是 *Improving Language Understanding by Generative Pre-Training*，其中文译为“通过生成式预训练改进自然语言理解”。该论文的研究动机源于当时自然语言处理领域面临的一大挑战：各类 NLP 任务依赖大量标注数据，并且在一个任务

上训练优化的模型难以直接迁移到其他任务上。与此同时,计算机视觉领域通过利用大规模标注数据集 ImageNet 进行模型的预训练,并通过对这些预训练模型进行少量数据的微调,已在多个下游任务上取得了显著的成效。基于此,OpenAI 旨在开发一个类似的框架,通过预训练强化自然语言处理模型的通用性和灵活性,以实现跨任务的有效应用。

在自然语言处理领域开发预训练模型面临多项挑战。首先,与计算机视觉领域的 ImageNet 大规模标注数据集不同,当时自然语言处理缺乏相应的大量标注文本数据,其次,挑战在于需要选定一个模型架构,该架构在预训练完成后能够以最小的修改应用于各种下游任务,在理想情况下仅需添加一个简单的线性分类头即可。

面对缺乏标注数据的问题,OpenAI 采用了自回归语言模型的方法进行模型训练。具体来讲,模型通过接收一段文本输入,并根据已有文本预测下一个字,从而进行学习。

关于模型架构的选择,当时 Transformer 架构刚被提出不久。与循环神经网络相比,OpenAI 的研究团队发现 Transformer 架构在学习训练数据中的模式及迁移到下游任务的能力上表现更加优异,因此最终决定采用 Transformer 作为预训练模型的基础架构。

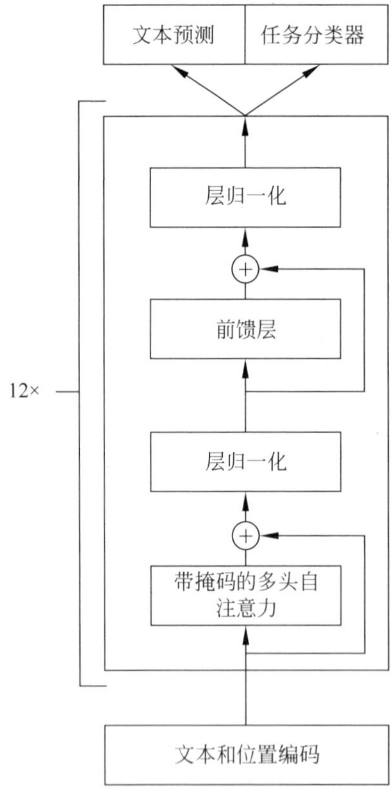

图 2-19 GPT-1 架构图

GPT-1 的架构只采用了 Transformer 的解码器部分。在此架构中,由于省略了编码器部分,相应地也消除了对编码器输出的依赖,从而移除了解码器的交叉注意力部分。

具体到模型的输入处理过程,文本首先通过分词器进行分词,随后通过嵌入层进行编码,再加上位置编码以引入序列中 token 的位置信息。接下来,通过一个带掩码的多头自注意力机制来处理序列里 token 的特征,该机制允许模型在生成每个 token 新的特征时只考虑它之前 token 的信息,以保持自回归特性。带掩码的多头自注意力模块的输入和输出之间由一个残差连接。接着序列经过一个层归一化层,然后经过一个前向传播层,在前向传播模块的输入和输出之间由一个残差连接,然后是一个层归一化。这样就构成了一个完整的解码器模块,GPT-1 里一共有 12 个这样的解码器模块。GPT-1 的输出有两个主要部分:一是文本预测(Text Predict),即模型的自回归语言模型部分,负责根据输入的文本预测下一个词;另一个是任务分类器(Task Classifier),这部分在预训练阶段不使用,主要用于后续的下游任务微调,如图 2-19 所示。

GPT-1 是一个仅包含解码器的模型,具备 12 个解码器层。每个层的隐藏层维度为 768,而注意力机制配置了 12 个头,总计模型参数达到 1.17 亿。不同于传统 Transformer

模型通过正弦和余弦函数生成的位置嵌入，GPT-1 采用了一组可学习的位置嵌入参数，这允许模型在训练过程中自行调整这些参数以优化性能。此外，模型在各隐藏层中采用了高斯误差线性单元(Gaussian Error Linear Unit, GELU)作为激活函数。

在 GPT-1 的预训练过程中，模型接收一个文本序列，由连续的 token 序列构成 $U=\{u_1,\cdots,u_n\}$，并使用序列中的前 k 个连续 token 来预测下一个 token。模型对每个 token 出现的概率进行计算，这些概率依赖于模型参数及其前 k 个 token 的上下文。整个生成文本序列的联合概率可以通过将生成文本中所有 token 的概率相乘得到。为了找到使整个序列概率最大化的模型参数，可以采用对数似然方法，即将多个概率的乘积转换为它们的对数和，因此这一预训练目标可定义为 GPT-1 语言模型的对数似然函数，如式(2-9)所示。通过迭代优化模型参数来最大化这个对数似然函数，从而训练出能够有效预测文本序列的语言模型。

$$\mathrm{Loss}(U)=\sum_i \log P(u_i \mid u_{i-k},\cdots,u_{i-1};\Theta) \tag{2-9}$$

为了计算下一个 token 的概率，GPT-1 首先将输入序列的 token 转换为它们的 id(记为 U)，然后通过词嵌入矩阵(记为 $\boldsymbol{W}_e$)将这些 id 转换为对应的 Embedding 向量。接着，将这些 Embedding 向量与位置编码(记为 $\boldsymbol{W}_p$)相加，以融合序列中各 token 的位置信息，如式(2-10)所示。

$$\boldsymbol{h}_0=U\boldsymbol{W}_e+\boldsymbol{W}_p \tag{2-10}$$

此后，经过 12 个解码器模块的处理，模型学习并提取序列的深层特征，如式(2-11)所示。

$$\boldsymbol{h}_l=\mathrm{decoder\_block}(\boldsymbol{h}_{l-1}) \quad \forall l \in [1,12] \tag{2-11}$$

解码器模块的输出再乘以词嵌入矩阵 $\boldsymbol{W}_e$ 的转置，将隐藏层的维度映射回词汇表的长度。最终，通过应用 softmax()函数，将这些值转换为一个概率分布，表示下一个 token 在整个词汇表中的概率分布，如式(2-12)所示。

$$\mathrm{P}(u)=\mathrm{softmax}(\boldsymbol{h}_n\boldsymbol{W}_e^{\mathrm{T}}) \tag{2-12}$$

在 GPT-1 模型中，词嵌入矩阵 $\boldsymbol{W}_e$ 与输出层(分类头的线性层)共享权重。这种权重共享策略的采用主要是出于对模型参数经济性的考虑：在早期的模型设计中，由于模型规模较小而词汇表较大，词嵌入矩阵往往占据了模型总参数的较大比例。通过共享词嵌入矩阵的权重，可以有效地减少模型的参数量。随着后续模型设计的演进，模型规模的增大使嵌入参数占比相对降低，因此有些新模型选择了对分类头采用独立的训练方式。

通过预训练，OpenAI 就得到期望的针对自然语言理解任务的预训练模型了。接下来就需要将此预训练模型经微调后应用于具体的下游任务。OpenAI 的策略是在文本中引入特定的 token，这些 token 使模型能够识别并执行特定的任务，如图 2-20 所示。

例如，在分类任务中，首先通过在文本前添加一个表示开始的 token，并在文本后添加一个表示结束的 token，然后利用预训练的 GPT-1 模型，增加一个针对分类的线性层来直接执行分类操作。这种方法只对预训练模型进行了最小的修改，从而最大限度地利用了其预

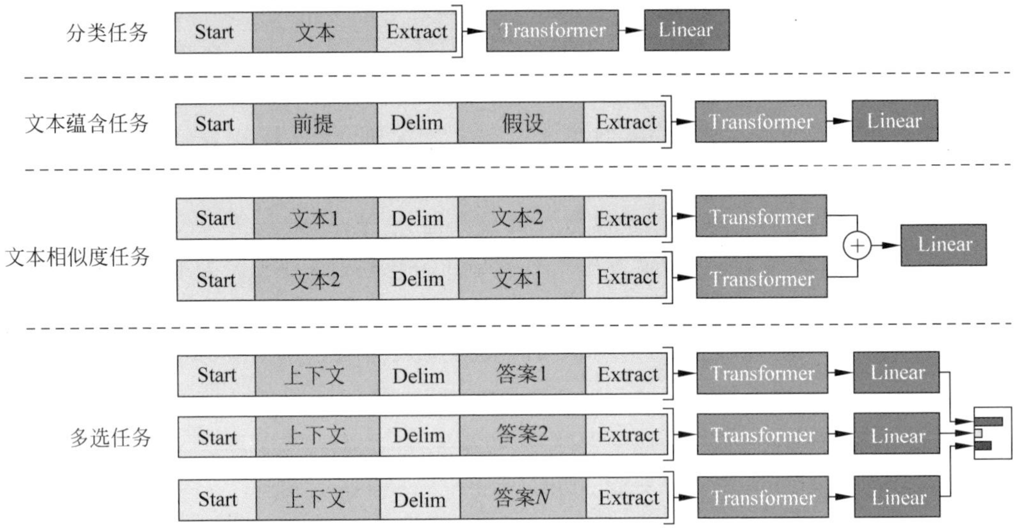

图 2-20　GPT-1 下游任务微调

训练阶段获得的语言理解能力。

对于文本蕴含任务,该任务涉及分析两句话之间的逻辑关系:一句是前提,另一句是假设。任务的目标是判断从前提是否可以逻辑地推断出假设,输出结果为"支持""反对"或"不相关",例如,如果前提是"我刚吃完饭",假设是"我不饿",则推断关系应被标记为"支持";如果假设是"我很饿",则将关系标记为"反对";如果假设是"我喜欢学习",则将关系标记为"不相关"。在文本蕴含任务里,同样有标记开始和结束的 token,另外在前提和假设两句话之间增加了一个表示分割的 token,然后把这一系列 token 传给 GPT-1,最后接一个三分类的线性头。

在处理语义相似度评估任务时,OpenAI 采取了在输入序列中插入开始、结束和分隔标记的 token。鉴于语义相似度是对称的(A 与 B 的相似度等同于 B 与 A 的相似度),该方法通过交换两个句子的位置并对 GPT-1 进行两次调用来训练模型识别这种对称性。最终,将两次调用的输出张量相加,并通过一个线性层进行处理,以进行相似度分类。

对于选择题任务,将问题和每个选项构成一个独立的 token 序列,同样在序列里插入表示开始、结束的标记,以及分割 token,并将每个问题和答案构成的序列输入 GPT-1 的预训练模型中。每个序列通过一个线性层转换为一个数值,对应于该选项的得分。随后,这些得分通过 softmax()函数转换成一个概率分布,表示每个选项被选中的概率。

通过这种方式,GPT-1 模型利用在输入中插入特定的开始、分隔和结束标记,有效地适应并解决了多种自然语言处理的下游任务。这种策略不仅提高了模型在具体任务上的适应性,而且充分利用了模型在预训练阶段获得的语言理解能力,以优化下游任务的性能。

在下游任务的训练过程中,GPT-1 不仅专注于特定任务的目标函数,同时也继续执行语言模型的自回归任务。这一训练策略通过为两个任务的损失函数分配不同的权重来实现,从而使模型在进行特定任务学习的同时,还能维持和强化其基本的语言生成能力。这种多任务学习方法优化了模型的泛化能力。

在 GPT-1 的训练过程中，使用了 BooksCorpus 数据集，该数据集包括约 7000 本未出版的图书，总计包含约 8 亿个单词。训练时，将模型的上下文窗口长度设定为 512 个 token，而将批处理大小设置为 32。

2.2.2　GPT-2

GPT-1 发布不久后，谷歌发布了 BERT 模型，它与 GPT-1 在模型架构上存在着显著的差异。不同于 GPT-1 仅使用 Transformer 的 Decoder 模块，BERT 只采用了 Transformer 的 Encoder 模块。BERT 的关键特性是其双向性，允许模型在处理任一给定 token 时同时考虑其前后的上下文信息，如图 2-21(b)所示。这种全面的上下文理解显著地增强了其在进行复杂语义提取任务上的能力，因此在执行传统自然语言处理任务时，BERT 展现出了相对 GPT-1 的全面优势。

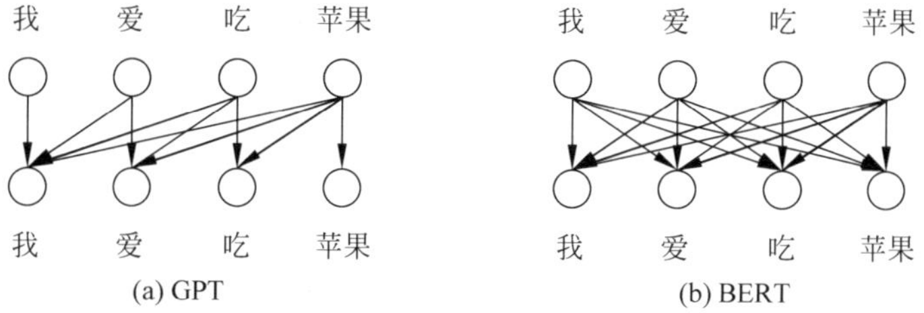

图 2-21　GPT 与 BERT 区别

GPT-2 论文的标题为 *Language Models are Unsupervised Multitask Learners*，中文翻译为“语言模型是非监督的多任务学习器”。GPT-2 的出现旨在解决 GPT-1 和 BERT 虽已将预训练模型引入 NLP 领域，但下游任务仍需收集数据进行微调的问题。GPT-2 试图通过预训练模型直接处理所有下游任务，从而消除了微调的需求。

在 GPT-1 中，下游任务的处理通常涉及通过引入特殊的 token 进行模型微调，而 GPT-2 则采用了不进行下游任务微调的方法，这意味着在预测时不能使用模型训练期间未见过的 token，因此 GPT-2 必须依赖于自然语言提示来指示模型需要执行的任务，这种方法称为提示词(prompt)。

在 GPT-2 执行预测任务时，输入由实际的输入数据加上描述任务的提示组成，模型据此生成输出。这种策略有效地简化了从预训练到实际应用的转换过程，使模型能够更加通用地处理各种语言处理任务，例如，在完成情感分类任务时，GPT-1 的处理方式是先在待预测文本的前后分别添加表示起始和结束的标记 token，然后让模型进行预测，然而，到了 GPT-2，模型的指令必须通过自然语言形式的提示来告知模型完成具体的下游任务。

GPT-2 在模型结构上进行了以下关键改进。

(1) 层归一化位置的调整：GPT-2 将层归一化从每个模块的输出移至输入，即先进行层归一化，再执行注意力机制，这一变更有助于稳定训练过程。此外，在最后一个子层的注意力机制后也增加了一个额外的层归一化，以进一步增强模型的稳定性。

(2) 残差连接的初始参数调整：随着模型深度的增加，残差连接的初始化参数相应减小以促进梯度更有效地向前传播。

(3) 词汇表的扩展：词汇表容量扩大到 50 257 个 token，以涵盖更广泛的词汇和表达。

(4) 模型规模的扩大：模型参数增至 15.42 亿，以提升处理复杂任务的能力。

在模型训练方面，上下文长度从 512 扩展到 1024，批处理大小从 32 增加到 512。训练语料方面使用了 Reddit 上的优质网页内容作为训练数据，这些内容总计约 800 万个文本，数据量达到 40GB。

尽管 GPT-2 在许多现有任务中已经展现出卓越的性能，但其表现仍未能完全超越其他通过监督学习方式训练的模型，然而，值得欣慰的是，OpenAI 发现，随着模型规模的增大，其性能持续提升，显示出模型扩展的巨大潜力。

2.2.3 GPT-3

在 GPT-2 之后，OpenAI 继续开展 GPT-3 的研发。GPT-3 的论文标题为 *Language Models are Few-Shot Learners*，中文可译为"语言模型是少样本学习者"。GPT-3 的研究动机源自人类具有在处理语言任务时仅需极少示例即可适应新任务的能力。相较于传统的模型，例如 BERT 和 GPT-1，它们通常需要成千上万个样本进行下游任务学习，GPT-3 探索是否可以仅通过在提示词中给出几个示例来提升模型性能，无须通过微调。继承了 GPT-2 的思路，GPT-3 继续扩展模型规模并强化其预训练，在下游任务中不进行微调。

微调的概念指的是对模型提供一些样本，进行一次训练，通过反向梯度传播来调整模型参数的过程，而零样本(Zero-shot) 学习则是指直接通过提示命令模型完成特定任务，例如让模型将 cheese 翻译成法语。单样本(One-shot) 学习涉及在给出命令后，提供一个英译法的例子，然后让模型将 cheese 翻译成法语。少样本(Few-shot)学习则是在给出命令后，提供多个英译法的例子，随后让模型执行同样的翻译任务，具体过程如图 2-22 所示。

在模型结构方面，GPT-3 与 GPT-2 基本相似，不过引入了稀疏注意力机制。在传统的注意力机制中，每个 token 都会与其前面的所有 token 进行注意力计算，而稀疏注意力机制则优化了这一过程，token 只需与其前面的部分 token 进行注意力计算。这种方法旨在提高计算效率并允许模型扩展到更大规模。GPT-3 的最大模型拥有高达 1750 亿个参数，并在 3000 亿个 token 的数据集上进行了训练。

GPT-3 在训练过程中使用了经过清洗的 CommonCrawl 数据。尽管 CommonCrawl 的数据量庞大，但在训练时采样权重却是最小的。相比之下，尽管维基百科的数据量较小，但是其采样权重却最大。此外，GPT-3 的训练增加了上下文长度，达到了 2048 个 token，并且批处理大小达到了惊人的 320 万。

在评估 GPT-3 的性能时，其少样本上下文学习的效果显著优于零样本和单样本上下文学习的效果。特别是，拥有 1750 亿参数的 GPT-3 模型通过少样本学习的能力已经超越了其他经过监督微调的模型。此外，GPT-3 生成新闻的能力已达到了以假乱真的水平，这引起了社会上的广泛讨论和关注。

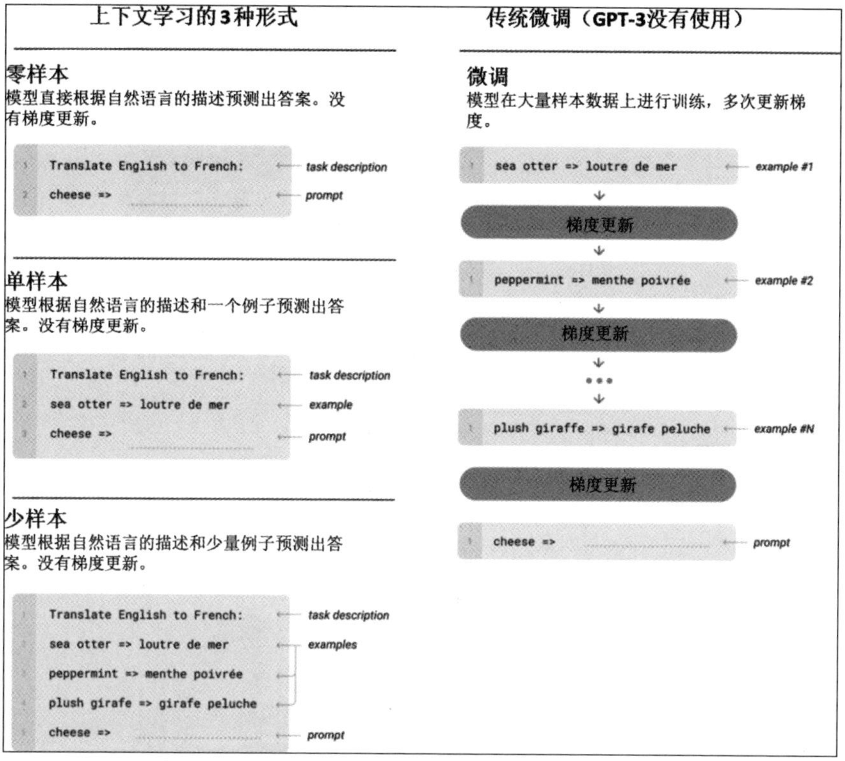

图 2-22　微调和上下文学习

2.2.4　GPT-4

随着 GPT-3 展现出卓越的性能，OpenAI 继续推进了 GPT-4 的研发工作，然而，GPT-4 的技术报告发布后，公开的信息却非常少。社交媒体上甚至有评论戏称："我帮你们读了 GPT-4 的技术报告，简而言之，也就是'我们使用了 Python。'"。

GPT-4 是一个多模态大模型，它能够处理文本和图像的输入，但输出仅限于文本，其表现非常出色，继续在大模型领域保持领先地位。多模态的 GPT-4 甚至可以理解图片中的幽默点在哪里，如图 2-23 所示。

此外，GPT-4 在多个学科考试中，其成绩不仅超过了 GPT-3，甚至在某些领域超越了人类，例如 GPT-4 通过了美国律师资格考试并且成绩优于大部分人类考生，如图 2-24 所示。

GPT-4 论文里为数不多的一个洞见是，大模型的核心能力主要在预训练阶段形成。尽管基于人类反馈的强化学习有助于调整模型输出以更符合人类期望，但这并不直接提升模型的基本性能。如果强化学习操作不当，则可能损害预训练模型的原有能力。

总体来看，从 GPT-1 到 GPT-4，虽然 OpenAI 的技术报告越写越长，但透露的技术内容却越来越少，但好在与此同时大模型的开源社区也在蓬勃发展。

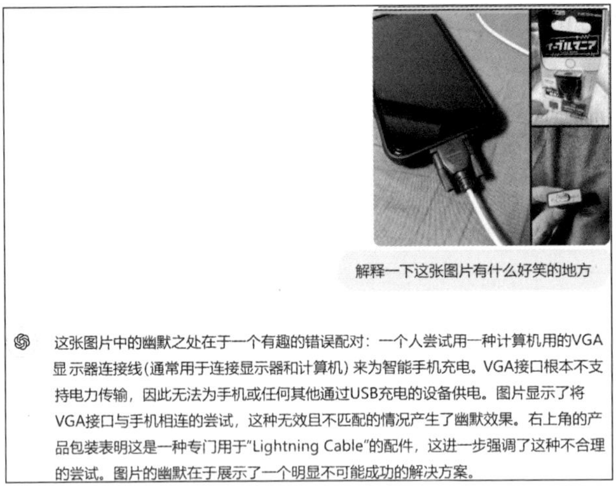

图 2-23　GPT-4 应用示例

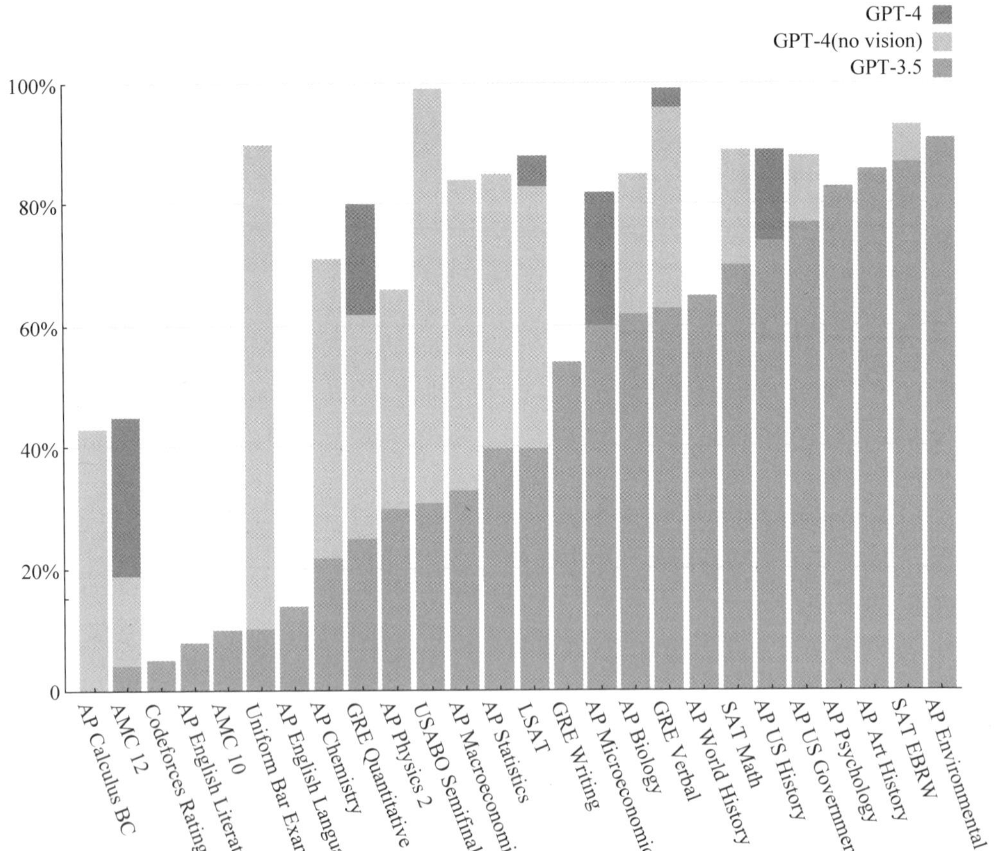

图 2-24　GPT-4 考试成绩

2.3 OpenAI o1

OpenAI o1 采用了不同于 GPT-3 和 GPT-4 的命名模式，因为这个模型有着全新的工作模式。它具备内置的“思维链”(Chain of Thought，CoT)，能够在回答问题之前进行深入推理和思考。与 OpenAI 的 GPT 系列模型不同，过去的模型无论是简单的问题还是复杂的问题都需要立即开始生成答案，而 o1 则引入了一种革命性的推理模式，它会在给出答案前，先进行一段时间的思考，从而大幅提升了模型在复杂推理任务中的表现。

下边是调用 o1 预览版模型的一个例子，这个问题 GPT-4o 无法给出正确答案：

```
用户：
烧一根质地不均匀的绳子，从头烧到尾，需要一小时。现在有若干这样的绳子，怎样可以计时 75min?
o1：
思考 15s：
组合绳索刻度
依靠燃烧后绳索的不同部分来度量 75min。每根绳子长度燃烧 1h，但燃烧速度不均匀。

解题探索
举一个例子：拥有两根绳子，如何准确测量 45min。这个问题看起来简单，却充满了挑战性。

点燃计时
点燃两根绳子，一根两端燃烧，半小时内烧完；另一根一端燃烧，半小时后点燃另一端，15min 后燃烧完。

考虑计时方法
首先，我在思考如何通过多根绳子计时 75min。绳子正反两端点燃时烧 30min。单端点燃烧 1 小时。我在思考如何组合这些时间间隔来实现 75min。

考查燃烧时间
首先利用三根绳子的燃烧时间来测量 75min，然后尝试不同的组合以达到 75min 的目标。

透析时间安排
我们用三根绳子来处理时间。通过点燃两头的第 1 根绳子、单头的第 2 根绳子、再点燃第 3 根绳子，最终耗时 105min。

探索时间测量
我在思考如何利用这些绳子来准确测量 15min。三点点燃一根绳子或者同时点燃两根双端点燃的绳子，似乎不太行得通。

尝试不同的燃烧方式
我正在探索点燃不同长度的绳子，并控制燃烧速度以达到 45min 的规划目标。

点燃绳子
看到计划是：将绳子 A 两端点燃，绳子 B 一端点燃，30min 后绳子 A 烧完，点燃绳子 B 的另一端。45min 后，绳子 B 烧完，点燃绳子 C 的两端。75min 后，绳子 C 烧完。
```

```
评估时间段
我在计算不同燃烧时间段的总时间,确保每段时长达标。第一阶段为 30min,第二阶段为 15min,第三阶段为 30min,总时间为 75min。
答:
1. 第 0min,点燃第 1 根绳子的两端和第 2 根绳子的一端;
2. 第 30min,第 1 根绳子烧完时,点燃第 2 根绳子的另一端;
3. 第 45min,第 2 根绳子烧完时,点燃第 3 根绳子的两端;
4. 第 75min,第 3 根绳子烧完,总共计时 75min。
```

在开发 o1 模型时,OpenAI 团队利用了其在强化学习领域的深厚积累,并结合了早期在 GPT 系列模型中发现的 Scaling Law。在训练 GPT-3 和 GPT-4 这类大模型时,OpenAI 发现,随着模型参数和训练数据的增加,模型性能会不断提升,然而,随着大规模模型训练的深入,科学家遇到了一个不可忽视的瓶颈:绝大多数互联网数据已经被用来训练大模型,并且硬件成本的限制使模型规模难以继续以指数级增长。

面对这一挑战,OpenAI 在 o1 的开发中采取了不同的策略。他们发现,除了通过增加参数来提高模型性能外,强化学习的训练时间及推理时思考时间的延长,也能显著地提升模型的表现。这是另一种形式的 Scaling Law,如图 2-25 所示。

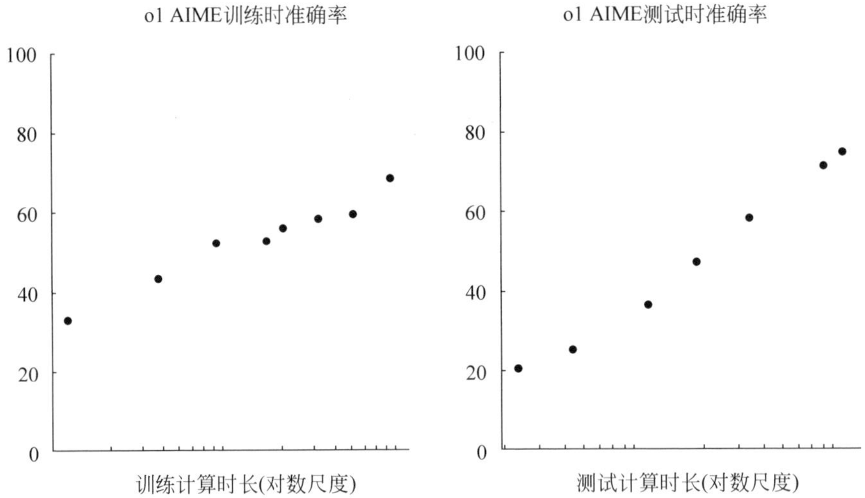

图 2-25 训练和推理时间与模型性能的关系

目前 o1 的思考时间不足一分钟,随着时间的增加,推理过程会更加精细化和准确。如果未来将模型的思考时间延长至小时、天甚至年级别,则是否有可能帮助解决目前人类无法解决的科学难题?虽然答案尚未明确,但这一方向无疑为 AI 在科研领域的未来发展提供了无限的可能性。

训练一个能够独立思考的推理模型并非易事。最直接的方式是构造数据集,让人类专家针对给定问题写出详细的思维过程和最终答案,然后通过这些数据对模型进行监督学习,然而,这种方法存在明显的局限性。首先,构造这样的数据集费时费力,难以达到所需的规模,其次,这种方法可能会限制模型的推理上限,因为它只能模仿人类思维的方式,而永远无法超越人类。

OpenAI 通过强化学习让 o1 模型自主生成思维链,逐步改进自身的推理策略。模型在面对问题时会尝试不同的解决方案,并进行自我评估与改进,最终形成的思维链在某些情况下甚至比人类专家更为优越。这种自动生成的思维链是 o1 模型强大推理能力的核心,推动了其在复杂任务中的卓越表现。

虽然 o1 的推理能力在很多领域超越了人类专家,但 OpenAI 出于多种不同因素的考虑,选择隐藏模型生成的原始思维链。一个重要的原因是,思维链是模型真实思考过程的反映,如果直接展示,则可能带来隐私、安全等问题。此外,OpenAI 也希望通过输出这些细节来确保模型在用户交互中的透明度和可控性。为此,o1 输出的思维链只是其真实思考过程通过模型提取的摘要,而不是未经加工的原始思考过程。这种设计权衡了用户体验与模型性能监控之间的需求。

o1 的推理能力在多个领域取得了突破性进展。在过去的模型中,面对严谨的数学问题、编程任务及科学推理,AI 的表现往往不及人类专家,然而,o1 在这些领域已经通过了多项严苛的测试,并在很多情况下超过了人类专家的水平。这种表现让 o1 成为科研工作中一个得力的助手,甚至是合作伙伴。

o1 在 AIME 上进行了数学能力测试,AIME 是专为挑战美国最优秀的高中数学学生设计的考试。在 2024 年的 AIME 考试中,GPT-4o 平均只解决了 12%的问题(1.8/15)。o1 在每个问题只使用一个样本时平均解决了 74%的问题(11.1/15),使用 64 个样本时解决了 83%的问题(12.5/15),而当用学习得来的评分函数对 1000 个样本重新排序时,解决率达到了 93%(13.9/15)。13.9 分的成绩将其排名在全美前 500 名学生之列,并超过了参加美国数学奥林匹克竞赛的分数线。

OpenAI 还在 GPQA Diamond 上评估了 o1,这是一项测试化学、物理和生物学专业知识的困难智能基准测试。为了将模型与人类进行比较,OpenAI 招募了具有博士学位的专家来回答 GPQA Diamond 问题。结果表明,o1 的表现超过了这些人类专家,成为首个在该基准测试上超越人类表现的模型。在其他几个机器学习基准测试上,o1 也超越了最先进的水平。启用视觉感知能力后,o1 在 MMMU 上的得分的百分比为 78.2%,成为第 1 个在人类专家面前具备竞争力的模型。它还在 57 个 MMLU 子类别中的 54 个上超越了 GPT-4o,如图 2-26 所示。

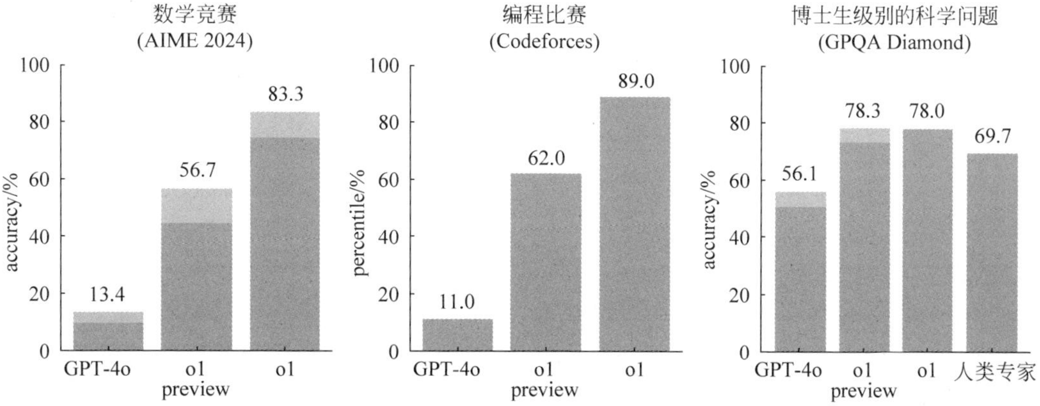

图 2-26　o1 性能与 GPT-4o 对比

2.4 Llama

15min

Llama 系列模型是由 Meta 研发的开源大模型，它是目前开源社区最受关注的大模型，很多开发者在 Llama 的基础上进行微调或者进行智能应用开发。

2.4.1 Llama1

Llama1 的论文题目是 *Open and Efficient Foundation Language Models*，中文可以翻译为“开放高效的基础语言模型”。论文强调了两点：开放和高效。

首先，关于“开放”(Open)，Llama 模型完全采用可公开获取的数据进行训练，不涉及 Meta 的客户数据，其性能与 GPT-3 相媲美，并且已向研究社区开源，但是该模型限制了商业用途的使用。

其次，“高效”(Efficient)，以往的模型扩展律主要基于训练计算成本进行评估，例如，在对比训练损失曲线时，可以观察到，尽管小型模型(例如 10B 参数模型)在训练初期损失下降较快，但随着训练的深入，其性能逐渐趋于饱和，而大型模型(例如 50B 参数模型)的损失下降速度则最终超过小型模型。在设定特定的性能指标时，大型模型的训练成本实际上低于小型模型，如图 2-27 所示，然而，Meta 提出了不同的观点，认为相比训练阶段的计算成本，更应重视模型推理阶段的计算成本，因为模型训练只进行一次，但推理操作却需要执行多次，因此可以加大对小模型在训练阶段的计算投入，以此来获取小模型在推理时的计算优势。

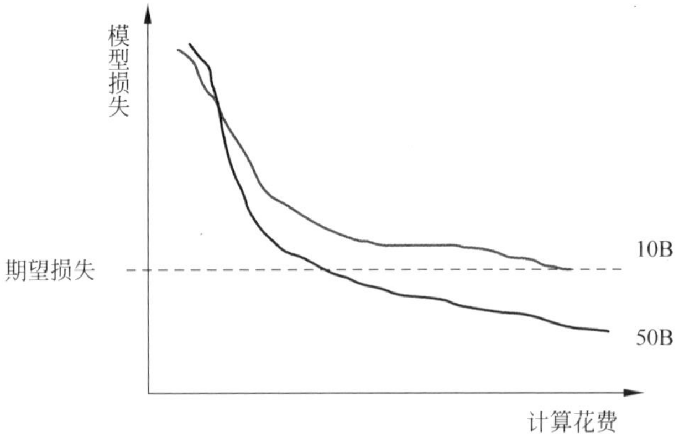

图 2-27 模型训练效率

根据原有的模型扩展律，一个 10B 参数的模型建议使用 2000 亿个 token 进行训练，然而，Meta 的研究发现，即使是 7B 参数的模型，使用高达 1 万亿个 token 的训练量，其性能依旧有持续增长的空间。这表明在模型设计时，增加训练数据的规模比单纯扩大模型的参数规模更有效。这就是 Meta 所倡导的“效率”概念，也是 Llama 系列模型的设计哲学。

Llama1 模型的训练数据完全来源于公开可获取的资源。具体来讲，该模型使用了 2017 年至 2020 年间的 CommonCrawl 数据，经过了精细去重处理，并剔除了所有非英文内容。为了确保文本的高质量，开发团队采用了一个线性分类模型进行文本质量评估，该模型在训练时将维基百科引用的网页作为正样本，将其他网页视为负样本。

模型在训练过程中，用书籍和维基百科的文本数据迭代了两个周期，而来自其他来源的文本则只经过一个训练周期。整个训练集涵盖了总共 1.4 万亿个 token。

此外，训练配置包括使用 2048 个具有 80GB 显存的 A100 GPU(Graphics Processing Unit)，并设定了 2048 个 token 的上下文长度。整个训练周期持续了 21 天。

Llama 系列模型结构与 GPT 系列模型结构类似，它们都只采用了 Transformer 的解码器模块，同时在此基础上进行了一些改良以增强模型的性能和稳定性：

(1) 同 GPT-3 模型一样，Llama1 模型将每个子层后的标准化步骤移至子层的输入阶段，以便改善在训练过程中的稳定性和效率。

(2) 将标准的层归一化替换为均方根归一化(RMS Norm)，以此来减少模型运算量。

(3) 采用了 SiLU(Sigmoid Linear Unit)激活函数来提升模型性能。

(4) 引入了旋转位置编码(Rotary Position Encoding)，可以更好地处理 token 之间的相对位置信息。

RMS Norm 是对 Layer Norm 的一种改进，其核心动机在于认识到在归一化过程中对特征进行平移实际上并不会改变其分布，因此可以省略与平移相关的组成部分。具体来讲，RMSNorm 去除了 Layer Norm 中对输入特征执行的减均值操作，同时也省略了在标准化之后进行的线性变换中的偏差参数。这种改进旨在简化计算过程，同时保持归一化的核心功能，从而提高模型的效率和性能。

$$\text{LayerNorm} = \frac{x - E[\boldsymbol{x}]}{\sqrt{\text{Var}[\boldsymbol{x}] + \varepsilon}} * \gamma + \beta \tag{2-13}$$

$$\text{RMSNorm} = \frac{\boldsymbol{x}}{\sqrt{\text{Mean}(\boldsymbol{x}^2) + \varepsilon}} * \gamma \tag{2-14}$$

SiLU 激活函数，见式(2-15)。

$$\text{SiLU} = x * \text{Sigmoid}(\boldsymbol{x}) = \frac{\boldsymbol{x}}{1 + \mathrm{e}^{-x}} \tag{2-15}$$

从 SiLU 的函数图像可以看到在 0 值附近，它的图形更加光滑，在远离 0 值时，函数曲线和 ReLU 很相似，如图 2-28 所示。经过实验发现 SiLU 激活函数一般可以提升模型精度，但是因为和 ReLU 相比，它要计算指数函数，计算代价较高。

旋转位置编码的核心是通过 sin()和 cos()函数构成的旋转矩阵，对二维向量进行旋转。在二维坐标系中，假设有一个向量位于 x 轴上，即向量 $\boldsymbol{v}=(1,0)$。希望将这个向量绕原点旋转一个角度 θ。旋转后的向量 $\boldsymbol{v}'$ 的长度保持不变，且将其坐标变换为 $(\cos\theta, \sin\theta)$。

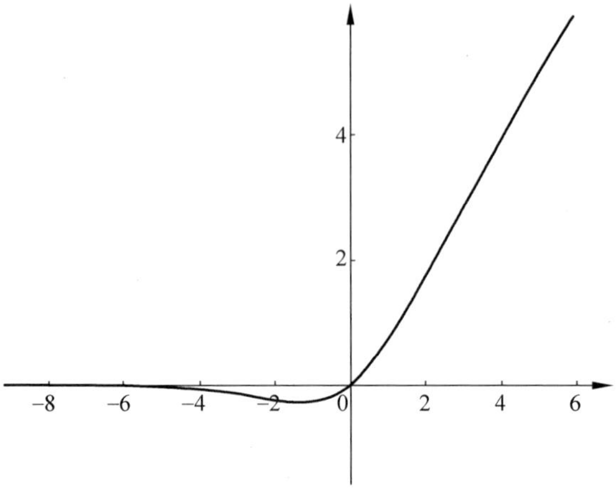

图 2-28　SiLU

将旋转矩阵 $\boldsymbol{R}(\theta)$定义为

$$R(\theta)=\begin{bmatrix}\cos\theta & \sin\theta\\ -\sin\theta & \cos\theta\end{bmatrix} \tag{2-16}$$

将向量$\boldsymbol{v}$ 与旋转矩阵 $\boldsymbol{R}(\theta)$相乘后,结果也为$(\cos\theta,\sin\theta)$,如图 2-29 所示。

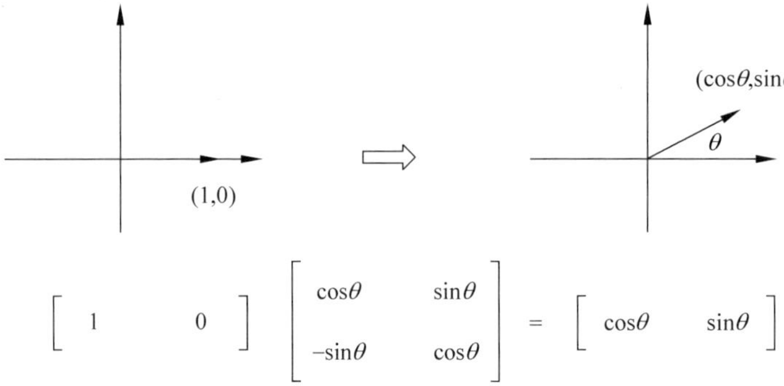

图 2-29　向量(1,0)旋转

同理,对位于 y 轴上的向量$\boldsymbol{v}=(0,1)$,逆时针旋转 θ 后,得到向量 $\boldsymbol{v}'=(-\sin\theta,\cos\theta)$。$\boldsymbol{v}'$同样等于$\boldsymbol{v}$ 与旋转矩阵 $\boldsymbol{R}(\theta)$相乘的结果,如图 2-30 所示。

向量(1,0)和 (0,1)是二维笛卡儿坐标系中的标准基向量。当这两个基向量通过旋转矩阵 $\boldsymbol{R}(\theta)$逆时针旋转 θ 角度时,整个坐标系也随之旋转了 θ 角度。

接下来证明旋转矩阵 $\boldsymbol{R}(\theta)$可以对任意二维向量进行逆时针旋转 θ 角度。假设一个向量长度为 r,与 x 轴夹角为α,逆时针旋转 β 角度,则证明如下:

$$\begin{aligned}&[r\cos\alpha \quad r\sin\alpha]\begin{bmatrix}\cos\beta & \sin\beta\\ -\sin\beta & \cos\beta\end{bmatrix}\\ &=[r\cos\alpha\cdot\cos\beta-r\sin\alpha\cdot\sin\beta \quad r\cos\alpha\cdot\sin\beta+r\sin\alpha\cdot\cos\beta]\\ &=[r\cos(\alpha+\beta) \quad r\sin(\alpha+\beta)]\end{aligned}$$

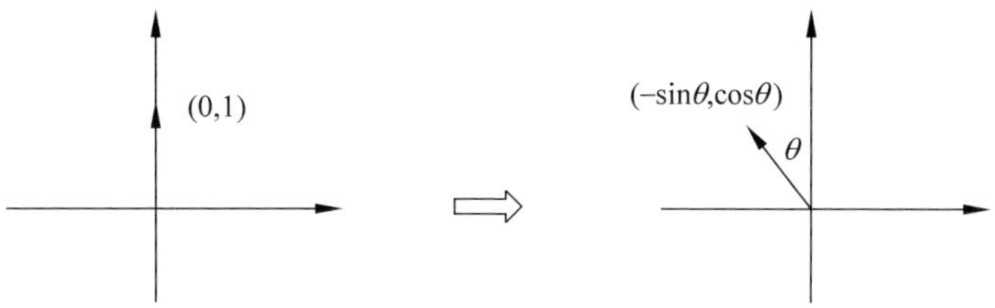

$$\begin{bmatrix} 0 & 1 \end{bmatrix} \begin{bmatrix} \cos\theta & \sin\theta \\ -\sin\theta & \cos\theta \end{bmatrix} = \begin{bmatrix} -\sin\theta & \cos\theta \end{bmatrix}$$

图 2-30　向量(0,1)旋转

旋转矩阵具有以下两个性质：

(1) 旋转矩阵具有结合性。

$$\boldsymbol{R}(\theta_1)\boldsymbol{R}(\theta_2)=\boldsymbol{R}(\theta_1+\theta_2) \tag{2-17}$$

(2) 旋转矩阵的转置就是旋转负的 θ 角度。

$$\boldsymbol{R}(\theta)^{\mathrm{T}}=\boldsymbol{R}(-\theta) \tag{2-18}$$

式(2-18)证明如下：

$$\boldsymbol{R}(\theta)^{\mathrm{T}}=\begin{bmatrix} \cos\theta & -\sin\theta \\ \sin\theta & \cos\theta \end{bmatrix}=\begin{bmatrix} \cos(-\theta) & \sin(-\theta) \\ -\sin(-\theta) & \cos(-\theta) \end{bmatrix}=\boldsymbol{R}(-\theta)$$

证明过程中用到 sin 和 cos 的奇偶性。$\cos\theta=\cos(-\theta)$和 $\sin(-\theta)=-\sin\theta$。

在 Transformer 架构里进行注意力机制计算时，关键在于计算查询向量 $\boldsymbol{q}$ 与键向量 $\boldsymbol{k}$ 之间的点积。$\boldsymbol{q}\boldsymbol{k}^{\mathrm{T}}$ 表示两向量的点积，这种计算方式并未直接考虑到位置信息。为了引入位置信息，考虑通过旋转矩阵对两个向量进行编码，添加位置信息。编码过程为对每个向量根据它们的位置索引(分别为 m 和 n)进行旋转。如果对 $\boldsymbol{q}$ 应用旋转矩阵 $\boldsymbol{R}(m)$，对 $\boldsymbol{k}$ 应用旋转矩阵 $\boldsymbol{R}(n)$，然后进行点积计算，则有

$$\begin{aligned} &\boldsymbol{q}\boldsymbol{R}(m)\cdot\boldsymbol{k}\boldsymbol{R}(n) \\ =&\boldsymbol{q}\boldsymbol{R}(m)\boldsymbol{R}(n)^{\mathrm{T}}\boldsymbol{k}^{\mathrm{T}} \\ =&\boldsymbol{q}\boldsymbol{R}(m)\boldsymbol{R}(-n)\boldsymbol{k}^{\mathrm{T}} \\ =&\boldsymbol{q}\boldsymbol{R}(m-n)\boldsymbol{k}^{\mathrm{T}} \end{aligned}$$

上边的推导中用到了旋转矩阵的性质，式(2-17)和式(2-18)。可以看到改进后的注意力的计算通过对 $\boldsymbol{q}$ 和 $\boldsymbol{k}$ 向量的旋转，最后得到的注意力表达式里不仅含有 $\boldsymbol{q}$ 和 $\boldsymbol{k}$，还含有 $m-n$ 这个相对位置信息。

上边讨论的是二维的旋转矩阵，如何扩展到高维呢？答案是将维度两两一组进行旋转，如果 $\boldsymbol{q}$ 和 $\boldsymbol{k}$ 的特征长度为 8，就让特征两两一组，一共 4 组。每组在它们两个特征组成的子空间内进行旋转，至于哪两个特征一组是无所谓的。任意两个一组都可以。

如式(2-19)所示，m 代表 token 的位置，例如一个 token 在序列里是第 1 个，m 就为 0。在这个公式里，频率最大的是第 1 个二维子空间，频率为 1。频率最大，则波长最短。同理，

频率最小的是最后一个二维子空间,频率接近 1/10 000。频率最小,波长最长。

$$\boldsymbol{R}(mf)=\begin{bmatrix} \cos(mf_0) & \sin(mf_0) & 0 & 0 & \cdots & 0 & 0 \\ -\sin(mf_0) & \cos(mf_0) & 0 & 0 & \cdots & 0 & 0 \\ 0 & 0 & \cos(mf_1) & \sin(mf_1) & \cdots & 0 & 0 \\ 0 & 0 & -\sin(mf_1) & \cos(mf_1) & \cdots & 0 & 0 \\ \vdots & \vdots & \vdots & \vdots & \ddots & \vdots & \vdots \\ 0 & 0 & 0 & 0 & \cdots & \cos(mf_{\frac{d}{2}-1}) & \sin(mf_{\frac{d}{2}-1}) \\ 0 & 0 & 0 & 0 & \cdots & -\sin(mf_{\frac{d}{2}-1}) & \cos(mf_{\frac{d}{2}-1}) \end{bmatrix},$$

$$f_i=\frac{1}{10\,000^{\frac{2i}{d}}} \tag{2-19}$$

给予不同的二维子空间不同的旋转频率,这是因为 sin()和 cos()都是周期函数。可以通过时钟来理解,频率最快的是秒针,它精准,但是每过一分钟就重复一次。频率最慢的是时针,它频率慢,但不容易重复。秒针、分针和时针一起组合起来构成时间。

因为多维旋转矩阵里大部分是 0,token 的特征在和多维旋转矩阵相乘时可以简化为式(2-20),其中 $\boldsymbol{h}$ 是 token 的特征向量,$\boldsymbol{h}_i$ 是特征向量第 i 个位置的值。$\boldsymbol{R}(\boldsymbol{h},m)$表示对序列里第 m 个位置的 token 的特征向量 $\boldsymbol{h}$ 进行旋转

$$\boldsymbol{R}(\boldsymbol{h},m)_1=[\boldsymbol{h}_0,\boldsymbol{h}_1,\cdots,\boldsymbol{h}_{d-2},\boldsymbol{h}_{d-1}]\otimes[\cos(mf_0),\cos(mf_0),\cdots,\cos(mf_{\frac{d}{2}-1}),\cos(mf_{\frac{d}{2}-1})]$$

$$\boldsymbol{R}(\boldsymbol{h},m)_2=[-\boldsymbol{h}_1,\boldsymbol{h}_0,\cdots,-\boldsymbol{h}_{d-1},\boldsymbol{h}_{d-2}]\otimes[\sin(mf_0),\sin(mf_0),\cdots,\sin(mf_{\frac{d}{2}-1}),\sin(mf_{\frac{d}{2}-1})]$$

$$\boldsymbol{R}(\boldsymbol{h},m)=\boldsymbol{R}(\boldsymbol{h},m)_1+\boldsymbol{R}(\boldsymbol{h},m)_2 \tag{2-20}$$

2.4.2 Llama2

Llama2 的论文题目仍然以 Open 开头:*Open Foundation and Fine-Tuned Chat Models*,中文可以翻译为“开放的基础和微调对话模型”。

Llama2 对比其前身 Llama1 在基础上有三大显著进步。

(1) 更高的开放性:Llama2 模型不仅开源,而且还允许商业使用,这大大地拓宽了其应用范围。

(2) 增大训练数据量:此举体现了 Meta 坚持的理念,即相比增加模型的参数规模,扩充训练数据集更有效。

(3) 推出对话模型:Llama2 推出经过专门微调训练的对话模型,作为 ChatGPT 的开源替代。

Llama2 模型的训练数据量较其前身 Llama1 增加了 40%,总共达到了 2 万亿个 token。

该模型的上下文处理能力得到显著提升，上下文长度从 2048 增加至 4096 个 token。Llama2 以 3 种不同的模型规模发布，分别为 7B（70 亿参数）、13B（130 亿参数）及 70B（700 亿参数）参数规模的版本。为了进行监督式微调，该模型使用了 10 万个由人类提出的问题及其相应的答案作为训练数据。此外，为了让模型的回答更符合人类的偏好，Meta 采集了 100 万条偏好数据，即对同一问题，模型生成多个答案后，由人工对这些答案进行排序。这些偏好数据后续被用于进行强化学习，其中 70B 模型训练时用了 172 万 GPU 小时。

Llama2 的训练流程包括几个关键步骤。首先，模型在经过预处理的无标注文本数据上进行自回归预训练，该步骤旨在使模型学习到语言的基本结构和语义。随后，模型接受监督微调训练，使用包含问题及其对应答案的标注数据，以提高模型在特定任务上的性能，并且将模型输出与人类意图对齐。

在监督微调之后，通过人类偏好数据训练两个奖励模型：一个是安全奖励模型，负责评估回答的安全性；另一个是有用奖励模型，负责评估回答的实用性和相关性。这两个奖励模型的训练目的是在强化学习训练中为模型提供奖励信号，让 Llama2 提供既安全又有用的回答。

最终，利用上述奖励模型进行强化学习，进一步优化 Llama2 模型的表现。通过强化学习，并根据奖励信号调整其行为，以达到更优的交流效果。最终得到的是 Llama2 的 Chat 模型，专门用于对话应用。完整训练流程如图 2-31 所示。关于强化学习的详细讨论，将在后续内容中专门介绍。

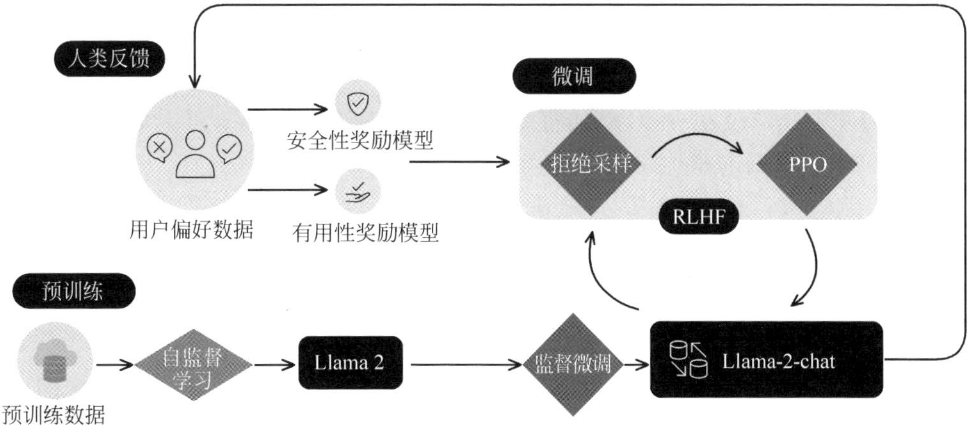

图 2-31 Llama-2-chat 训练流程

尽管已经使用了 2 万亿个 token 对不同规模的模型进行训练，但这些模型的性能表现仍显示出进一步提升的潜力，如图 2-32 所示。这表明，增加训练数据的规模仍有助于进一步地提高模型的表现。基于此观察，Meta 在开发其下一代模型 Llama3 时，继续采取了增大数据规模的策略。

在 Llama2 模型的架构中，引入了一种名为分组查询注意力（Group Query Attention，GQA）的机制，这是对传统多头注意力机制的优化。GQA 旨在减少模型的参数量及 Key-Value（KV）Cache 的大小，从而提升计算效率和减小推理时显存的占用。

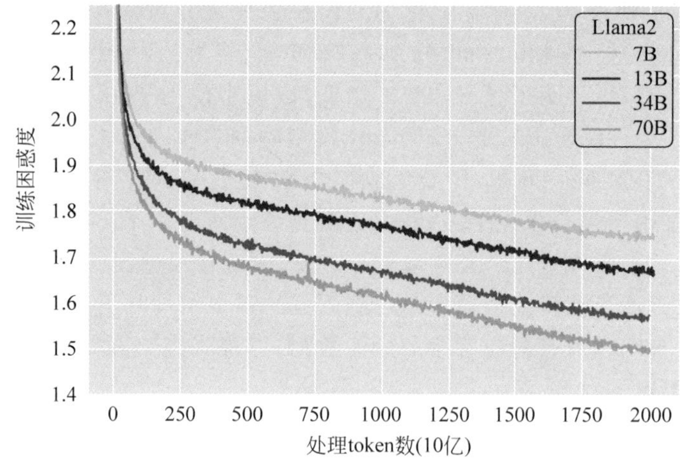

图 2-32 Llama2 训练困惑度随 token 数变化曲线

在传统的多头注意力机制中,每个 token 的特征对应生成相等数量的 key、query 和 value 头部,如图 2-33(a)所示的 8 个。在这种设置中,每个 query 都与其他 token 的相应位置的 key 及与自身相应位置的 key 进行注意力计算。

相比之下,如图 2-33(c)所示的多查询注意力机制,虽然每个 token 的特征仍然生成 8 个 query,但仅生成一个 key 和一个 value。在这种结构中,每个 token 所有的 query 都与自己和其他 token 生成的唯一 key 进行相似度计算。

分组查询注意力如图 2-33(b)所示,它结合了多头注意力机制和多查询注意力机制的特点。在 GQA 中,query 被分组,例如每组两个,每组对应一个 key 和一个 value。这种方法既保持了注意力机制的精确度,又提高了参数使用的效率。

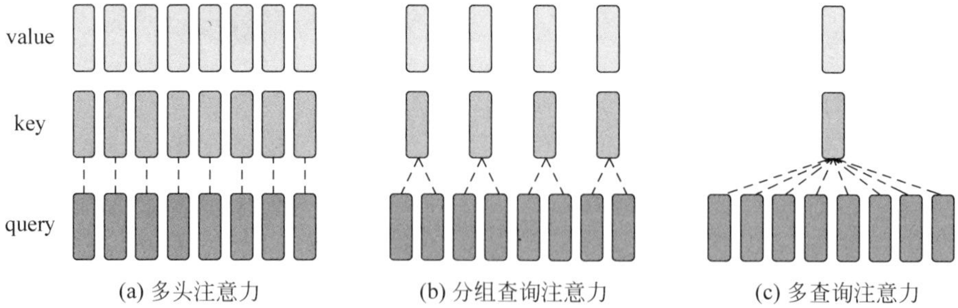

图 2-33 不同的注意力机制

在传统的多头注意力机制中,假设原始 token 的维度为 512,对应的 $\boldsymbol{Q}$、$\boldsymbol{K}$ 和 $\boldsymbol{V}$ 矩阵的生成通过线性变换层实现,其中权重矩阵 **w_q**、**w_k** 和 **w_v** 的维度均为 512×512。由此生成的 $\boldsymbol{q}$、$\boldsymbol{k}$ 和 $\boldsymbol{v}$ 向量的维度也均为 512,并被分为 8 个头,每个头的维度为 64。

当优化为 GQA 时,考虑到每两个查询一组的配置,对应的 $\boldsymbol{k}$ 和 $\boldsymbol{v}$ 向量可以通过减半其线性层输出的维度来生成,即 **w_k** 和 **w_v** 的维度降为 512×256,有效地减少了模型的参数量。在这种设置中,尽管 $\boldsymbol{q}$ 保持 8 个头,但 $\boldsymbol{k}$ 和 $\boldsymbol{v}$ 的头数减少为 4 个。

为了在实现上保持一致性并有效地利用矩阵乘法，$\boldsymbol{k}$ 和 $\boldsymbol{v}$ 的头部在进行注意力计算前会被复制一份，从而与 $\boldsymbol{q}$ 的头再次对应。这样的处理使 $\boldsymbol{q}$、$\boldsymbol{k}$、$\boldsymbol{v}$ 三者的头部数量一致，保证了后续逻辑与传统多头注意力机制相符。

GQA 在 Llama2 里只应用在最大的模型 Llama-70B 里。这里可以看到在模型配置文件里，mum_attention_heads 是 64，mum_key_value_heads 是 8，也就是 8 个 query 共享一个 key 和一个 value，如图 2-34 所示。


```
{
  "_name_or_path": "meta-llama/Llama-2-70b-chat-hf",
  "architectures": [
    "LlamaForCausalLM"
  ],
  "bos_token_id": 1,
  "eos_token_id": 2,
  "hidden_act": "silu",
  "hidden_size": 8192,
  "initializer_range": 0.02,
  "intermediate_size": 28672,
  "max_position_embeddings": 4096,
  "model_type": "llama",
  "num_attention_heads": 64,
  "num_hidden_layers": 80,
  "num_key_value_heads": 8,
  "pad_token_id": 0,
  "pretraining_tp": 1,
  "rms_norm_eps": 1e-05,
  "rope_scaling": null,
  "tie_word_embeddings": false,
  "torch_dtype": "float16",
  "transformers_version": "4.31.0.dev0",
  "use_cache": true,
  "vocab_size": 32000
}
```


图 2-34　Llama2-70B 模型配置文件

2.4.3　Llama3

在 2024 年 4 月 18 日，Meta 发布了其新一代大规模语言模型 Llama3，此次推出包括 8B 和 70B 版本的模型。Llama3 旨在提供与当前最佳商业模型相匹配的开源模型，并计划未来发布更高规模的版本，包括 400B 版本及多语言和多模态版本。尽管 Llama3 仍处于训练阶段，但其在多个公开测试集上的性能已显示出显著提升，超越了前代模型 Llama2。

具体来看，Llama3-8B 的性能已经显著地超过了 Llama2-70B。在对比 GPT-4 的 5 项测评中，Llama3-70B 已在 3 项中表现优越。Llama3-400B 更是在多方面全面超越 GPT-4，见表 2-1。Meta 的这一进展必将加速大规模语言模型应用的开发和创新。

表 2-1　Llama3 对比测试结果

测试集	Llama2-7B	Llama2-13B	Llama2-70B	Llama3-8B	Llama3-70B	Llama3-400B	GPT-3.5	GPT-4
MMLU	34.1	47.8	52.9	68.4	82	86.1	70	86.4
GPQA	21.7	22.3	21.0	34.2	39.5	48	28.1	35.7
HumanEval	7.9	14.0	25.6	62.2	81.7	84.1	48.1	67

续表

测试集	Llama2-7B	Llama2-13B	Llama2-70B	Llama3-8B	Llama3-70B	Llama3-400B	GPT-3.5	GPT-4
GSM-8K	25.7	77.4	57.5	79.6	93	94.1	57.1	92
MATH	3.8	6.7	11.6	30.0	50.4	57.8	34.1	52.9

在 Llama3 模型中，Meta 进行了几项关键的架构改进以增强模型性能和提高效率。首先，Llama3 对词表进行了大幅扩充，从原来的 32 000 个 token 增加到 128 000 个 token。这一改变使模型在处理特定语言(例如中文)时的编码效率大幅提高，例如，原本需要多个 token 来表示一个中文字符的情况现在仅需一个 token，从而减少了推理的时间。

由于词表的增大，导致模型的嵌入层和分类头层参数的增加，这导致模型的最小规模从 7B 增加到了 8B。此外，Llama2 只有 70B 的模型采用 GQA 技术，Llama3 的所有模型(包括 8B 的模型)都用了 GQA 技术。

最后，Llama3 在训练时的序列长度从原来的 4096 扩展到 8192。这一扩展使模型能够处理更长的文本序列。

在 Llama3 模型的训练过程中，Meta 采用了更大规模的数据集，总量达到了 15T 个 token，这是前代模型 Llama2 使用的 token 数量的 7 倍。这些数据全部来源于公开可获取的资源，确保了训练数据的广泛性和合规性。特别地，为了增强模型的逻辑推理能力，代码相关的数据也增加了 4 倍。之前有研究证明代码数据可以提高模型的逻辑推理能力。为了支持多语言处理能力，训练集中包括了约 5% 的高质量非英语数据，覆盖了超过 30 种不同语言。所有数据在使用前均经过严格的清洗流程，在数据清洗阶段，Meta 还利用了 Llama2 生成的数据来训练文本质量分类器。注意，这里用 Llama2 生成数据训练的是数据清洗阶段的文本质量分类器，并不是直接用来训练 Llama3。

在模型的微调阶段，除了利用开源数据集外，还进行了大规模的人工标注工作，涉及约 1000 万个样本，以确保模型在特定任务上的性能最优化。最后，不同版本的 Llama3 模型具有不同的知识截止日期：8B 版本的模型数据更新至 2023 年 3 月，而 70B 版本的模型数据则更新至 2023 年 12 月。

Meta 在模型训练方面也总结出了自己的缩放定律，即通过在小模型上快速训练得到的结果可以推测出大模型训练后最终的表现能力。同时 Meta 还是继续强调增加训练数据比增加模型参数更有效。Llama3-8B，即使使用了 15 万亿个 token 进行训练，但是它的性能还是没有饱和，还显示出进一步提升的空间。

在硬件和运行效率方面，Meta 同样展示了其领先的技术实力。Llama3 是在包含超过 24 000 个 H100 GPU 的两个大型集群上进行训练的，见表 2-2。这种配置不仅规模庞大，而且其有效训练时间的利用率超过了 95%，相比之下，这是 Llama2 的 3 倍。

表 2-2　Llama 系列模型训练花费

模　型	训练(GPU 小时)	GPU
Llama1-65B	1.0M	A100 80GB
Llama2-70B	1.7M	A100 80GB
Llama3-70B	7.7M	H100 80GB

在 Llama2 时代，微调后的模型被称为 Llama2-chat，而在 Llama3 中，微调后的模型则被命名为 Llama3-Instruct。这一命名变化反映了大模型应用场景的转变和扩展。Llama3-Instruct 不仅限于对话功能，更侧重于指令跟随和执行各种智能应用任务。

2024 年 7 月，Meta 又发布了 Llama3.1，并发布了更详细的技术报告，其中透露了更多的模型在训练过程中的细节。

Meta 在模型的预训练之后，做了 SFT，拒绝采样和 DPO。在 Llama3 的基础上 Llama3.1 的模型输入长度可以达到 128K 个 token，并且加强了多语言和工具使用的能力，如图 2-35 所示。

	微调	多语言	长上下文	使用工具	发布时间
Llama3-8B	✗	✗[1]	✗	✗	April 2024
Llama3-8B Instruct	✓	✗	✗	✗	April 2024
Llama3-70B	✗	✗[1]	✗	✗	April 2024
Llama3-70B Instruct	✓	✗	✗	✗	April 2024
Llama3.1-8B	✗	✓	✓	✗	July 2024
Llama3.1-8B Instruct	✓	✓	✓	✓	July 2024
Llama3.1-70B	✗	✓	✓	✗	July 2024
Llama3.1-70B Instruct	✓	✓	✓	✓	July 2024
Llama3.1-405B	✗	✓	✓	✗	July 2024
Llama3.1-405B Instruct	✓	✓	✓	✓	July 2024

图 2-35　Llama3.1 与 Llama3.0 能力对比

Llama3.1 的预训练数据来源于多种渠道，数据截至 2023 年底。Meta 采用了多种技术进行数据去重和清洗，确保去除包含大量个人信息和成人内容的文本。

在处理 HTML 原始文档时，Meta 使用了自定义的解析工具，细致地进行了处理。对于包含代码和数学公式的网页内容，进行了特别处理，例如如果数学公式以图片形式呈现，则提取网页元素的 alt 属性作为替代图片的文本。此外，Meta 通过实验发现 Markdown 格式文本对训练模型有害，因此去除了训练数据中所有 Markdown 标记。

在文档去重方面，Meta 使用了 3 种方法：第一，通过 URL 进行内容去重；第二，使用 MinHash 算法在全局文档级别进行去重；第三，在每 3000 万个文档中，如果某些行出现超过 6 次，则进行去重。此外，Meta 还采用了一些启发式方法，移除低质量文档、离群值和重复内容过多的文档。

(1) 使用重复 n-gram 覆盖率去除由重复内容(例如日志或错误信息)组成的长行。

(2) 通过“脏词”计数过滤掉不在阻止网站列表中的成人网页内容。

(3) 利用 token 分布的 K-L 散度过滤掉与训练语料分布相比包含过多离群 token 的文档。

在数据清洗过程中,Meta 还使用了模型进行文本过滤。他们实验了多种质量分类器,以选择高质量的文本,包括快速分类器 FastText 和计算密集型的 RoBERTa 分类器。通过创建清理后的网页训练集,并使用 DistilRoBERTa 生成文档质量评分。

在处理代码和数学相关的数据时,Meta 建立了专门的流程,使用经过 Llama2 标注的 DistilRoBERTa 模型进行分类,并进行了提示词调优,重点关注自然语言与代码和数学推导的交互。

对于多语言数据处理,Meta 利用语言识别模型将文档分类为 176 种语言,并执行去重操作。通过语言特定的启发式方法和模型过滤,移除了低质量文档,并使用多语言 Llama2 分类器对文档进行质量排名,确保高质量内容优先。此外,Meta 还实验性地分析了多语言 token 在预训练中的使用量,以平衡模型在英语和多语言基准上的表现。

为了训练高质量的语言模型,Meta 在对训练语料的组合方面也做了特殊处理,他们开发了文本类别的分类器,以此来有效地调整数据的组合,减少了占互联网内容大多数的娱乐和艺术方面的内容,并且在小模型上试验了不同数据比例组合对模型效果的影响,并确定最终训练大模型的数据组合为 50%的通用知识、25%的数学和推理内容、17%的代码和 8%的多语言内容。

另外 Meta 发现在模型预训练的最后,通过在数学和代码等高质量数据上进行退火训练,对模型的表现有所提升。

因为 Llama3 训练时的上下文很长,是多个文档的拼接。Llama3 在模型的训练过程中增加了特殊的注意力掩码,以此来防止模型在预训练时每个 token 关注到其他文档的内容。

在对 Llama3 模型的预训练过程中,包含了初始预训练、长上下文预训练和退火训练三部分。

以 405B 模型为例,在初始预训练阶段,使用 AdamW 优化器,初始学习率为 8×10^{-5},进行 8000 步的线性预热,之后采用余弦学习率衰减到 8×10^{-7},总共进行 120 万步训练。开始时使用较小的批量大小(4M tokens,序列长度为 4096),后续逐步增加到 8M 和 16M,以提高训练效率。在训练过程中调整数据组合,增加非英语数据比例、上采样数学数据、添加更新的网页数据,并减少低质量数据。

在长上下文预训练阶段逐步增加训练序列的长度,以最多支持 128K tokens 的上下文窗口。它通过 6 个阶段逐渐增加上下文长度,从最初的 8K 到 128K,确保模型在每个阶段都能有效地适应新的上下文长度。该阶段使用了大约 800B 的训练 tokens。

在退火训练阶段,用 40M tokens 进行训练,线性地将学习率降低至 0,同时保持 128K 的上下文长度,并且调整数据组合,重点使用高质量数据来源。在退火阶段,通过模型检查点的平均生成最终的预训练模型。

在 Llama3 模型进行了多轮后期训练来提升模型性能。每轮的后期训练包括监督微调(Supervised Fine Tuning,SFT)和直接偏好优化(Direct Preference Optimization,DPO)。数据来源于人类标注的示例数据和合成数据。模型训练的步骤包括,首先利用预训练模型,使用人类标注的偏好数据训练一个奖励模型。使用奖励模型对人类标注的提示进行拒绝采样，然后结合合成数据对预训练的模型进行监督微调，采用标准的交叉熵损失函数。在监督微调后，使用 DPO 进一步训练模型，以便对齐人类偏好。DPO 使用偏好数据进行训练，需要的计算资源较少，并且在指令跟随基准测试上表现更好。

最终 Llama3.1 和其他模型的性能比较如图 2-36 所示。

类别	测试集	Llama3 8B	Gemma2 9B	Mistral 7B	Llama3 70B	Mixtral 8x22B	GPT 3.5 Turbo	Llama3 405B	Nemotron 4 340B	GPT-4 (0125)	GPT-4o	Claude 3.5 Sonnet
通用	MMLU (5-shot)	69.4	**72.3**	61.1	**83.6**	76.9	70.7	87.3	82.6	85.1	89.1	**89.9**
	MMLU (0-shot,CoT)	**73.0**	72.3△	60.5	**86.0**	79.9	69.8	88.6	78.7◁	85.4	**88.7**	88.3
	MMLU-Pro (5-shot,CoT)	**48.3**	–	36.9	**66.4**	56.3	49.2	73.3	62.7	64.8	74.0	**77.0**
	IFEval	**80.4**	73.6	57.6	**87.5**	72.7	69.9	**88.6**	85.1	84.3	85.6	88.0
代码	HumanEval (0-shot)	**72.6**	54.3	40.2	**80.5**	75.6	68.0	89.0	73.2	86.6	90.2	**92.0**
	MBPP EvalPlus (0-shot)	**72.8**	71.7	49.5	**86.0**	78.6	82.0	88.6	72.8	83.6	87.8	**90.5**
数学	GSM8K (0-shot,CoT)	**84.5**	76.7	53.2	**95.1**	88.2	81.6	**96.8**	92.3◇	94.2	96.1	96.4◇
	MATH (0-shot,CoT)	**51.9**	44.3	13.0	**68.0**	54.1	43.1	73.8	41.1	64.5	**76.6**	71.1
推理	ARC Challenge (0-shot)	83.4	**87.6**	74.2	**94.8**	88.7	83.7	**96.9**	94.6	96.4	96.7	96.7
	GPQA (0-shot,CoT)	32.8	–	28.8	**46.7**	33.3	30.8	51.1	–	41.4	53.6	**59.4**
使用工具	BFCL	**76.1**	–	60.4	84.8	–	**85.9**	88.5	86.5	88.3	80.5	**90.2**
	Nexus	**38.5**	30.0	24.7	**56.7**	48.5	37.2	**58.7**	–	50.3	56.1	45.7
长上下文	ZeroSCROLLS/QuALITY	81.0	–	–	90.5	–	–	**95.2**	–	**95.2**	90.5	90.5
	InfiniteBench/En.MC	65.1	–	–	78.2	–	–	**83.4**	–	72.1	82.5	–
	NIH/Multi-needle	98.8	–	–	97.5	–	–	98.1	–	**100.0**	**100.0**	90.8
多语言	MGSM (0-shot,CoT)	**68.9**	53.2	29.9	**86.9**	71.1	51.4	**91.6**	–	85.9	90.5	**91.6**

图 2-36 Llama3.1 模型表现

2024 年 9 月 25 日，Meta 发布了 Llama3.2，其中包括更小的适合移动端设备的纯文本模型。分别为 Llama3.2 1B 和 Llama3.2 3B。最让人激动的是，Meta 首次发布了 11B 和 90B 的多模态大模型。这让基于开源大模型生态的智能应用又增加了更多的可能性。Llama3.2 的多模态模型支持图像推理的应用。可以对图表、图像、图片文字进行理解和推理，例如可以针对一个年销量的柱状图问大模型哪一年销量最高，也可以让大模型描述图片的内容。

为了在原本训练的纯文本 Llama 大模型上增加图像输入，Meta 训练了一组权重适配器，将预训练的图像编码器输出的编码映射到预训练的大语言模型中。这组权重适配器由一系列的交叉注意力层组成，负责将图像编码器的表示传递给语言模型。在训练这组权重适配器的过程中，图像编码器的参数是可以训练的，但是大语言模型的参数是完全冻结的。这样做可以保持所有语言模型原有能力不被影响。

多模态大模型的训练分为多个阶段，从预训练的 Llama3.1 文本模型开始，先增加图像适配器和编码器，然后在大规模含有噪声的文本图片配对数据上进行预训练。接着在中等规模高质量的领域内和知识增强的文本图片配对数据上进行训练。在训练后期，采用与纯文本的大模型类似的方法，通过几轮对齐的监督微调，拒绝采样和直接偏好优化进行后训练。

第3章 运行第1个大模型

本章将探讨如何利用 HuggingFace 的 Transformers 库来加载和运行大模型。笔者将带领大家从零开始加载一个大模型，准备输入数据，进行推理并获取模型的输出。同时还会讲解如何通过参数控制大模型的输出。让我们开始吧！

3.1 HuggingFace 介绍

HuggingFace 是一家专注于自然语言处理和人工智能的科技公司，以其开源的工具和平台而闻名。HuggingFace 成立于 2016 年，总部位于纽约，HuggingFace 致力于使人工智能技术更易于访问和使用。

首先 HuggingFace 是一个开源的人工智能平台，目前包含 40 多万个开源模型，10 多万个开源数据集，以及 15 万个应用。提供开源大模型的公司都会优先在 HuggingFace 上发布自己的模型，例如 Llama、ChatGLM、QWen、Yi 等模型。

其次 HuggingFace 还提供了一系列简单易用的开源库，其中最著名的就是 Transformers 库，可以利用它快速地从头训练或者微调一个预训练模型。另外还有提供分布式训练的 Accelerate 库，提供参数高效微调的 PEFT 库，提供强化学习训练的 TRL 库等。

HuggingFace 创建了一个活跃的社区，用户可以在其中分享模型、数据集和经验，还可以发布自己的模型或体验其他用户创建的模型。

3.2 下载大模型

Meta 在 HuggingFace 上发布了 Llama3 并提供免费下载，前提是需要通过一个申请。这里我们选择下载由国内零一万物训练的 Yi，它的网络结构和 Llama 一致，中文能力更好，在国内网站就可以下载，并且不需要申请。可以在 modelScope.cn 下载 Yi-1.5-6B-Chat 这个模型，模型大小为 22.5GB。

下载后的模型文件夹里不光有模型的参数文件，还包含一些配置文件，例如 config.json 这个文件里包含着模型结构的配置信息。可以看到它的模型结构是 LlamaForCausalLM，配置文件如下：

```
//Yi-1.5-6B-Chat/config.json
{
  "architectures": [
    "LlamaForCausalLM"
  ],
  "attention_bias": false,
  "attention_dropout": 0.0,
  "bos_token_id": 1,
  "eos_token_id": 2,
  "hidden_act": "silu",
  "hidden_size": 4096,
  "initializer_range": 0.02,
  "intermediate_size": 11008,
  "max_position_embeddings": 4096,
  "model_type": "llama",
  "num_attention_heads": 32,
  "num_hidden_layers": 32,
  "num_key_value_heads": 4,
  "pad_token_id": 0,
  "pretraining_tp": 1,
  "rms_norm_eps": 1e-06,
  "rope_scaling": null,
  "rope_theta": 5000000.0,
  "tie_word_embeddings": false,
  "torch_dtype": "bfloat16",
  "transformers_version": "4.40.0",
  "use_cache": false,
  "vocab_size": 64000
}
```

在 tokenizer_config.json 文件里包含着对 tokenizer 的一些配置。可以看到 tokenizer 的类型是 LlamaTokenizer，并且对于对话类模型，配置文件里还包含着对应对话的模板，即 chat_template，配置文件如下：

```
{
  "add_bos_token": false,
  "add_eos_token": false,
  "add_prefix_space": true,
  "added_tokens_decoder": {
    "0": {
      "content": "<unk>",
      "lstrip": false,
      "normalized": true,
      "rstrip": false,
      "single_word": false,
      "special": true
```

```
    },
    "1": {
      "content": "<|startoftext|>",
      "lstrip": false,
      "normalized": true,
      "rstrip": false,
      "single_word": false,
      "special": true
    },
    "2": {
      "content": "<|endoftext|>",
      "lstrip": false,
      "normalized": true,
      "rstrip": false,
      "single_word": false,
      "special": true
    },
    "7": {
      "content": "<|im_end|>",
      "lstrip": false,
      "normalized": false,
      "rstrip": false,
      "single_word": false,
      "special": true
    }
  },
  "bos_token": "<|startoftext|>",
  "chat_template": "{% if messages[0]['role'] == 'system' %}{% set system_message = messages[0]['content'] %}{% endif %}{% if system_message is defined %}{{ system_message }}{% endif %}{% for message in messages %}{% set content = message['content'] %}{% if message['role'] == 'user' %}{{ '<|im_start|>user\\n' + content + '<|im_end|>\\n<|im_start|>assistant\\n' }}{% elif message['role'] == 'assistant' %}{{ content + '<|im_end|>' + '\\n' }}{% endif %}{% endfor %}",
  "clean_up_tokenization_spaces": false,
  "eos_token": "<|im_end|>",
  "legacy": true,
  "model_max_length": 4096,
  "pad_token": "<unk>",
  "padding_side": "right",
  "sp_model_kwargs": {},
  "spaces_between_special_tokens": false,
  "split_special_tokens": false,
  "tokenizer_class": "LlamaTokenizer",
  "unk_token": "<unk>",
  "use_default_system_prompt": false
}
```

3.3 运行大模型

运行大模型，尝试修改 messages 里的内容，查看大模型会给出什么样的回答，代码如下：

```
//Chapter3/hello_world.py
from transformers import AutoModelForCausalLM, AutoTokenizer

model_path = r'Your-path-to-Yi-1.5-6B-Chat'

tokenizer = AutoTokenizer.from_pretrained(model_path)

model = AutoModelForCausalLM.from_pretrained(
    model_path,
    device_map="auto",
    torch_dtype='auto'
).eval()

messages = [
    {"role": "user", "content": "你好!"}
]

input_ids = tokenizer.apply_chat_template(conversation=messages, tokenize=
True, return_tensors='pt')
output_ids = model.generate(input_ids.to('cuda'), eos_token_id=tokenizer.eos_
token_id,max_length=200)
response = tokenizer.decode(output_ids[0][input_ids.shape[1]:], skip_special_
tokens=True)

print(response)
```

如果想在 GPU 上运行上边的代码，则 GPU 显存最少需要 12GB。如果 GPU 显存小于 12GB，则可以尝试通过 HuggingFace 里的量化加载来减少显存占用。后边的章节会详细地讲解什么是模型量化。在这里可以选择 8 位量化加载或者 4 位量化加载。如果选择 8 位量化加载 GPU，则显存占用就会降低到 6GB，如果选择 4 位量化加载 GPU，则显存占用就会降低到 3GB。可以根据自己 GPU 的显存情况来选择不同的配置，代码如下：

```
//Chapter3/hello_world.py

import torch
from transformers import AutoModelForCausalLM, AutoTokenizer, BitsAndBytesConfig

bnb_config = BitsAndBytesConfig(
    load_in_4bit=True,
    bnb_4bit_use_double_quant=True,
```

```
    bnb_4bit_quant_type="nf4",
    bnb_4bit_compute_dtype=torch.bfloat16
)

#8 位加载
#bnb_config = BitsAndBytesConfig(
#load_in_8bit=True
#)

tokenizer = AutoTokenizer.from_pretrained(model_path)
model = AutoModelForCausalLM.from_pretrained(
    model_path,
    device_map="auto",
    torch_dtype='auto',
    quantization_config=bnb_config
).eval()
```

如果想和大模型进行对话式交谈,并且让大模型像打字一样进行逐个 token 的流式输出,则实现代码如下:

```
//Chapter3/streaming_chat.py
import torch
from transformers import AutoModelForCausalLM, AutoTokenizer, TextStreamer,
BitsAndBytesConfig

model_path = r'Your-path-to-Yi-1.5-6B-Chat'
#4 位加载
bnb_config = BitsAndBytesConfig(
    load_in_4bit=True,
    bnb_4bit_use_double_quant=True,
    bnb_4bit_quant_type="nf4",
    bnb_4bit_compute_dtype=torch.bfloat16
)

#8 位加载
#bnb_config = BitsAndBytesConfig(
#load_in_8bit=True
#)

tokenizer = AutoTokenizer.from_pretrained(model_path)
model = AutoModelForCausalLM.from_pretrained(
    model_path,
    device_map="auto",
    torch_dtype='auto',
    quantization_config=bnb_config
).eval()

while True:
```

```
    user_input = input("用户: ")
    messages = [
        {"role": "user", "content": user_input}
    ]
    streamer = TextStreamer(tokenizer, skip_prompt=True, eos_token_id=
tokenizer.eos_token_id, skip_special_tokens=True)
    input_ids = tokenizer.apply_chat_template(conversation=messages, tokenizer=
True, return_tensors='pt')
    model.generate(input_ids, max_length=200, streamer=streamer, eos_token_id=
tokenizer.eos_token_id)
```

3.4 HuggingFace 里的 Tokenizer

神经网络模型只能接受数字作为输入。Tokenizer 负责为模型准备输入，把自然语言转换为数字，并且可以把模型输出的数字转换为自然语言。

由于大模型生成时使用的 Tokenizer 必须和训练时使用的一致，所以下载的大模型都同时提供了 Tokenizer。在 3.3 节的代码中使用了 AutoTokenizer 来加载 Yi 大模型的 Tokenizer，HuggingFace 会根据 tokenizer_config.json 文件里配置的 tokenizer_class 来自动生成对应的 LlamaTokenizer。

Tokenizer 对一句话进行分词的代码如下：

```
//Chatper3/tokenizer.py
from transformers import AutoTokenizer

model_path = r'Your-path-to-Yi-1.5-6B-Chat'
tokenizer = AutoTokenizer.from_pretrained(model_path, use_fast=False)

text = "我喜欢人工智能技术。"
tokens = tokenizer.tokenize(text)
print(tokens)
```

输出的结果为['我喜欢','人工智能','技术','。']。接着，可以调用 convert_tokens_to_ids 方法将 tokens 转换为输入并传递给大模型的 token id，代码如下：

```
ids = tokenizer.convert_tokens_to_ids(tokens)
print(ids)
```

输出为一个 token id 的 list：[29492, 13992, 2038, 102]，这些 id 就可以传输给大模型。接着模拟模型输出时，通过 Tokenizer 的 decode()方法将 id 转换为字符串，代码如下：

```
message = tokenizer.decode(ids)
print(message)
```

可以看到，token id 重新被映射回“我喜欢人工智能技术。”这句话。

在对大模型进行对话微调时，一般会加上特定的提示词。这可以通过 Tokenizer 来方便地实现，代码如下：

```
messages = [
    {"role": "system", "content": "You are a helpful assistant."},
    {"role": "user", "content": "你好！"},
    {"role": "assistant", "content": "我可以帮助你做什么？"},
    {"role": "user", "content": "天空为什么是蓝色的？"},
]
text = tokenizer.apply_chat_template(
    messages,
    tokenize=False
)
print(text)
```

一般大模型的聊天提示词里包含 3 种角色，即系统、用户、大模型。系统(system)用来设定对话的系统信息，例如让大模型充当的角色，或者大模型输出的语气等。用户(user)指用户的输入。大模型(assistant)指大模型的输出。上边这个例子展示了一个多轮对话。Tokenizer 的 apply_chat_template 方法会调用 tokenizer_config. json 文件里配置的 chat_template。

运行上面的代码，得到的格式化提示词如下：

```
You are a helpful assistant.<|im_start|>user
你好！<|im_end|>
<|im_start|>assistant
我可以帮助你做什么？<|im_end|>
<|im_start|>user
天空为什么是蓝色的？<|im_end|>
<|im_start|>assistant
```

上面的提示词可以直接传输给大模型，从而得到回答。因为大模型在训练时的对话数据都是按照上述格式组织的，所以在生成时也按照上述格式组织才可以得到更好的回答。

大模型期望的输入是按照 batch 提供的，Tokenizer 对此也提供了支持，代码如下：

```
sentences = ["你好。", "今天天气不错！"]
tokenizer.padding_side = "left"
ids = tokenizer(sentences, padding=True, return_tensors="pt")
print(ids)
```

输出的结果如下：

```
{'input_ids': [[0, 0, 25902, 102], [3569, 9468, 8086, 103]], 'attention_mask': [[0,
0, 1, 1], [1, 1, 1, 1]]}
```

上面的实例代码展示了 Tokenizer 的多个功能，接下来一一进行解释。首先输入的是两个句子，它们编码后一个为两个 token，另一个为 4 个 token。为了将这两句话对应的

token id 列表放入同一个 Tensor，它们必须是同样的长度。这里就需要使用填充功能，并且可以指定从左填充还是从右填充。因为模型是从右边继续生成的，所以这里将 padding side 设置为 left。在调用 tokenizer()时，将 padding 指定为 True。返回的 Tensors 为 pt，表示希望 Tokenizer 返回 PyTorch 的 Tensor。

可以看到，生成的结果里是个字典，包含两部分内容。第一部分是每句话对应的 token id 列表，第一句话在左边添加了 0 作为填充。第二部分是 Attention Mask，它在填充 token 的对应位置为 0，这样在传入模型进行注意力计算时，就不会考虑填充部分的 token 了。

另外，在训练大模型时常出现的情况是，有的句子会特别长，当它和短的句子在一起时，短的句子也必须填充到和长的句子一样的长度，从而在训练模型时因为填充 token 占用大量显存，从而导致因为显存不足而异常退出。通过在 tokenizer()方法设置截断和截断长度可以解决这个问题，代码如下：

```
ids = tokenizer(sentences, padding=True, truncation=True, max_length=3, return_
tensors="pt")
print(ids)
```

通过修改上面的代码，设置启用截断，并且将截断长度设置为 3。可以观察生成的 token id 的列表。发现两句话生成的 token id 列表的长度都为 3，默认为从序列右边进行截断，结果如下：

```
{'input_ids': tensor([[ 0, 25902, 102], [ 3569, 9468, 8086]]), 'attention_mask':
tensor([[0, 1, 1], [1, 1, 1]])}
```

3.5 HuggingFace 里的模型

HuggingFace 里对模型进行了抽象，用它来对模型进行训练和推理都非常方便。下边用实际例子来了解如何使用 HuggingFace 的模型。

3.5.1 创建和保存模型

在 HuggingFace 里加载一个训练好的模型仅需要一行代码即可实现，代码如下：

```
//Chapter3/model.py
from transformers import AutoModelForCausalLM, AutoTokenizer

model_path = r'Your-path-to-Yi-1.5-6B-Chat'

model = AutoModelForCausalLM.from_pretrained(model_path, device_map="auto",
torch_dtype='auto')
print(type(model))
```

输出如下:

```
<class 'transformers.models.llama.modeling_llama.LlamaForCausalLM'>
```

通过上边的代码可以加载之前下载的 Yi 大模型，HuggingFace 会先通过读取 config.json 文件里的信息来构建对应的模型架构，然后加载模型参数。通过打印信息可以看到，HuggingFace 加载了一个 LlamaForCausalLM 模型。

如果想从头训练一个大模型(大概率不会这么做)，则可以通过生成一个配置来初始化一个大模型，代码如下:

```
//Chapter3/create_new_model.py
from transformers import LlamaConfig, LlamaForCausalLM

config = LlamaConfig(
    vocab_size=32000,                   #词汇表大小
    hidden_size=512,                    #隐藏层大小
    num_hidden_layers=8,                #隐藏层数量
    num_attention_heads=8,              #注意力头数量
    intermediate_size=2048,             #中间层大小
    hidden_act="gelu",                  #激活函数
    max_position_embeddings=1024,       #最大位置编码
)
print(config)
model = LlamaForCausalLM(config)
#训练模型的代码
model.save_pretrained("./saved_model")
```

输出如下:

```
LlamaConfig {
  "attention_bias": false,
  "attention_dropout": 0.0,
  "bos_token_id": 1,
  "eos_token_id": 2,
  "hidden_act": "gelu",
  "hidden_size": 512,
  "initializer_range": 0.02,
  "intermediate_size": 2048,
  "max_position_embeddings": 1024,
  "mlp_bias": false,
  "model_type": "llama",
  "num_attention_heads": 8,
  "num_hidden_layers": 8,
  "num_key_value_heads": 8,
  "pretraining_tp": 1,
  "rms_norm_eps": 1e-06,
  "rope_scaling": null,
  "rope_theta": 10000.0,
```

```
  "tie_word_embeddings": false,
  "transformers_version": "4.42.3",
  "use_cache": true,
  "vocab_size": 32000
}
```

可以看到之前代码里定义的关于 Llama 的配置信息已经覆盖了系统默认配置。模型可以通过 save_pretrained 方法来保存。

3.5.2 控制大模型的输出

接下来，尝试让大模型输出一个笑话，代码如下：

```
//Chatper3/generate.py
from transformers import AutoModelForCausalLM, AutoTokenizer

model_path = r'Your-path-to-Yi-1.5-6B-Chat'

tokenizer = AutoTokenizer.from_pretrained(model_path, use_fast=False)
model = AutoModelForCausalLM.from_pretrained(
    model_path,
    device_map="auto",
    torch_dtype='auto'
).eval()

messages = [
    {"role": "user", "content": "给我讲一个笑话。"}
]

input_ids = tokenizer.apply_chat_template(conversation=messages, tokenize=
True, return_tensors='pt')
output_ids = model.generate(input_ids.to('cuda'), eos_token_id=tokenizer.eos_
token_id, max_length=200)
response = tokenizer.decode(output_ids[0][input_ids.shape[1]:], skip_special_
tokens=True)
print(response)
```

模型输出如下：

```
好的，这里有一个简单的笑话：
有 3 个人被困在荒岛上，他们找到了一个神灯。灯神出现了，说他可以给每个人实现一个愿望。
第 1 个人说："我希望回到家里，拥抱我的妻子和孩子。"然后他就消失了。
第 2 个人说："我也希望回到家里，拥抱我的妻子和孩子。"他也消失了。
第 3 个人看了看四周，然后说："我希望回家之前先去海边一趟。"
当其他两个人回来时，他们问第 3 个人为什么只为自己许愿。第 3 个人回答说："我只是想看一看
灯神是不是真的会实现所有的愿望。"
```

笔者确实没有理解这个笑话，不过这不重要。重要的是再次运行这段代码，模型又生成了一模一样的笑话。这有些无聊，是否有办法让模型每次生成不同的笑话呢?

首先，默认的大模型生成，采用的是贪心算法。在生成下一个 token 时都会选择概率最大的那个，直到生成结束符，或者到达设置的生成最大长度。我们期望大模型生成的序列是所有 token 联合概率最大的，而不是每步 token 概率最大，如图 3-1 所示。

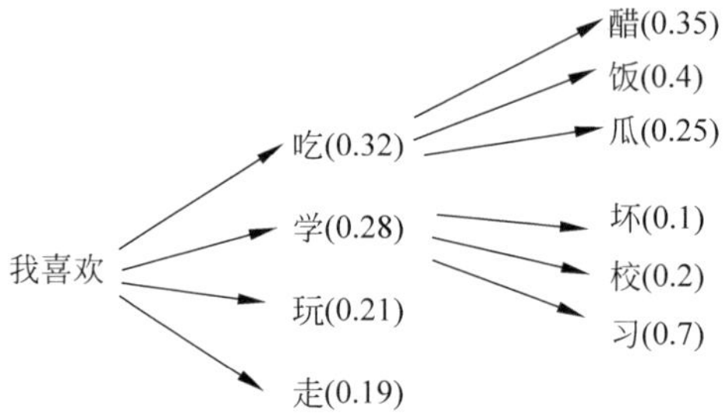

图 3-1 贪心算法

对于图 3-1，如果按照贪心算法，则大模型的输出为“我喜欢吃饭”。因为在每步都选取当前步概率最大的 token 进行输出，但实际上，通过计算可以发现“我喜欢学习”的联合概率更高。如何让大模型生成时可以找到这种整个序列概率最大的输出呢? 那就是 Beam Search。贪心算法的问题是每步都只选择概率最大的 token，而丢弃了其他潜在序列概率最大的 token。Beam Search，假如将 Beam 设置为 2，它会一直保留两个目前概率最大的序列，最终输出概率最大的那个序列。以图 3-1 为例，如果 Beam 为 2，则在第 1 步会保留“我喜欢吃”和“我喜欢学”两个序列，概率分别为 0.32 和 0.28。接下来两个序列都会预测自己接下来的 token，并计算联合概率，如图 3-2 所示。

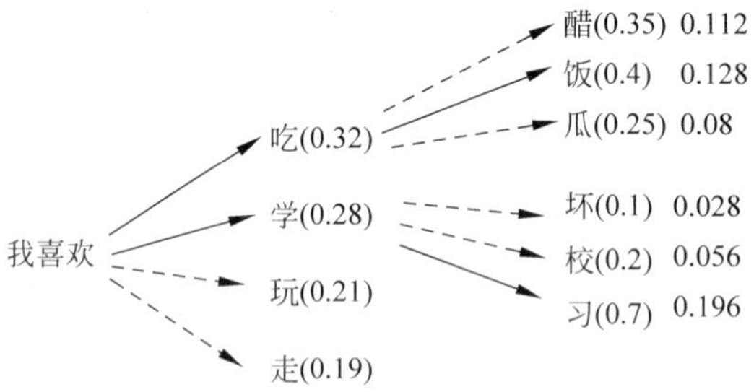

图 3-2 Beam Search

可以发现“我喜欢吃饭”的序列概率为 0.128，“我喜欢学习”的序列概率为 0.196。它们两个是第 2 步概率最大的两个序列。Beam Search 会保留这两个序列，分别为它们生成下一个 token。如果将最大生成 token 数设置为 2，也就是第 2 步就要输出。那么此时输出的就是概率最大的序列：“我喜欢学习”。

通过像下面示例代码这样，设置参数 num_beams 可以在模型生成时启用 beam search，代码如下：

```
model.generate(input_ids.to('cuda'), eos_token_id=tokenizer.eos_token_id, max_
length=200, num_beams=2)
```

此时重新运行程序会发现模型返回了不同的结果，但是只要 num_beams 设置不变，多次运行程序，模型生成的结果也不会变。因为多个序列里概率最大的序列是固定不变的。

一种解决这个问题的思路是给模型生成引入随机性，例如每次生成不取概率最大的那个 token，而是在概率最大的几个 token 里选择。这就是 top_k 的思想，代码如下：

```
output_ids = model.generate(input_ids.to('cuda'), eos_token_id=tokenizer.eos_
token_id, max_length=200, do_sample=True, top_k=10)
```

首先将 do_sample 设置为 True，同时将 top_k 设置为 10，然后多次运行这段代码，会发现每次生成的内容都会不同。这样就增加了模型输出的多样性。

大模型生成内部是如何进行采样的呢？在大模型输出时，首先是输出每个 token 的 logits 的值，然后选取 top_k 个 token 保留它们的 logits 值，并将其他 token 的 logits 值设置为一个很大的负数，然后进行 softmax()，这样非 top_k 的 token 被选择的概率就为 0，而前 top_k 个 token 的概率也不是均等的，如图 3-3 所示。

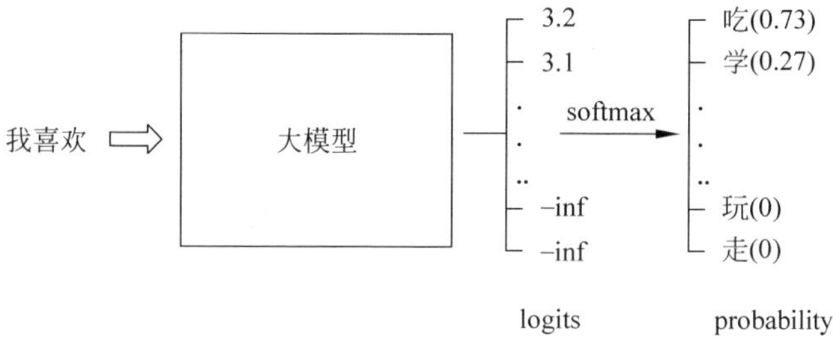

图 3-3　top_k 采样

另外还有一种与 top_k 类似的设置，叫作 top_p，它的 token 选择列表是依次把概率从大到小的 token 加入列表，直到列表内的 token 的概率和大于 top_p。它的具体采样过程是首先从大模型获取每个 token 的 logits，然后经过 softmax()生成每个 token 的概率。接着选择 top_p 的 token，保留它们的概率，并将未被选中的 token 的概率设置为一个很大的负数。重新进行 softmax()，生成每个 token 被选择的概率，非 top_p 的 token 被选择的概率为 0，如图 3-4 所示。

控制模型生成随机性的另外一个重要的参数是温度值(Temperature)。当设置了温度值 t 后，大模型输出的 logits 会首先除以温度值，然后进行后续采样。温度值对 softmax()最后生成的概率的影响如图 3-5 所示。

可以看到当温度值 t 取 0.5 时，最后每个 token 之间的概率差别较大。当 t 取 2 时，最后每个 token 之间的概率差别较小。也就是温度值越小，模型生成的序列越确定，温度

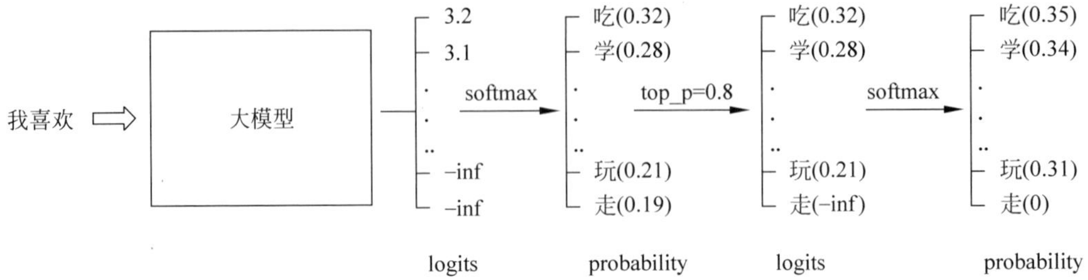

图 3-4　top_p 采样

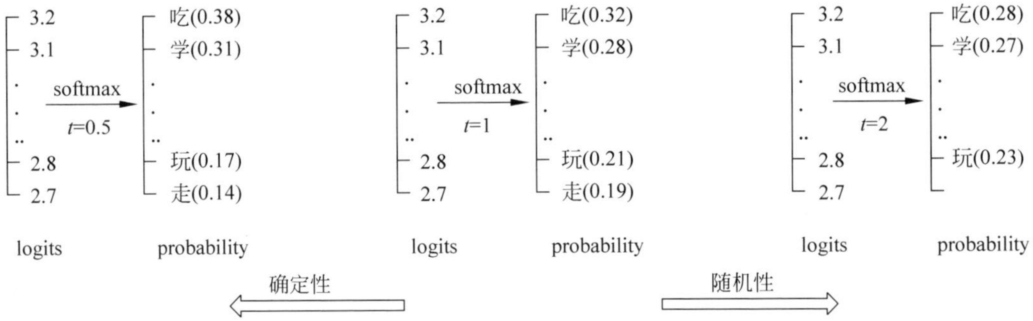

图 3-5　温度值对采样的影响

值越大，模型生成的序列越不确定。可以尝试修改不同的温度值来体验模型生成的不同结果，代码如下：

```
output_ids = model.generate(input_ids.to('cuda'),
eos_token_id=tokenizer.eos_token_id, max_length=200, do_sample=True,
top_k=10, temperature=2.0)
```

第4章 大模型带来的技术挑战

本章将探讨大模型在实际应用中所带来的技术挑战。随着模型参数规模的不断增长，训练和推理这些模型对硬件资源，尤其是对GPU显存提出了前所未有的高要求。为了应对这些挑战，研究人员开发了多种优化技术，例如混合精度训练、模型量化和创新的推理框架等。这些技术不仅可以显著地减少显存占用，还能够提升推理速度和效率。本章将介绍这些技术的原理和应用，帮助读者更好地理解大模型的资源需求及如何通过优化策略在有限的硬件条件下高效地训练和推理大模型。

4.1 GPU的工作原理

13min

作为一名算法工程师，你可能大多数时候在使用PyTorch或TensorFlow这样的框架来训练模型。这些框架通过CUDA(Compute Unified Device Architecture)调用GPU，屏蔽了复杂的GPU编程细节，然而，你是否曾好奇过GPU的实际工作原理？在以往，由于模型规模较小，显卡算力相对充足，无须深入了解GPU的工作机制，然而，在大模型时代，为了优化推理速度和减少显存占用，深入理解GPU工作原理变得尤为重要。举例来讲，vLLM中的PageAttention及当前大模型训练中默认使用的FlashAttention都依赖于对GPU工作机制的深入理解。

4.1.1 CPU和GPU的区别

首先，探讨一下中央处理器(Central Processing Unit，CPU)和GPU的区别。二者的设计目标截然不同。CPU旨在处理通用任务，追求低延迟和高响应速度，能够快速地完成单个任务。通常情况下，CPU的使用率不会达到100%，因为若CPU长期处于满负荷状态，则无法及时响应其他请求，系统的用户体验会大大降低。CPU类似于一辆私家车，大部分时间停在车库，但一旦上路，便能够迅速地带你到达目的地。

相较之下，GPU的设计目标是高吞吐量，专为处理大量简单计算任务而优化。当GPU运行时，用户期望其使用率接近100%。GPU的设计类似于地铁，虽然速度不如私家车，但总是满载乘客，能够同时运输大量乘客去同样的目的地。

最初,GPU 主要用于图形计算,因为图形计算需要对每个像素进行处理,这类计算虽然简单,但数量庞大。如果由 CPU 负责绘图,则只能逐像素进行处理,而 GPU 则可以同时计算多像素,实现并行处理。

NVIDIA 的成功在很大程度上得益于两个产业:游戏和深度学习。游戏画面需要实时计算和渲染,涉及大量计算任务,而深度学习同样需要大量计算,特别是内部大量的矩阵运算,可以拆解为并行的矩阵元素运算。

那么,GPU 是如何解决这些大量简单的计算任务的呢?答案在于并行处理。我们比较一下 CPU 和 GPU 在核心数量和支持并行进程数方面的差异。

以 Intel 14 代 i7 CPU 为例,它有 20 个核心,支持 28 个并行线程。相比之下,NVIDIA 的 A100 GPU 拥有 6912 个 FP32 的 CUDA 核心,3456 个 FP64 的 CUDA 核心,6912 个 Int32 的 CUDA 核心,以及 432 个 Tensor 核心,支持 13 824 个并行线程。这种大规模并行计算能力使 GPU 在处理图形计算和深度学习任务时表现出色。

通过这种大规模并行处理,GPU 能够高效地完成大量简单计算任务,可以显著地提升计算速度和效率。了解并利用 GPU 的这种特性,对于优化大模型的训练和推理至关重要。

4.1.2 GPU 的架构

GPU 通过一种称为单指令多线程(Single Instruction Multiple Threads,SIMT)的技术来管理大量线程的并行运行。SIMT 架构允许多个线程同时执行同一条指令,从而大幅提升计算效率,例如,在矩阵乘法中,每个结果矩阵元素的计算都可以由单独的线程负责,从而实现并行计算。

在 GPU 架构中,每 32 个线程被分组为一个称为 Warp 的单元。Warp 是 GPU 任务调度和执行的基本单元,可以确保线程在并行执行过程中保持高效的协调性。通过 Warp 机制,GPU 能够充分地利用其强大的并行处理能力,以处理复杂的计算任务。这些 Warp 是如何在 GPU 硬件上执行的呢?可以通过观察 A100 的架构图来了解,如图 4-1 所示。

在架构图中,中央密集排列的部分是 CUDA 核心和 Tensor 核心。这些核心被划分成若干个块,每个块称为一个流式多处理器(Streaming Multiprocessor,SM)。

A100 GPU 总共有 108 个 SM。我们进一步来介绍 SM 的构成和工作原理。SM 是 GPU 的核心组件之一。每个 SM 被划分为 4 个处理单元,每个处理单元内包含一个 Warp 调度器,负责管理和调度 Warp 的执行,如图 4-2 所示。

每个处理单元包含 16 个 Int32 核心、16 个 FP32 核心、8 个 FP64 核心及一个 Tensor 核心。CUDA 核心负责通用计算,并针对不同的数据类型进行了专门优化,而 Tensor 核心则专门用于深度学习计算优化。

在 SM 的下方有 LD/ST 单元,负责数据的加载和存储,为计算单元提供必要的数据。特殊功能单元(Special Function Units,SFU)负责计算特殊的数学函数,例如三角函数、指数函数、对数函数和平方根等。

图 4-1　A100 显卡架构图

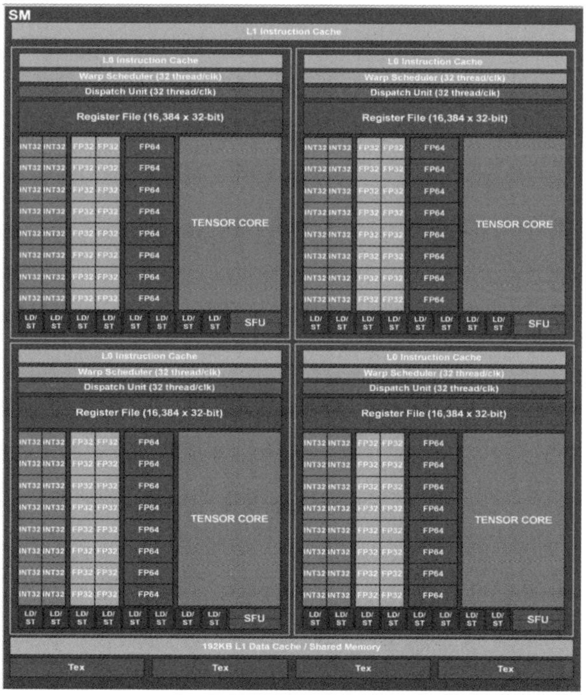

图 4-2　A100 SM 架构图

4.1.3　GPU 里的存储

GPU 的并行计算能力极其强大，但在很多情况下，例如在进行大模型训练时，GPU 的计算单元往往在等待数据，而不是进行计算。这是由于数据从显存传输到计算单元的过程中存在延迟。

以 A100 GPU 为例,其 FP64 算力为 19 500 GFlops,每个 FP64 数据为 8 字节,再考虑到 A100 的显存带宽为 1555GB/s,将一个 FP64 数据传输到 GPU 的 FP64 CUDA Core,至少需要对该数据进行 100 次浮点运算,这样才能让 GPU 满负荷运行。如果少于 100 次浮点运算,GPU 就会有空闲时间。

幸运的是,深度学习中常用的矩阵乘法是一种计算密集型操作,这种操作的计算强度可以通过调整矩阵大小来优化。此外,大的矩阵乘法可以分解为较小的矩阵乘法来执行。假设矩阵大小为 $N \times N$,结果矩阵中的每个元素需要进行 N 次乘法和 $N-1$ 次加法,大约是 $2N$ 次计算。对于 $N \times N$ 的结果矩阵,每个元素都需要 $2N$ 次计算,总计算量为 $2N \times N \times N$。传输的数据量是两个 $N \times N$ 大小的矩阵,总共为 $2N \times N$,因此计算量与传输量的比值为 N 倍。根据计算强度要求,可以调整 N 值,如图 4-3 所示。

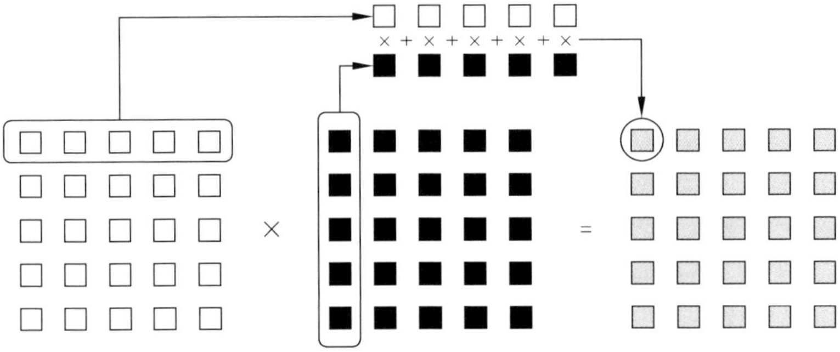

图 4-3　矩阵运算的计算量

如果数据传输速度慢,就需要传输更大的矩阵来进行计算,以充分利用 GPU 的计算能力。如果数据传输速度快,则可以传输较小的矩阵来计算,同样能够充分地利用 GPU 的计算能力,然而,如果计算矩阵本身较小且数据传输速度慢,就难以充分利用 GPU 的计算能力。

接下来,分析一下 GPU 内部的不同存储及访问速度。GPU 存储分为芯片内和芯片外存储。芯片内存储包括寄存器、L1 缓存、共享内存(Shared Memory),以及 L2 缓存,而芯片外存储则是我们常说的显存。它们的访问速度差异显著:L1 缓存的传输速度为 19TB/s,L2 缓存的传输速度为 4TB/s,主显存的传输速度为 1.5TB/s,而通过 PCIe 访问内存中的数据速度仅为 0.025TB/s。此外,NVIDIA 提供的多显卡互连技术 NVLink,其速度可达 0.3TB/s,在分布式训练中非常有用。

因此,最佳实践是让 GPU 计算单元尽可能地减少对低速存储的访问,尽可能地从高速缓存中读取数据,并对一次读取的数据尽可能多地进行计算,以充分利用 GPU 的计算能力。这也是 Flash Attention 技术优化大模型训练的出发点。

再回到 A100 的架构,如图 4-1 所示。它有 108 个 SM,每个 SM 内部包含 CUDA Core、Tensor Core 和 L1 缓存。SM 外部有 L2 缓存和显存(HBM)。此外,底部的 NVLink 负责多卡通信,顶部的 PCIe 负责 GPU 与主机通信。

4.1.4 Tensor Core

通过 GPU 内 Tensor Core 的支持，GPU 从硬件层面支持混合精度训练。混合精度训练是一种结合 32 位单精度浮点数(FP32)和 16 位半精度浮点数(FP16)的训练方法，其目标是在不显著影响模型精度的前提下，加快训练速度并减少显存使用。后边的章节会详细介绍。

一个 Tensor Core 可以在一个时钟周期内完成两个 4 乘 4 矩阵的乘法和一个 4 乘 4 矩阵的加法。注意，是在一个时钟周期内完成所有计算。矩阵乘法的两个矩阵是 FP16 的，求和的这个矩阵可以是 FP16 或者 FP32 的，如图 4-4 所示。

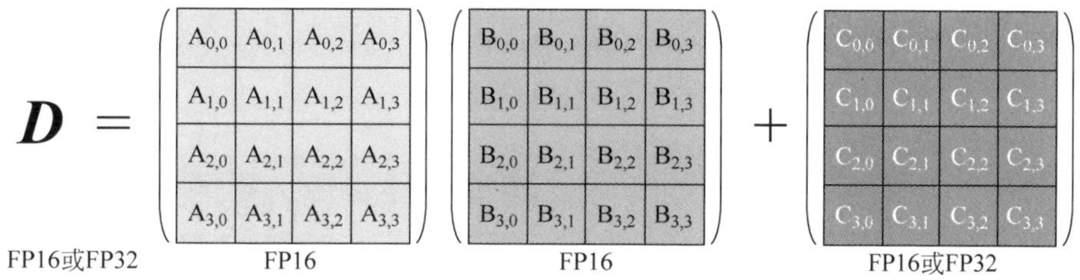

图 4-4 混合精度计算

Tensor Core 内部实现是两个 FP16 的操作数传入，进行全精度乘法，并且通过 FP32 进行累加来防止精度丢失，如图 4-5 所示。

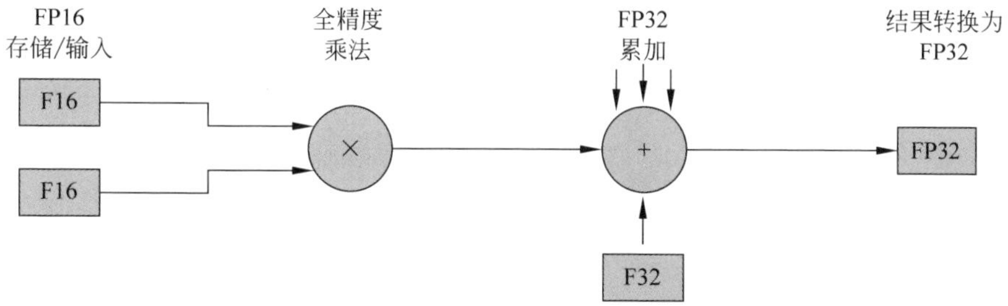

图 4-5 Tensor Core 实现

通过 A100 的算力表，可以发现 Tensor Core 的算力是 CUDA Core 的很多倍。另外，可能会好奇为什么 Tensor Core 的算力有两个指标，并且后边的指标是前边指标的两倍。后边的指标是进行稀疏计算时的算力值，如图 4-6 所示。

如果要进行稀疏推理计算，则需要对已经训练好的参数矩阵进行一些处理。首先将模型参数 4 个一组，将其中相对较小的两个设置为 0，然后对剩下不为 0 的参数进行微调，以此来弥补把部分参数设置为 0 带来的误差。微调后，参数矩阵成为有一半参数为 0 的稀疏矩阵。对稀疏矩阵压缩，并存储非零元素的 index，此时用这个压缩后的稀疏矩阵进行模型推理，就可以达到 Tensor Core 的更高推理性能了，具体过程如图 4-7 所示。

Peak FP64[1]	9.7 TFLOPS
Peak FP64 Tensor Core[1]	19.5 TFLOPS
Peak FP32[1]	19.5 TFLOPS
Peak FP16[1]	78 TFLOPS
Peak BF16[1]	39 TFLOPS
Peak TF32 Tensor Core[1]	156 TFLOPS | 312 TFLOPS[2]
Peak FP16 Tensor Core[1]	312 TFLOPS | 624 TFLOPS[2]
Peak BF16 Tensor Core[1]	312 TFLOPS | 624 TFLOPS[2]
Peak INT8 Tensor Core[1]	624 TOPS | 1248 TOPS[2]
Peak INT4 Tensor Core[1]	1248 TOPS |2496 TOPS[2]

1. 峰值速率基于GPU的增强时钟
2. 利用新的稀疏特征实现有效的TFLOPS/TOPS

图 4-6　A100 算力表

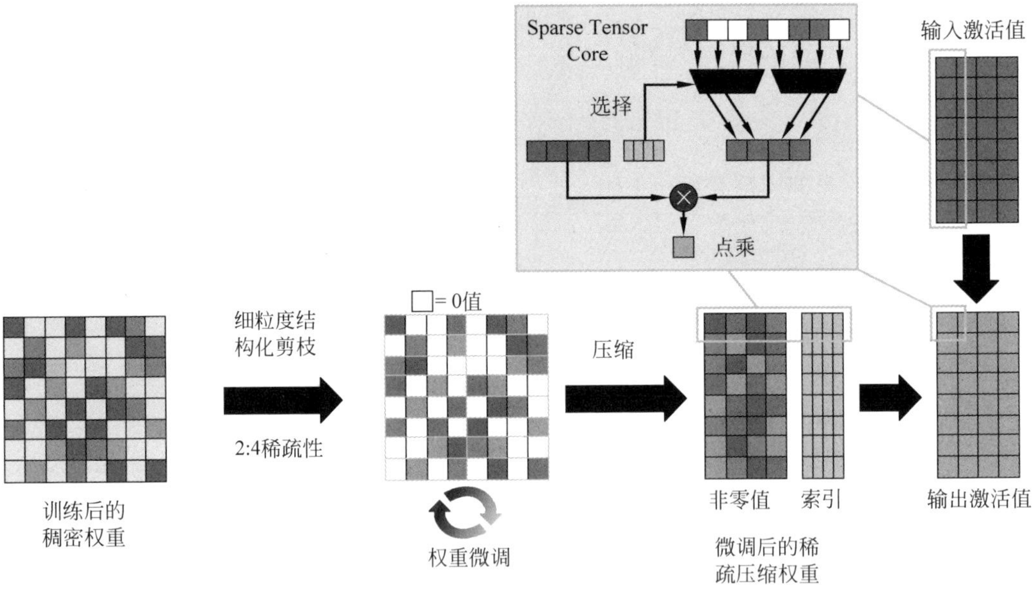

图 4-7　稀疏计算原理

4.2　大模型显存占用

在模型训练时，特别是在大模型训练时，最让人头疼的问题就是显存不足。在解决显存问题之前，需要先对大模型训练显存占用进行分析。

1 字节等于 8 比特，1KB 等于 1024 字节。1MB 等于 1024KB，1GB 等于 1024MB。单精度的 Float32 在内存或者显存中存储时占用 32 比特，也就是 4 字节。半精度浮点数 Float16

占用 16 比特,也就是 2 字节。

模型参数的显存占用,以 Llama-13B 模型混合精度训练为例,它有 13Billion 个参数,参数类型为 Float16。1Billion 等于 1000 的 3 次方,1GB 等于 1024 的 3 次方字节。一个 Float16 的参数占用 2 字节。1000 的 3 次方和 1024 的 3 次方大致相当,所以可以大致估算 Llama-13B 参数占用显存为 13 乘以 2,等于 26GB。这里乘以 2 是因为一个 Float16 的参数占用 2 字节。

优化器的显存占用,以目前深度学习主流的优化器 Adam 为例,它会为每个参数存储两个值,一个是梯度的指数平滑值,另一个是梯度平方的指数平滑值,并且这两个值都是以 Float32 存储的。另外优化器还会存储一个 Float32 的 Master Weight。这样以 Llama-13B 模型为例,优化器占用显存约为 13×3×4=156GB,其中 4 是指每个 Float32 变量占 4 字节,3 是指 3 个 Float32 变量,13 是指 13B 个变量。

梯度的显存占用,以 Llama-13B 模型混合精度训练为例,每个参数都对应一个 Float16 的梯度值,占用显存 2 字节。显存占用约为 13×2=26GB。

激活值显存占用,在模型前向传播过程中的中间结果叫作激活值,因为反向传播计算梯度时要用到,所以会保留,占用显存。根据论文 *Reducing Activation Recomputation in Large Transformer Models* 提供的计算公式,式(4-1)可以计算 Transformer 架构模型的激活值占用显存值。

$$\text{Mem}_{\text{activation}} = \text{nblh} \times \left(67 + \frac{9ml}{h}\right) \text{Bytes} \tag{4-1}$$

其中,n 代表层数,h 代表特征维度,m 代表注意力的头数,b 代表批次大小,l 代表序列长度。可以看到激活值占用的显存除了和模型参数相关外,还和训练时设置的批次大小,以及序列长度有关。特别需要注意的是,它和序列长度的平方项相关。

4.3 优化器

10min

在大模型训练过程中,优化器占用了显存的很大部分,本节来分析一下优化器内部的原理。

4.3.1 指数加权平均

假如你运营一个便利店,过去六天的营业额见表 4-1,你想根据这六天的历史营业额预测明天的营业额,该怎么预测呢?

表 4-1 营业收入表

日期	营业额/元	日期	营业额/元
第 1 天	100	第 4 天	117
第 2 天	114	第 5 天	120
第 3 天	118	第 6 天	122

一个简单的算法就是求之前六天的平均值，之前每天营业额的权重都为六分之一。这种方法可以，但是仍可进一步改进。因为距离今天越近的数据应该越有参考意义才对，所以可以调整算法，让每天的营业额对预测明天营业额占不同的权重，距离今天越近的数据权重越高。

指数加权平均以一种更简洁的方式表达了这种思想。首先设置初始条件 $v_0=0, \beta=0.7$，前 1 天的指数加权平均值计算公式如下，其中 θ_1 是第 1 天的观测数据。

$$v_1=\beta v_0+(1-\beta)\theta_1$$

前 2 天的指数加权平均，需要用到两个值，一个是前一天的指数加权平均值 v_1，另一个是第 2 天的观测数据 θ_2。

$$v_2=\beta v_1+(1-\beta)\theta_2$$

从而，可以得到更一般的指数加权平均的表达式，β 是一个可以调节的超参数，大于 0，小于 1。β 越大，指数加权平均值中历史值所占比重越大。

$$v_t=\beta v_{t-1}+(1-\beta)\theta_t \tag{4-2}$$

以计算前 6 天的指数加权平均值为例，它等于：

$$v_6=0.7v_5+0.3\theta_6 \tag{4-3}$$

将 $v_5=0.7v_4+0.3\theta_5$ 代入式(4-3)。

$$v_6=0.7(0.7v_4+0.3\theta_5)+0.3\theta_6 \tag{4-4}$$

接着将 $v_4=0.7v_3+0.3\theta_4$ 代入式(4-4)。

$$v_6=0.7(0.7(0.7v_3+0.3\theta_4)+0.3\theta_5)+0.3\theta_6$$

将上式整理后有

$$v_6=0.7^3v_3+0.3\times0.7^2\theta_4+0.3\times0.7\theta_5+0.3\theta_6$$

通过观察上式可以发现前 6 天的指数加权平均值 v_6 里已经包含 $\theta_4, \theta_5, \theta_6$ 的值，也就是第 4 天、第 5 天、第 6 天的实际观测值。可以看到它们前边的系数分别是 0.3 乘以 0.7 的二次方、一次方、零次方。也就是距离第 6 天越远的观测值的权重越小，按照 0.7 的指数衰减。这就是为什么它被称为指数加权平均。

指数加权平均用一个简单的公式实现了对历史所有观测值进行加权平均，并且整个算法在运行的过程中只需保存一个值 v，v 的初始值为 0。

回到之前的例子，可以用前 6 天的指数加权平均值来预测第 7 天的营业额。超参数 β 在这里设置为 0.7，见表 4-2。

表 4-2　营业收入指数加权表

t	θ	v	t	θ	v
第 1 天	100	30	第 4 天	117	86.9
第 2 天	114	55.2	第 5 天	120	96.83
第 3 天	118	74.04	第 6 天	122	104.38

通过观察表 4-2，不难发现前几天的指数加权平均值都偏小，用它来预测未来一天的值

误差很大。这是因为用0来初始化 v 造成的。如果序列足够长，则当计算到后边的指数加权平均时，v_0 的影响就会很小，结果自然得到修正。如果计算的序列比较短，则有什么办法解决呢？办法是对 v 进行修正，计算完 v 之后，再除以 $1-\beta^t$。当序列足够长(t 足够大)时，$1-\beta^t$ 趋于1，见表4-3。

$$v_t^{\text{correct}}=\frac{v_t}{1-\beta^t} \tag{4-5}$$

表 4-3　营业收入修正指数加权表

t	θ	v	$1-\beta^t$	v^{correct}
第1天	100	30	0.3	100
第2天	114	55.2	0.51	108.2
第3天	118	74.04	0.657	112.6
第4天	117	86.9	0.76	114.3
第5天	120	96.83	0.832	116.4
第6天	122	104.38	0.942	110.8

4.3.2　SGD

现阶段，在训练大模型时，很少使用随机梯度下降(Stochastic Gradient Descent，SGD)优化器。这是因为它训练过程相对于更先进的优化器不稳定。这种不稳定是怎么造成的呢？

假设有两个要优化的参数，横轴的 w 和纵轴的 b，如图4-8所示。

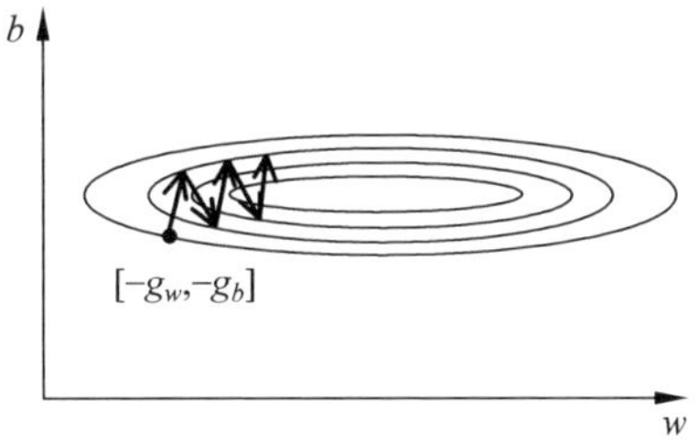

图4-8　SGD训练过程

图4-8上的椭圆是损失函数的等高线。首先对 w，b 计算它们对loss()函数的偏导，生成梯度 g_w 和 g_b，然后按照梯度的反方向更新参数，其中 r 是学习率，具体步骤如下：

$$g_w=\frac{\partial \text{loss}}{\partial w}$$

$$g_b=\frac{\partial \text{loss}}{\partial b}$$

$$w_{t+1}=w_t-rg_w$$

$$b_{t+1}=b_t-rg_b$$

神经网络里的参数很多，有的参数梯度值很大，有的参数梯度值很小，这时就会发生振荡，例如图4-8中参数 b 的梯度相对参数 w 的梯度较大，这时就会产生振荡。

4.3.3　动量梯度下降

为了解决随机梯度下降算法中不稳定的问题，动量(Momentum)梯度下降算法的思想

是不用当前步参数的梯度来更新参数,而使用从训练开始到当前每个参数梯度值的指数加权平均值来更新参数,具体步骤如下:

$$v_w = \beta v_w + (1-\beta) g_w$$

$$v_b = \beta v_b + (1-\beta) g_b$$

$$w_{t+1} = w_t - r v_w$$

$$b_{t+1} = b_t - r v_b$$

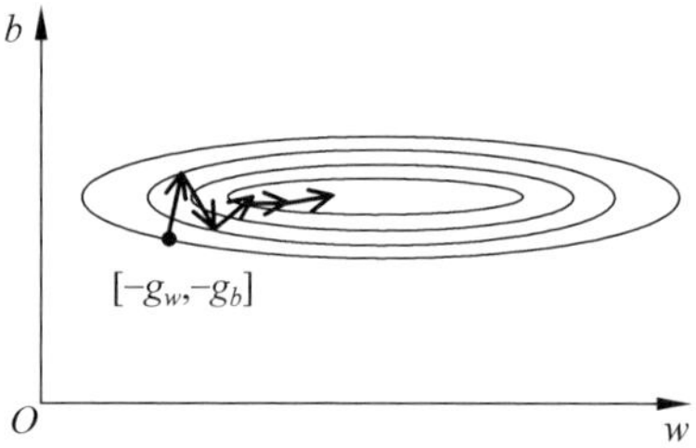

图 4-9 算法训练过程

对于图 4-8 中的参数 b 的梯度,在不同的训练步里,有的值是正,有的值是负,经过指数加权平均,正负抵消,减小了模型在训练过程中的振荡。训练过程如图 4-9 所示。

4.3.4 RMSProp

解决随机梯度下降算法训练不稳定的另一种思路是在训练过程中的振荡是因为有的参数梯度很大,有的参数梯度很小。如果让每个要更新的梯度都除以一个代表这个参数梯度过去大小的值,则这样每个梯度的大小就都被归一化了,训练也就稳定了。这就是 RMSProp 算法。它的具体做法如下:

$$s_w = \beta s_w + (1-\beta) g_w^2 \tag{4-6}$$

$$w_{t+1} = w_t - r \frac{g_w}{\sqrt{s_w} + \varepsilon} \tag{4-7}$$

其中,β 为超参数,默认值为 0.999。s_w 是参数 w 的梯度平方的指数加权平均值。g_w 是当前步参数 w 的梯度。r 是学习率。为了防止除以 0,分母加上一个很小的数 ε。w_{t+1} 是更新后的参数。

4.3.5 Adam

Adam 算法对动量梯度下降算法和 RMSProp 算法进行了融合,并且对指数加权平均值进行了修正。具体计算如下:

$$v_w = \beta_1 v_w + (1-\beta_1) g_w$$

$$s_w = \beta_2 s_w + (1-\beta_2) g_w^2$$

$$v_w^{\text{correct}} = \frac{v_w}{1-\beta_1^t}$$

$$s_w^{\text{correct}} = \frac{s_w}{1-\beta_2^t}$$

$$w_{t+1} = w_t - r \frac{v_w^{\text{correct}}}{\sqrt{s_w^{\text{correct}}} + \varepsilon} \tag{4-8}$$

4.3.6 AdamW

AdamW 算法与 Adam 算法基本一致，只是在最后一步更新参数时加上了一个权重衰减项。权重衰减可以有效地提升模型的泛化能力。具体公式如下：

$$w_{t+1}=w_t-r\frac{v_w^{\text{correct}}}{\sqrt{s_w^{\text{correct}}}+\varepsilon}-r\lambda w_t \tag{4-9}$$

其中，λ 是控制权重衰减的超参数。

Adam 和 AdamW 是目前主流的优化器算法，它们对每个要优化的参数都会额外保存两个值，分别是梯度的一阶动量和二阶动量，而且这两个值都是以 FP32 位高精度来进行存储的，这是因为一般梯度值都很小，这种对很多小数的累加计算需要在高精度下进行。如果模型参数以 FP16 存储，则这两个动量值所占的显存已经是模型参数的 4 倍。另外出于数值精度的考虑，优化器还要额外存储一个 FP32 位的参数。关于数值精度问题会在 4.4 节详细讨论。优化器对显存占用的问题对大模型的训练带来了挑战。

4.4 混合精度训练

10min

混合精度训练通过结合不同的数值精度格式来优化神经网络的训练过程。这种方法不仅可以显著地提高训练速度，减少显存的使用，而且不会对模型的精度造成负面影响，因此它已经成为大模型训练中的标准配置。本节将对混合精度训练技术进行全面探讨。

4.4.1 混合精度训练原理

计算机是如何存储 Float32 类型的数据呢？例如 22.5 这样一个十进制数，在计算机系统该如何表示呢？计算机是以二进制来存储数据的。首先 22.5 转换为它的二进制形式 10110.1。接着转换为科学记数法来表示，因为是二进制，所以这里转换为 1.01101 乘以 2 的 4 次方，如图 4-10 所示。

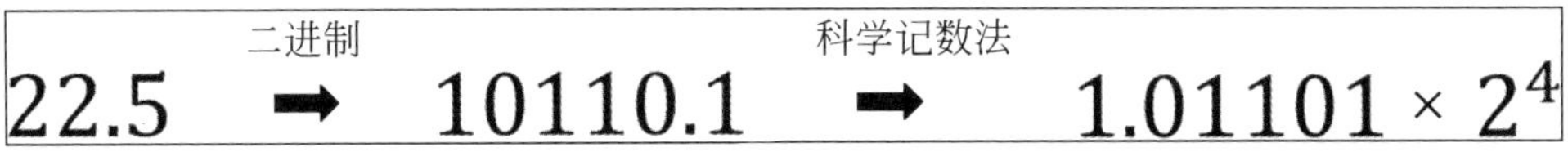

图 4-10 浮点数的二进制表示

Float32，顾名思义，它使用 32 个二进制位来表示一个浮点数，其中第 1 位是符号位，然后是 8 位的指数位，它决定所表示数据的范围。最后的 23 位是尾数位，它决定所表示数据的精度，如图 4-11 所示。

模型在训练过程中的浮点数类型除了 Float32，还有 Float16，它同样有一个符号位，指数位减少到 5 位，小数位减少到 10 位。类似的还有 TensorFloat32 位和 BFloat16 位等，如图 4-12 所示。

图 4-11 Float32 存储结构

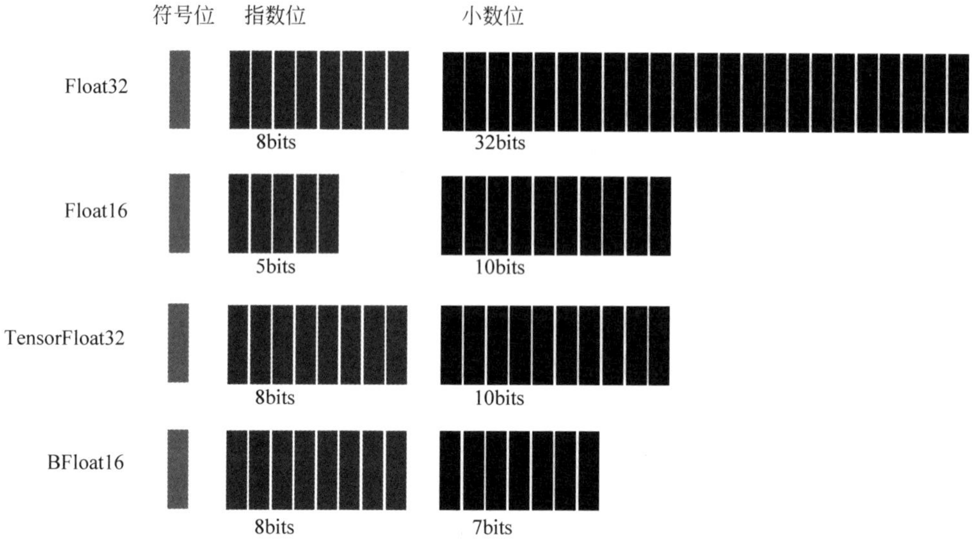

图 4-12 深度学习常用浮点数据类型

低精度计算在模型训练时可以带来哪些好处呢？以 A100 显卡的算力来看，低精度运算的速度更快，如图 4-13 所示。

	A100 40GB PCIe	A100 80GB PCIe	A100 40GB SXM	A100 80GB SXM
FP64	9.7 TFLOPS			
FP64 Tensor Core	19.5 TFLOPS			
FP32	19.5 TFLOPS			
TensorFloat 32 (TF32)	156 TFLOPS | 312 TFLOPS*			
BFLOAT16 Tensor Core	312 TFLOPS |624 TFLOPS*			
FP16 Tensor Core	312 TFLOPS |624 TFLOPS*			
INT8 Tensor Core	624 TOPS | 1248 TOPS*			

图 4-13 NVIDIA A100 显卡算力

其次，低精度的浮点数占用的存储也更少。Float16 所占存储只有 Float32 的一半。同时，在进行混合精度运算时，模型训练时的参数、激活值、梯度都用 Float16 来表示。这些值在传输时对显存带宽的占用也会减半，这也会加速模型的训练。

低精度浮点数的存储和运算能带来这么多好处，那它有什么缺点吗？当然，第一点就是表示范围的问题，Float16 和 Float32 相比，表示范围有限，不能表示太大和太小的值。在神经网络训练时，参数值、损失值、梯度值等一般是很小的值。有可能因为有的值太小而不能用 Float16 表示，向下溢出，从而变成 0 的情况。

第二点，Float16 数据因为表示范围有限，在进行计算时会出现大数吃小数的情况。什么是大数吃小数呢？举一个例子，在 PyTorch 里如果用一个 Float16 类型的 2048 加上一个 Float16 类型的 0.5，则会发现计算的结果还是 2048。0.5 这个小数就被 2048 这个大数吃掉了。这背后是什么原因呢？2048 转换为二进制科学记数法表示就为 1.0 乘以 2 的 11 次方。0.5 转换为二进制科学记数法就表示为 1 乘以 2 的 −1 次方。当这两个数相加时，小数需要转换为和大数一样的指数位表示。也就是要表示成一个数和 2 的 11 次方相乘。这个数就是 1 乘以 2 的 −12 次方，而 Float16 的尾数部分只有 10 位，无法表示，所以就向下溢出，变为 0 了。导致 0.5 这个小数被 2048 这个大数吃掉。

自然可以想到，是否可以通过混合 Float32 和 Float16 两种不同的精度来进行模型训练，在需要高精度时用 Float32 表示和计算，在不需要高精度时用 Float16 来减少存储以提高运算速度呢？这就是混合精度训练要解决的问题。

在混合精度训练时，神经网络里大部分计算是在 Float16 下进行的，但是优化器会同时保存一份 Float32 的参数值，叫作 Master Weight。在一次神经网络更新时，大部分梯度值相对于参数值来讲很小。如果在 Float16 位下进行参数更新，就会出现大数吃小数的情况，起不到参数更新的作用，如图 4-14 所示。

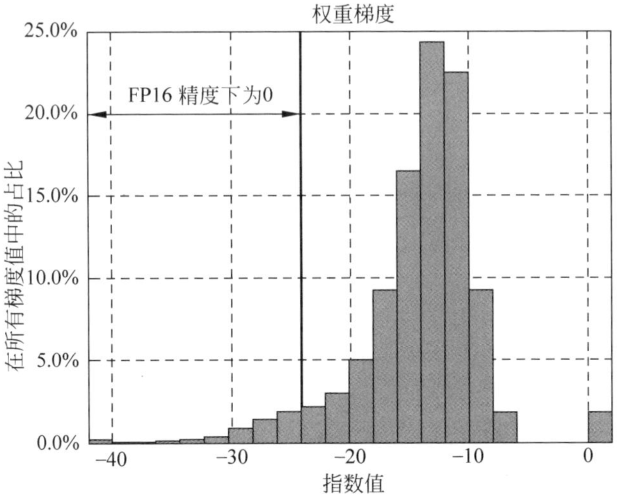

图 4-14 神经网络更新时的梯度值

混合精度训练首先在优化器里保存了一份 Float32 类型的 Master Weight。在神经网络训练的前向传播时会将 Master Weight 转换为 Float16 位。神经网络的输入也被转换为 Float16，在前向传播时在 Float16 下进行计算。计算过程中产生的激活值也是 Float16 位的。在神经网络进行后向传播时,计算出每个参数的梯度也是 Float16 的。Float16 类型的梯度被传入优化器,优化器会先将梯度转换为 Float32,然后更新 Float32 位的 Master Weight。接着进入下一个训练循环,如图 4-15 所示。

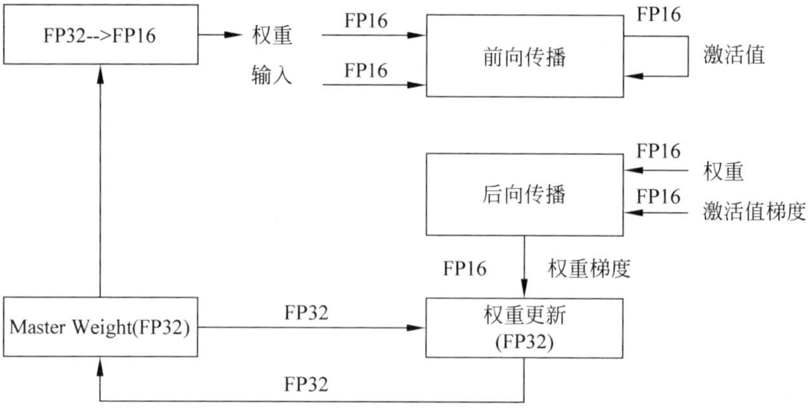

图 4-15　混合精度训练过程

大部分梯度值的绝对值很小,在 Float16 精度表示的范围之外,但是同时在 Float16 可表示范围里还有很大一部分没有被用到,如图 4-16 所示。

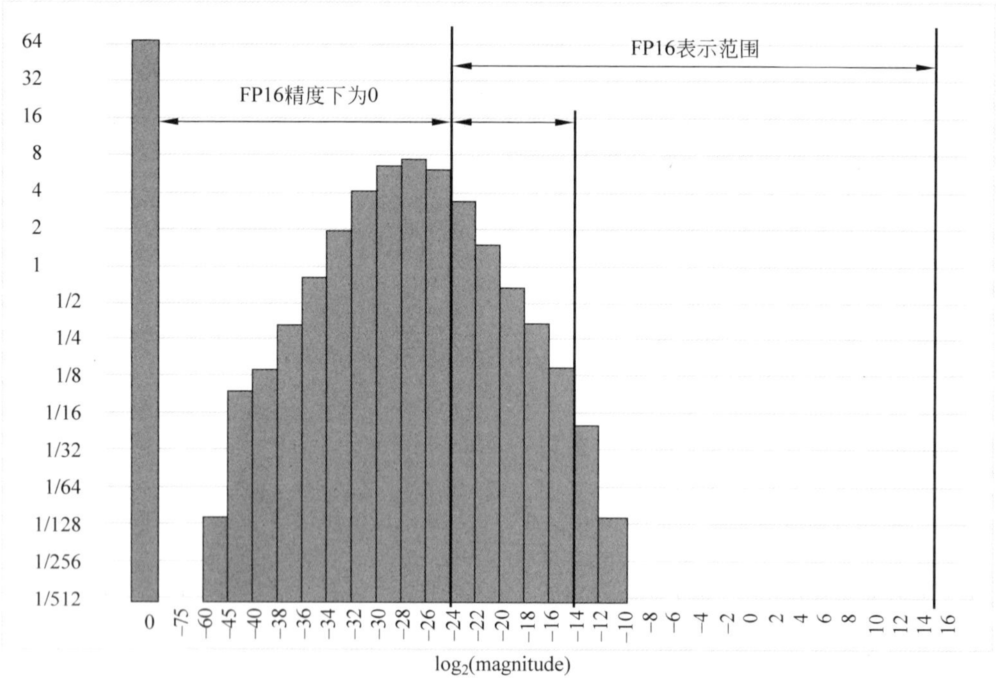

图 4-16　梯度值与 Float16 表示范围

在 Float16 表示范围里没有用到的部分都是数据比较大的区域。因为梯度一般很小,所以比较大的数据范围没有被用到。为了解决这个问题,在混合精度训练时,可以对梯度进行缩放。把梯度整体扩大，表现在图上就是整体右移到 Float16 的有效范围。

首先模型是以 Float16 进行前向传播计算的。Loss()函数计算是在 Float32 类型下进行的，得到 Float32 的 Loss 值。通过给 Loss 值乘以 N 进行缩放，然后将缩放后的 Loss 值转换为 Float16 类型进行梯度计算。此时计算出来的梯度因为经过缩放，所以虽然是以 Float16 表示的，但是不会出现精度溢出的情况。在进行梯度更新时，首先将缩放过的梯度转换为 Float32，然后除以之前对 Loss 值缩放的系数 N。这样就得到真实的 Float32 表示的梯度值了。接着用 Float32 的梯度值更新 Float32 的 Master Weight。这样就完成一次训练循环，如图 4-17 所示。

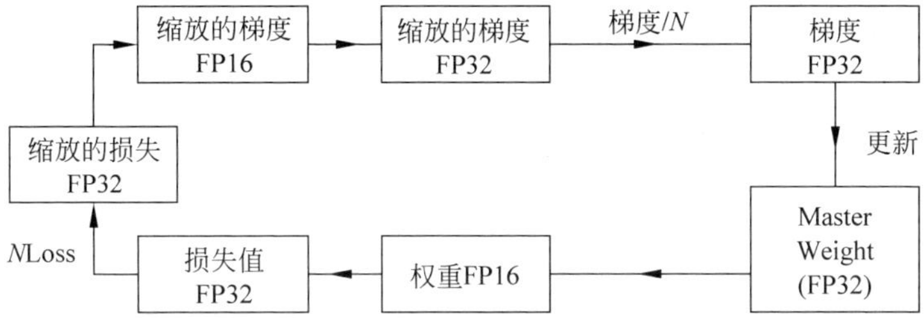

图 4-17 Loss 和梯度缩放

在进行混合精度训练时，还需要对其他一些需要保持高精度的运算进行 Float32 类型的计算。在 PyTorch 的自动混合精度计算中，有些操作会被自动转换为 Float16 类型进行计算。这些操作包括常见的线性层、卷积层、循环神经网络等，但是还有一些操作会被自动转换在 Float32 类型下进行计算，这些方法一般应用于损失函数，或者需要进行累加的操作，因为在累加过程中，随着累加值的变大会出现大数吃小数的情况，如图 4-18 所示。

CUDA Ops that can autocast to `float16`

`__matmul__`, `addbmm`, `addmm`, `addmv`, `addr`, `baddbmm`, `bmm`, `chain_matmul`, `multi_dot`, `conv1d`, `conv2d`, `conv3d`, `conv_transpose1d`, `conv_transpose2d`, `conv_transpose3d`, `GRUCell`, `linear`, `LSTMCell`, `matmul`, `mm`, `mv`, `prelu`, `RNNCell`

CUDA Ops that can autocast to `float32`

`__pow__`, `__rdiv__`, `__rpow__`, `__rtruediv__`, `acos`, `asin`, `binary_cross_entropy_with_logits`, `cosh`, `cosine_embedding_loss`, `cdist`, `cosine_similarity`, `cross_entropy`, `cumprod`, `cumsum`, `dist`, `erfinv`, `exp`, `expm1`, `group_norm`, `hinge_embedding_loss`, `kl_div`, `l1_loss`, `layer_norm`, `log`, `log_softmax`, `log10`, `log1p`, `log2`, `margin_ranking_loss`, `mse_loss`, `multilabel_margin_loss`, `multi_margin_loss`, `nll_loss`, `norm`, `normalize`, `pdist`, `poisson_nll_loss`, `pow`, `prod`, `reciprocal`, `rsqrt`, `sinh`, `smooth_l1_loss`, `soft_margin_loss`, `softmax`, `softmin`, `softplus`, `sum`, `renorm`, `tan`, `triplet_margin_loss`

图 4-18 CUDA AMP 运算精度

通过上面的处理后，混合精度训练几乎对模型精度没有影响。Baseline 在 Float32 精度下进行训练。可以看到混合精度训练得到的模型的平均精度还略高于 Float32 精度下训练得到的模型，见表 4-4。

表 4-4　混合精度训练的模型精度

网　　络	基　　准	混 合 精 度
AlexNet	56.77%	56.93%
VGG-D	65.40%	65.43%
GoogLeNet(Inception v1)	68.33%	68.43%
Inception v2	70.03%	70.02%
Inception v3	73.85%	74.13%
ResNet50	75.92%	76.04%

4.4.2 在 PyTorch 里进行混合精度训练

在 PyTorch 中，可以通过 torch.cuda.amp 模块实现混合精度训练，主要使用 GradScaler 和 autocast。

autocast 上下文管理器会自动地将数据类型转换为指定的低精度类型，从而加快训练速度。GradScaler 对象用于梯度缩放。通过调用 scaler.scale(loss)，loss 值被放大，以防止梯度在 Float16 计算中出现数值下溢。调用 scaler.step(optimizer)应用缩放的梯度进行参数更新。随后，调用 scaler.update()调整缩放器的缩放因子，准备进行下一个混合精度的训练循环，代码如下：

```
//Chapter4/AMP.py
net = make_model(in_size, out_size, num_layers)              #创建模型
opt = torch.optim.SGD(net.parameters(), lr=0.001)            #创建优化器
scaler = torch.cuda.amp.GradScaler(enabled=use_amp)          #创建梯度缩放器
for epoch in range(epochs):
    print(f"epoch:{epoch}")
    for input, target in zip(data, targets):
        #进行自动混合精度计算
        with torch.autocast(device_type=device, dtype=torch.float16):
            output = net(input)
            loss = loss_fn(output, target)
        scaler.scale(loss).backward()                        #对 Loss 进行缩放
        scaler.step(opt)                                     #缩放梯度，进行参数更新
        scaler.update()                                      #调整缩放比例
        opt.zero_grad()
```

4.5 模型的量化技术

39min

模型量化技术是深度学习中的一种优化技术，通过减少模型参数的数值表示位数(一般将浮点型的值量化为整数类型的值)，从而降低模型的存储和计算需求，其主要目标是加速推理过程、减少显存占用和降低功耗，同时尽可能地保证模型的精度不受影响。

4.5.1 量化技术的原理

以 Llama13B 为例，如果以 Float32 来加载，则它的参数会占用 52GB 的显存，如果用 Float16 来加载，则需要 26GB 的显存。如果用 Int8 加载，则需要 13GB 的显存，如果以 Int4 加载，则仅需要 6.5GB 的显存。

在显卡进行计算过程中，需要频繁地将模型的参数值和激活值从显存加载到计算单元，计算完成后将结果又放回显存中。在大模型的推理过程中，制约模型推理速度的更关键的是显存带宽，而当模型量化后，因为传输的数据小，所以可以显著地减少推理过程中数据交换所占用的时间，从而提高推理的速度。

另外如图 4-13 所示，以 A100 显卡为例，Int8 的算力是 Float16 的两倍，所以量化后的模型在推理时会有更快的推理速度。

模型量化可以带来以下 3 个好处：

(1) 减少模型占用的存储空间和显存大小。

(2) 减少显存和显卡计算单元之间的数据传输量，从而加快模型推理速度。

(3) 显卡对整数运算速度快于浮点型数据，加快模型推理速度。

对于模型量化，不光需要考虑把浮点型数据转换为整数，同时需要考虑反量化，因为模型最终使用的还是训练时使用的浮点类型的值，因此模型量化的方法要尽可能地让反量化后的浮点数接近原始的浮点数，所以对于模型量化不能简单地对浮点数进行取整操作，而是需要一些其他策略的。

首先讨论对称量化。如何将一组浮点型的数据量化到 Int8，也就是 −128 到 127 之间。这里为了方便讨论，丢弃 −128，只取用 −127 到 127。为了让量化尽可能不丢失浮点类型数的精度，需要让量化后的整数占满 −127 到 127 的整数区间。

以图 4-19 中的这一组数为例，对它进行 Int8 对称量化，如图 4-19 所示。

1.21	−1.31	0.22
0.83	2.11	−1.53
0.79	−0.54	0.84

图 4-19 需要量化的原始数据

需要先找到绝对值最大的数，也就是 2.11。让它映射到 Int8 最大的整数 127，从而得到这一组数量化的一个缩放比例，2.11 除以 127，然后这一组数都按照这个缩放比例进行缩放，缩放后取整。这样就得到这一组数量化后的表示，其中 x_f 表示原始数据中的浮点型数，如图 4-20 所示。

$$s=\frac{2.11}{127}=0.016\,614$$

$$\begin{matrix} 1.21 & -1.31 & 0.22 \\ 0.83 & 2.11 & -1.53 \\ 0.79 & -0.54 & 0.84 \end{matrix} \quad \xrightarrow[\text{量化}]{\left\lfloor \frac{x_f}{s} \right\rceil} \quad \begin{matrix} 73 & -79 & 13 \\ 50 & 127 & -92 \\ 48 & -33 & 51 \end{matrix}$$

图 4-20 Int8 对称量化

对量化后的 Int8 类型的数据进行反量化也很简单，也就是乘以缩放系数，如图 4-21 所示。

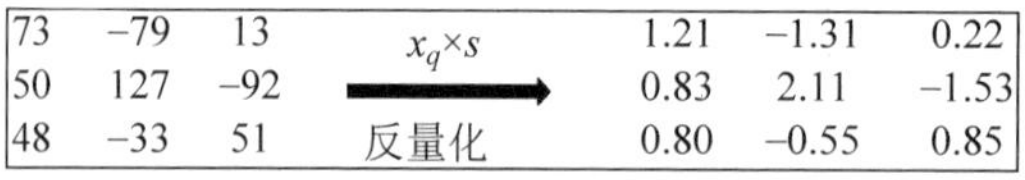

图 4-21 Int8 对称反量化

对于这一组数，经过 Int8 对称量化和反量化，结果保留两位小数，可以发现有些数字发生了变化，但是整体变化并不大。

Int8 的对称量化是以绝对值最大的数来确定缩放比例的，那肯定存在量化后的整数部分有一部分范围没有数映射，从而造成了浪费，例如图 4-22 中 −127 附近的整数部分，如图 4-22 所示。

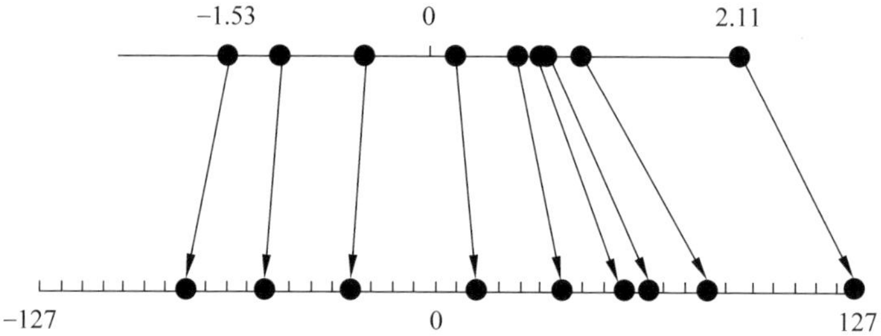

图 4-22 Int8 对称量化映射图

如果能让量化前的这组浮点数里的最小值映射到 −127，并让浮点数里的最大值映射到 127，这样就能最大限度地利用本来就位数不多的整数位了。基于这种思路，就引入了非对称量化。

非对称 Int8 量化是指把一组浮点数映射到无符号的 Int8，也就是映射到 0～255。为了最大化地利用所有整数位，缩放比例的计算就是这组浮点数的最大值减去最小值，然后除以 255。更一般地，如果是 Int4 量化，这里应除以 15。具体数字就是 2 的 n 次方减一。n 是量化的位数，如式(4-10)所示。

$$s = \frac{\max - \min}{2^n - 1} \tag{4-10}$$

对于非对称量化，在计算完缩放比例后，还需要再计算一个零点值，即 z。它的作用是对缩放取整后的变量进行平移，让量化后的整数正好分布在 0～255。零点值的计算方法为负的最小值除以缩放值取整。这样，最小值缩放后再加上零点值刚好为 0。具体公式如下：

$$z = \left\lfloor \frac{-\min}{s} \right\rfloor \tag{4-11}$$

对一组浮点数进行非对称量化的公式为

$$x_q = \mathrm{clamp}\left(\left\lfloor \frac{x_f}{s} \right\rfloor + z, 0, 2^n - 1\right) \tag{4-12}$$

clamp 函数的作用是处理浮点数经过量化后落在量化整数范围之外的情况，如果小于 0 就强制为 0，如果大于量化范围的最大整数就强制为最大的整数。

对于如图 4-20 所示的这组数进行 Int8 非对称量化，如图 4-23 所示。

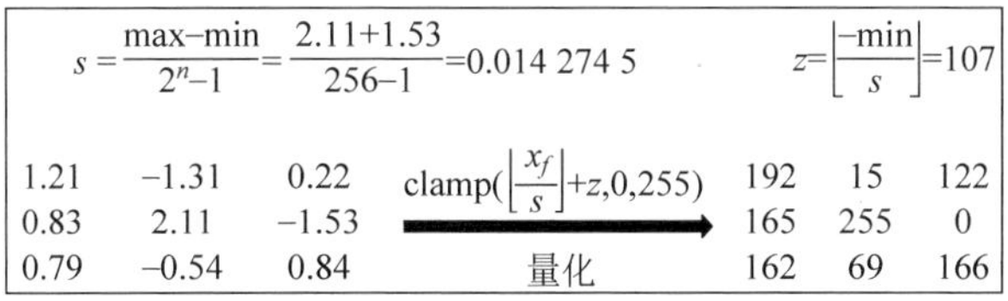

图 4-23　Int8 非对称量化

反量化的过程为量化值减去零点值然后乘以缩放值，如式(4-13)所示。

$$x_f=(x_q-z)\times s \tag{4-13}$$

对上边量化后的这组数进行反量化，如图 4-24 所示。

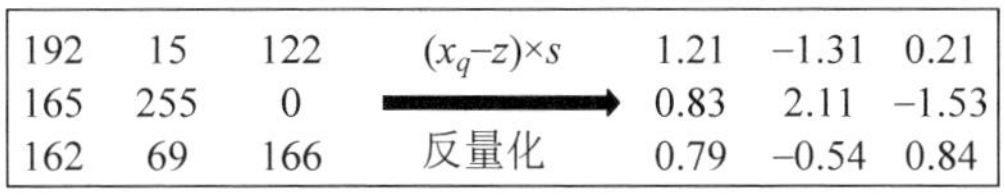

图 4-24　Int8 非对称反量化

可以对比在保留两位小数的情况下，反量化后的浮点数和量化前的浮点数基本保持一致，而且比 Int8 对称量化保留了更高的精度，并且可以看到 Int8 整个整数范围都被利用，如图 4-25 所示。

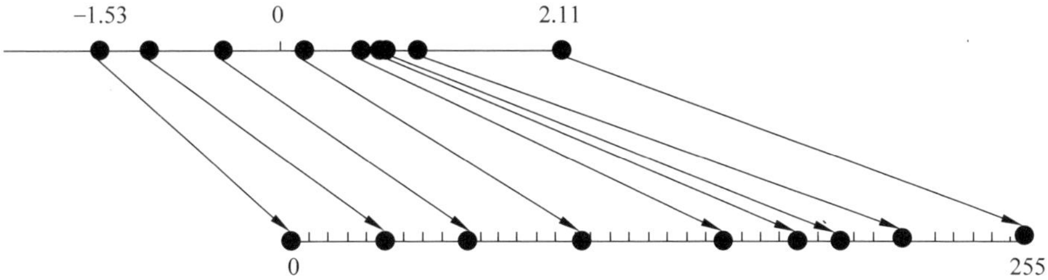

图 4-25　Int8 非对称量化映射图

还有一点需要注意，原始输入的零值经过 Int8 非对称量化和反量化后，还保持为 0，不会引入误差。因为零值在深度学习中比较特殊，例如用零值代表填充值。相比之下对称量化计算简单，但精度低；非对称量化计算复杂，但精度高。

通过对称量化或者非对称量化可以将浮点数量化为整数。这样可以节省模型存储大小和显存占用。那么如何对量化后的数据进行计算来利用显卡对整数计算的高性能，同时还要能将整数计算后的结果对应回原本浮点型计算的结果呢？

假设有两个浮点型的向量 $\boldsymbol{X}_f$ 和 $\boldsymbol{W}_f$。分别对它们进行对称量化，计算各自的缩放值，得到量化后的值 $\boldsymbol{X}_q$ 和 $\boldsymbol{W}_q$，如图 4-26 所示。

原本在神经网络中需要计算 $\boldsymbol{X}_f$ 和 $\boldsymbol{W}_f$ 的矩阵乘法，将它转换为对量化后的 $\boldsymbol{X}_q$ 和 $\boldsymbol{W}_q$ 的矩阵乘法，然后对结果进行调整，让结果近似原始浮点型矩阵乘法的结果。将浮点型矩阵乘法转换为量化后矩阵乘法的过程如下：

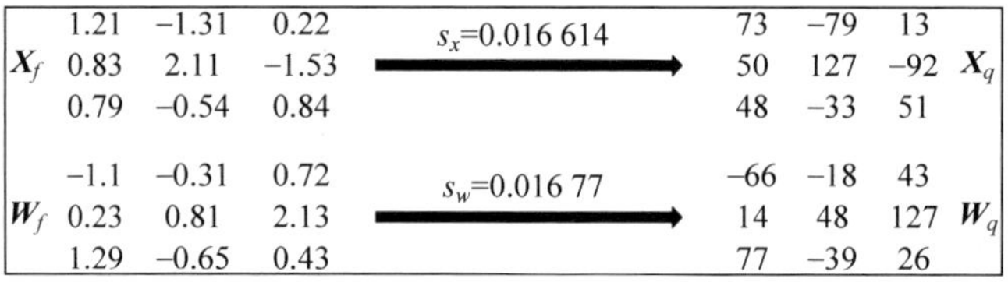

图 4-26　对 $\boldsymbol{X}_f$ 和 $\boldsymbol{W}_f$ 进行对称量化

$$\begin{aligned}\boldsymbol{X}_f\boldsymbol{W}_f &= s_x\boldsymbol{X}_q \times s_w\boldsymbol{W}_q \\ &= s_x s_w \boldsymbol{X}_q\boldsymbol{W}_q\end{aligned}$$

可以看到对于两个浮点型矩阵的乘法，可以转换为它们量化后的矩阵相乘，再连乘两个矩阵的缩放值。这样就可以起到加快矩阵运算的效果。原始矩阵乘法与 Int8 对称量化矩阵乘法的结果比对，如图 4-27 所示。

−1.3485	−1.5792	−1.8245
−2.4014	2.4463	4.4340
−0.2966	−1.0333	−0.3492

(a) 原始结果

−1.3716	−1.5639	−1.8266
−2.3978	2.4474	4.4264
0.0827	−1.2362	−0.2232

(b) 量化计算结果

图 4-27　原始计算结果与 Int8 对称量化计算结果

上边讨论的是对称量化的矩阵的运算，对于非对称量化计算与此类似，如图 4-28 所示。

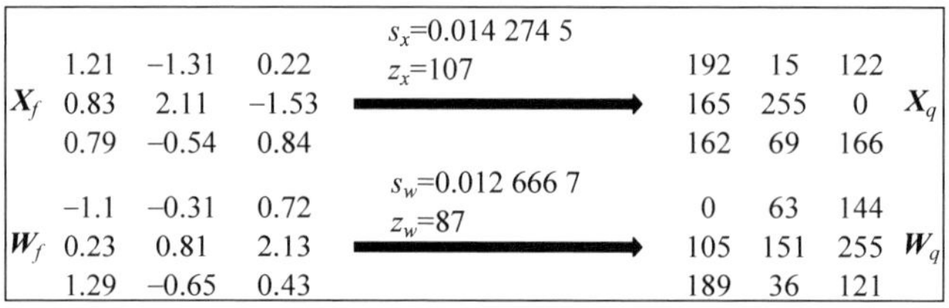

图 4-28　对 $\boldsymbol{X}_f$ 和 $\boldsymbol{W}_f$ 进行非对称量化

对 $\boldsymbol{X}_f$ 和 $\boldsymbol{W}_f$ 的矩阵乘法进行计算，过程如下：

$$\begin{aligned}\boldsymbol{X}_f\boldsymbol{W}_f &= s_x(\boldsymbol{X}_q - \boldsymbol{Z}_x) \times s_w(\boldsymbol{W}_q - \boldsymbol{Z}_w) \\ &= s_x s_w(\boldsymbol{X}_q\boldsymbol{W}_q - \boldsymbol{X}_q\boldsymbol{Z}_w - \boldsymbol{Z}_x\boldsymbol{W}_q + \boldsymbol{Z}_x\boldsymbol{Z}_w)\end{aligned}$$

可以看到括号内的矩阵运算都是整数矩阵运算，它的计算速度远快于浮点数矩阵运算。对括号内的整数矩阵进行运算后再用 $s_x s_w$ 进行缩放，就得到了原始浮点型矩阵相乘的近似结果，如图 4-29 所示。

−1.3485	−1.5792	−1.8245
−2.4014	2.4463	4.4340
−0.2966	−1.0333	−0.3492

原始结果

−1.3599	−1.5718	−1.8264
−2.4041	2.4476	4.4357
0.0993	−1.2225	−0.2247

量化计算结果

图 4-29　原始计算结果与 Int8 非对称量化计算结果

在量化中还有一种常见的问题，那就是在有异常值影响的情况下，即使使用非对称量化，还是有很大部分的整数位被浪费，如图 4-30 所示。

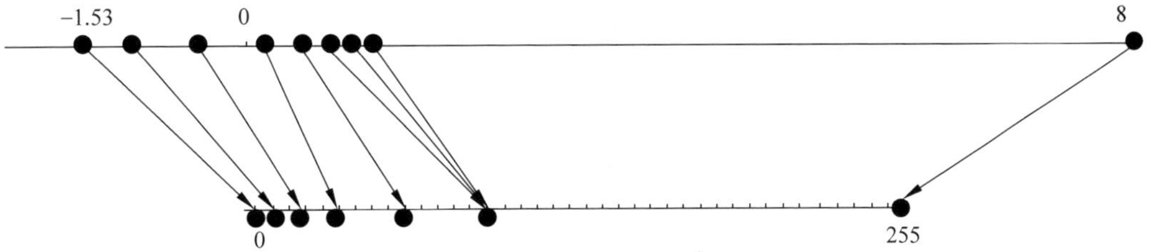

图 4-30 异常值对量化的影响

解决异常值带来的量化精度损失的问题,可以先用直方图来描述数据分布,逐步舍弃一些异常值,然后计算量化加反量化后的数据与原始数据的均方误差或者 K-L 散度来找到最合适的对浮点数进行量化的范围。还有一些量化方法,不会舍弃异常值,而是对异常值进行单独处理。

关于量化,还可以设置量化的粒度,因为量化是对一组浮点数而言的。可以调整不同的分组来进行量化,例如可以对整个向量进行量化。也可以对每个 Channel 进行量化,对每个 Channel 独立计算量化参数,独立进行量化和反量化。这样可以带来更高的精度,但是计算时也更复杂一些。

4.5.2 训练后动态量化

在学习了量化的基础知识后,接下来讨论如何在 PyTorch 里进行神经网络量化。总的原则是:量化是对神经网络的每层而言的,每层进行量化计算,每层输出时对结果进行反量化。神经网络的下一层再进行自己这一层的量化和反量化。

量化一般对神经网络精度影响不大,主要有以下原因:

(1) 因为一般权重和输入会经过归一化,基本数值变化范围都不大。

(2) 因为对于分类任务的神经网络,最后输出都是概率值,所以只要最后预测类别的概率高于其他类别即可,不在意具体数值。

训练后动态量化的处理过程是,首先将训练好的模型权重量化为 Int8,然后保存模型量化后的权重和量化参数。在模型推理时,每层输入的值都是 Float32 的。首先对这个输入值动态地进行量化,转换为 Int8 输入,然后在 Int8 下进行矩阵运算。计算后的结果进行反量化,成为 Float32 的输出,传入下一层,如图 4-31 所示。

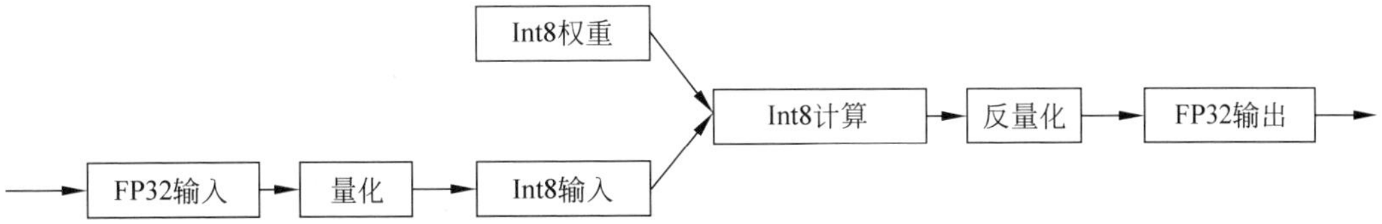

图 4-31 训练后动态量化

在 PyTorch 进行训练后动态量化只需一行代码就可以将训练好的模型转换为动态量化的 Int8 模型,即调用 torch.ao.quantization.quantize_dynamic 方法,这种方法需要传入原始模型需要量化的层，以及量化的类型。PyTorch 支持对神经网络常用的层进行量化，例如线性层、卷积层、RNN 和 LSTM 等，代码如下：

```
//Chapter4/PTDQ.py

import torch

class MyModel(torch.nn.Module):
    def __init__(self):
        super().__init__()
        self.linear1 = torch.nn.Linear(3, 3, bias=False)
        self.relu = torch.nn.ReLU()
        self.linear2 = torch.nn.Linear(3, 1, bias=False)

    def forward(self, inputs):
        outputs = self.linear1(inputs)
        outputs = self.relu(outputs)
        outputs = self.linear2(outputs)
        return outputs

#构造训练数据
weights = torch.tensor([[1.1], [2.2], [3.3]])
torch.manual_seed(123)
training_features = torch.randn(12000, 3)
training_labels = training_features @weights
#构造测试数据
torch.manual_seed(123)
test_feature = torch.randn(1000,3)
test_labels = test_feature @weights

model = MyModel()
optimizer = torch.optim.Adam(model.parameters(),lr=0.1)
for i in range(100):
    preds = model(training_features)
    loss = torch.nn.functional.mse_loss(preds, training_labels)
    loss.backward()
    optimizer.step()
    optimizer.zero_grad()

model.eval()
with torch.no_grad():
    preds = model(test_feature)
    mse = torch.nn.functional.mse_loss(preds, test_labels)
    print(f"float32 model testing loss:{mse.item():.3f}")

#转换为量化模型
model_int8 = torch.ao.quantization.quantize_dynamic(model, {torch.nn.Linear},
dtype=torch.qint8)
with torch.no_grad():
```

```
    preds = model_int8(test_feature)
    mse = torch.nn.functional.mse_loss(preds, test_labels)
    print(f"int8 model testing loss:{mse.item():.3f}")

print("float32 model linear1 parameter:\n", model.linear1.weight)
print("int8 model linear1 parameter(int8):\n", torch.int_repr(model_int8.
linear1.weight()))
print("int8 model linear1 parameter:\n", model_int8.linear1.weight())
```

PyTorch 量化后的类型为 qint8,直接打印一个 qint8 的 Tensor,输出为它的量化参数,包括缩放值、零点值等。可以看到量化参数是和量化值放在一起保存的。这样方便随时反量化。当直接打印 qint8 的向量时,输出的并不是整数值,而是 qint8 反量化后的浮点型的值。如果想打印它量化后的整数值,则需要调用函数 torch.int_repr。通过这个函数,可以输出向量里真正存储的 Int8 的值。

4.5.3 训练后静态量化

训练后动态量化主要存在两个问题:

(1) 每次推理时,每层都需要对输入的激活值统计量化参数,这很耗时。

(2) 每层计算完的值都需要先转换为 Float32 类型,然后存入显存,这增加了显存占用,并且增加传输耗时。

针对第 1 个问题,训练后动态量化之所以只量化模型参数,而不量化输入,是因为模型的参数在训练好之后是不变的,而模型的输入总是变化的,不能提前计算输入的量化参数。针对这个问题的解决办法就是用具有代表性的输入进行网络前向传播,假设这些数据代表真实推理时的输入,这样每层神经网络都观察自己的输入值,计算得到输入值的量化参数并保存。

针对第 2 个问题,每层的输出是下一层的输入,下一层总是需要对它的输入进行量化,那不如在上一层计算结束后直接量化后再传入下一层。

这就是训练后静态量化,它的具体过程如图 4-32 所示。

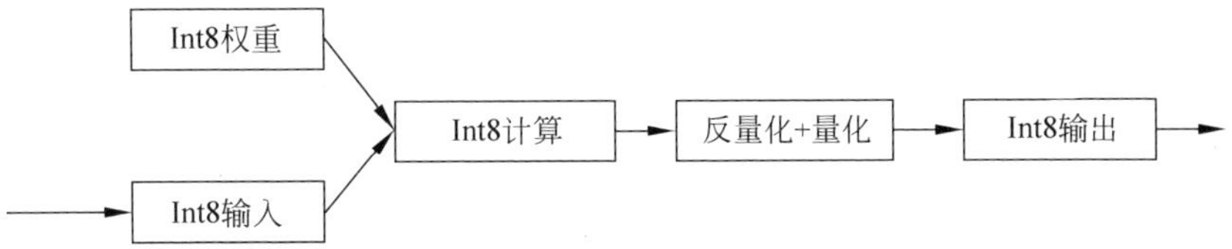

图 4-32 训练后静态量化

第 1 步:将训练好的模型权重量化为 Int8,并保存量化参数。

第 2 步:校准(calibration),利用有代表性的数据进行模型推理,用这些数据在神经网络每层产生的激活值估算出激活值的量化参数。这样就不用每次推理时根据实际激活值计算量化参数。

第 3 步：在每层对量化后的 Int8 权重和 Int8 激活值进行计算。

第 4 步：在每层输出时将结果反量化为 Float32，同时根据校准产生的激活值量化参数，把激活值量化为 Int8，把量化参数放入量化后的激活值中。

第 5 步：将 Int8 的激活值和它的量化参数传入下一层。

代码如下：

```
//Chapter4/PTSQ.py

import torch


class MyModel(torch.nn.Module):
    def __init__(self):
        super().__init__()
        self.quant = torch.ao.quantization.QuantStub()
        self.linear1 = torch.nn.Linear(3, 3, bias=False)
        self.relu = torch.nn.ReLU()
        self.linear2 = torch.nn.Linear(3, 1, bias=False)
        self.dequant = torch.ao.quantization.DeQuantStub()

    def forward(self, inputs):
        q_inputs = self.quant(inputs)
        outputs = self.linear1(q_inputs)
        outputs = self.relu(outputs)
        outputs = self.linear2(outputs)
        f_outputs = self.dequant(outputs)
        return f_outputs


weights = torch.tensor([[1.1], [2.2], [3.3]])

torch.manual_seed(123)
training_features = torch.randn(12000, 3)
training_labels = training_features @weights

torch.manual_seed(123)
test_feature = torch.randn(1000, 3)
test_labels = test_feature @weights

model = MyModel()
optimizer = torch.optim.Adam(model.parameters(),lr=0.1)
for i in range(100):
    preds = model(training_features)
    loss = torch.nn.functional.mse_loss(preds, training_labels)
    loss.backward()
    optimizer.step()
    optimizer.zero_grad()
```

```
model.eval()
with torch.no_grad():
    preds = model(test_feature)
    mse = torch.nn.functional.mse_loss(preds,test_labels)
    print(f"float32 model testing loss:{mse.item():.3f}")

model.qconfig = torch.ao.quantization.get_default_qconfig('x86')

model_prepared = torch.ao.quantization.prepare(model)
model_prepared(test_feature)

model_int8 = torch.ao.quantization.convert(model_prepared)
with torch.no_grad():
    preds = model_int8(test_feature)
    mse = torch.nn.functional.mse_loss(preds, test_labels)
    print(f"int8 model testing loss:{mse.item():.3f}")


print("float32 model linear1 parameter:\n", model.linear1.weight)
print("int8 model linear1 parameter(int8):\n", torch.int_repr(model_int8.
linear1.weight()))
print("int8 model linear1 parameter:\n", model_int8.linear1.weight())
```

在上面代码的模型初始化时定义了量化和反量化的占位符，并且在 forward()函数的模型输入和输出前分别调用了量化和反量化操作，然后对模型进行训练。训练完成后，为模型设置一个适合在 x86 架构下运行的量化配置，接着调用 prepare()方法生成一个待量化的模型，然后用具有代表性的数据对模型各层的激活值的量化参数进行校准。校准过程只需调用一次前向传播。校准后通过 torch. ao. quantization. convert()方法就可以生成一个训练后静态量化的模型。

4.5.4　量化感知训练

不论是训练后的动态量化还是静态量化，对训练好的模型都会不可避免地带来误差。有什么办法可以进一步减少误差呢？如果可以在模型训练时就引入这种误差，利用神经网络的拟合能力适应这种误差，那就可以缓解模型量化带来的误差。这正是量化感知训练所做的事情。

量化感知训练就是在神经网络训练过程中模拟量化，让模型在训练过程中调整参数，适应量化，提高模型量化后的精度。它的具体过程如图 4-33 所示。

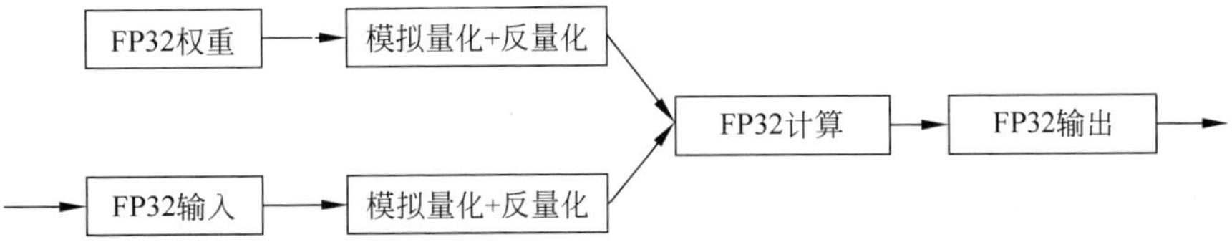

图 4-33　量化感知训练

第 1 步：加载 Float32 的模型参数。

第 2 步：输入 Float32 的输入值。

第 3 步：通过在网络里插入模拟量化节点(fake_quantization)来分别对模型参数和输入值进行量化和反量化，从而引入量化误差。

第 4 步：模型在 Float32 下进行计算。

第 5 步：计算后的 Float32 的激活值传入下一层。

需要注意的是整个训练都是在 Float32 下进行的，包括模拟量化和反量化节点。它们在训练时也可以将梯度传递到前边的层进行参数更新，代码如下：

```
//Chapter4/QAT.py

import torch


class MyModel(torch.nn.Module):
    def __init__(self):
        super().__init__()
        self.quant = torch.ao.quantization.QuantStub()
        self.linear1 = torch.nn.Linear(3, 3, bias=False)
        self.relu = torch.nn.ReLU()
        self.linear2 = torch.nn.Linear(3, 1, bias=False)
        self.dequant = torch.ao.quantization.DeQuantStub()

    def forward(self, inputs):
        q_inputs = self.quant(inputs)
        outputs = self.linear1(q_inputs)
        outputs = self.relu(outputs)
        outputs = self.linear2(outputs)
        f_outputs = self.dequant(outputs)
        return f_outputs


weights = torch.tensor([[1.1], [2.2], [3.3]])

torch.manual_seed(123)
training_features = torch.randn(12000, 3)
training_labels = training_features @weights

torch.manual_seed(123)
test_feature = torch.randn(1000, 3)
test_labels = test_feature @weights

model = MyModel()

model.qconfig = torch.ao.quantization.get_default_qconfig('x86')
model_prepared = torch.ao.quantization.prepare_qat(model)
```

```
optimizer = torch.optim.Adam(model_prepared.parameters(),lr=0.1)
for i in range(100):
    preds = model_prepared(training_features)
    loss = torch.nn.functional.mse_loss(preds, training_labels)
    loss.backward()
    optimizer.step()
    optimizer.zero_grad()

model_prepared.eval()
with torch.no_grad():
    preds = model_prepared(test_feature)
    mse = torch.nn.functional.mse_loss(preds,test_labels)
    print(f"float32 model testing loss:{mse.item():.3f}")

model_int8 = torch.ao.quantization.convert(model_prepared)
with torch.no_grad():
    preds = model_int8(test_feature)
    mse = torch.nn.functional.mse_loss(preds, test_labels)
    print(f"int8 model testing loss:{mse.item():.3f}")

print("float32 model linear1 parameter:\n", model_prepared.linear1.weight)
print("int8 model linear1 parameter(int8):\n", torch.int_repr(model_int8.
linear1.weight()))
print("int8 model linear1 parameter:\n", model_int8.linear1.weight())
```

和训练后静态量化代码不同的是 prepare 函数变成了 prepare_qat。qat 就是 quantization aware training 量化感知训练的意思。通过运行代码进行对比,可以看到经量化感知训练得到的模型量化后的 mse 损失比训练后静态量化的 mse 损失减少了。

同时可以看到量化感知训练后的 linear1 的参数值也和训练后静态量化的参数值不一样。证明量化感知训练可以改进模型参数,提升模型精度。

4.5.5 LLM.int8

HuggingFace Transformer 库里默认的 Int8 量化技术是 LLM.int8。它是一种经过实验证明不影响大模型表现但可以减少一半显存占用的量化技术。通过原论文中提供的图可以看到,x 轴是大模型的参数量,从 125M 到 175B。y 轴是模型的精度,如图 4-34 所示。

可以看到在 Float16 精度下,随着模型参数的增加,精度一直在提升。传统的 Int8 量化方法在模型参数到达 2.7B 之后性能就急剧下降,而使用 LLM.int8 的量化方法,不论模型参数多大,它的精度都一直保持和 Float16 一样,没有衰退。

为什么模型参数到达一定量级之后,传统的量化方法会突然失效呢?这是由 Emergent Feature 引起的。Emergent Feature 是在一些层的模型输出的特征里有些特征突然变大,一般是其他特征的几十倍。为什么会出现这些特征呢?作者在论文中认为这是大模型在学习过程中学到的重要特征。对这些包含异常值的特征用传统方式进行量化和反量化后,很多不同的浮点值都变成同一个 Int 值了,这样就丢失了信息,并且模型性能表现就会下降。如

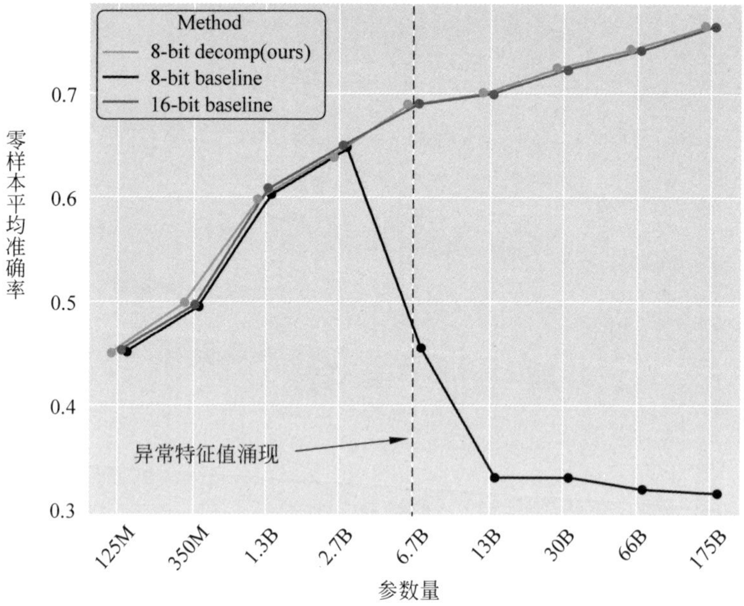

图 4-34　LLM. int8 效果图

果把这些异常值剔除，模型就丢失了重要的特征，性能表现也会下降。

那么 LLM. int8 是如何解决这个问题的呢？一句话来讲就是先对这些特别大的重要特征和其他普通特征分别进行处理，然后汇总它们的结果。

对于一个矩阵乘法，如图 4-35 所示。

$$\begin{bmatrix} 1 & 10 & 2 & 11 \\ 4 & 12 & 5 & 10 \\ 2 & 13 & 2 & 12 \end{bmatrix} \times \begin{bmatrix} 2 & 2 & 1 \\ 3 & 5 & 0 \\ 3 & 2 & 2 \\ 3 & 2 & 2 \end{bmatrix} = \begin{bmatrix} 71 & 78 & 27 \\ 89 & 98 & 34 \\ 85 & 97 & 30 \end{bmatrix}$$

图 4-35　矩阵乘法

对于图 4-35 所示的矩阵乘法可以分解。对于左矩阵，将 1、3 列作为一个矩阵，将 2、4 列作为另一个矩阵。对于右矩阵，将对应的 1、3 行作为一个矩阵，将 2、4 行作为另一个矩阵，然后将左矩阵和右矩阵分解后的第 1 个矩阵和第 2 个矩阵分别相乘，然后将结果进行相加，得到的结果与矩阵分解前直接进行矩阵乘法的结果是相等的，如图 4-36 所示。

根据图 4-36 所示的矩阵乘法的分解原理，对于神经网络一层的输入和权重进行分解计算。具体分解方法为找到输入特征里那些有异常值的列，将它们作为一个矩阵，将其余的列作为另一个矩阵，例如论文中作者认为含有绝对值大于 6 的特征的列为异常列，而异常列通常占所有列的比例不足 0.1%。

找到输入特征的异常列后，再找到对应的权重行，这样对应的权重行也作为一个矩阵，其余的行作为另一个矩阵。这样就把输入矩阵和权重矩阵进行了分解。分解为一个普通特

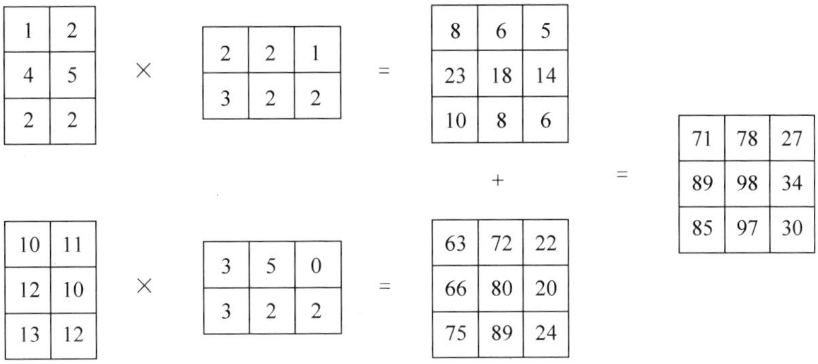

图 4-36　矩阵乘法的分解

征矩阵乘法和一个异常特征矩阵乘法。

对于普通特征矩阵进行量化计算，量化计算时对输入按行进行量化，对权重进行按列量化。量化后进行 Int8 精度的计算，计算完成后反量化为 Float16 的浮点值。

对于异常特征矩阵乘法不进行量化，而是在 Float16 精度下进行的，这样就没有精度损失。最后将普通特征矩阵乘法反量化的结果和异常特征矩阵乘法的结果相加，就得到了这一层的最终输出。

因为 LLM. int8 将一个矩阵乘法转换为两个矩阵乘法，所以模型推理速度会变慢。

4.5.6　NF4 量化

之前讲的量化方法都是线性量化方法。量化前的浮点数和量化后的整数之间需要满足线性关系。换一种不太准确的说法就是对于量化后的每个整数值都对应同样多的量化前的浮点数。

对于神经网络，一般参数值和输入值都符合均值为 0 的正态分布。也就是 0 附近的值较多，但是距离 0 越远的值越少。如果平均分配本来就不多的量化后的整数值，就很浪费。最好能在原始浮点型数据密度大的地方多分配一些量化后的整数值，在密度小的地方少分配一些量化后的整数值。这样就能有效地减少量化带来的误差。

基于这种思想，将一个正态分布基于累积概率密度分为 16 个区域。因为 4 位量化后的整数有 16 个。可以看到，越靠近零值，分配的整数值越密集。越远离零值，分配的整数值越稀疏，如图 4-37 所示。

基于正态分布的概率密度来分配量化整数，具体做法可以是把一个浮点数对应到 x 轴上，落在哪个整数对应的区间，就量化为哪个整数，例如 14 这个量化后的整数，对应的量化前浮点数区间为 1.73～2.26。只要在这个区间的浮点数都量化为 14。在反量化时，14 这个整数值就被反量化为 1.73 和 2.26 的平均值，即 1.995。

这样做有两个问题。第 1 个问题是对于正态分布，x 的取值范围为负的无穷大到正的无穷大。反量化时没有办法得到最小和最大区间的均值。解决办法是做一个截断。对两边都各舍弃了累积概率密度 0.032 291 7。第 2 个问题是，对于 0 值，不论归于左边的 7，还是

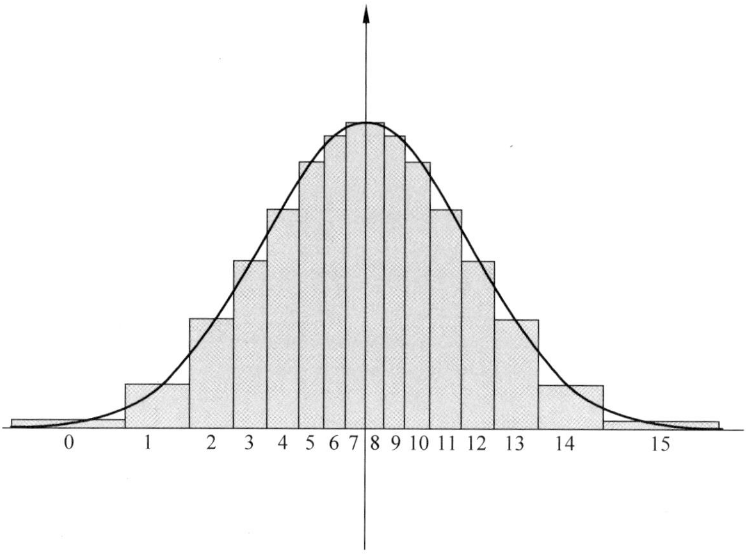

图 4-37 基于正态分布的量化

右边的 8。反量化后都不是 0 了,但是 0 在深度学习里是个特殊的值,例如 0 可以用来做填充值,所以需要对 0 做特殊处理。

0 值需要被单独处理,独自占用 4 位量化中 16 个整数中的一个。那就剩下 15 个值可以分配了,然后按照正态分布的累积概率密度给正数分配 8 个,给负数分配 7 个,然后归一化到−1 和 1 之间,见表 4-5。

表 4-5 NF4 量化表

归一化后浮点值	NF4 量化值	归一化后浮点值	NF4 量化值
−1.0	0	0.079 580 299 556 255 34	8
−0.696 192 800 998 687 7	1	0.160 930 201 411 247 25	9
−0.525 073 051 452 636 7	2	0.246 112 301 945 686 34	10
−0.394 917 488 098 144 53	3	0.337 915 241 718 292 24	11
−0.394 917 488 098 144 53	4	0.440 709 829 330 444 34	12
−0.184 773 430 228 233 34	5	0.562 617 003 917 694 1	13
−0.091 050 036 251 544 95	6	0.722 956 836 223 602 3	14
0.0	7	1.0	15

这就是 Normal Float 4-bit,简称 NF4,NF4 并不是用来进行计算的,而是专门用来对符合正态分布的数据进行量化的。以[1.532,−0.823,0.412,0.232]这组数为例。首先找出最大的绝对值,这里是 1.532。1.532 就是缩放因子 Scale。Scale 值需要保存,因为反量化时需要。所有值除以 1.532 进行归一化,得到[1.0,−0.537,0.269,0.151]。

接着对这些归一化后的浮点数进行 NF4 查表,这些浮点数和 NF4 浮点数列的哪一个数最接近,就取哪一个浮点数所对应的整数值,得到整数值列表为[15,2,10,9]。

在进行反量化时，首先需要查表，查出这个整数值对应的浮点数为[1.0，−0.525 073 051 452 636 7，0.246 112 301 945 686 34，0.160 930 201 411 247 25]。

接着，乘以之前量化时保存的 Scale 值，即 1.532。这样就可以得到反量化后的列表[1.532，−0.804，0.377，0.247]。可以看到反量化后的值和量化前的值很接近。

对数据进行分块量化可以有效地应对异常值，提高量化的精度。NF4 量化时对数据进行了分块，每 64 个值作为一个块。每个块里有 64 个数，每个数量化后占 4 位，一共有 256 位，但是因为每个块都独立量化，所以需要额外保存一个 Float32 位的 Scale 值。这样因为这个 32 位的 Scale 值，额外占用量化后的 12.5%的显存。

为了进一步减少 NF4 量化的显存占用，再对 256 个块的 Float32 位的 Scale 值进行量化，这里的量化是 8 位的。这样额外占用的显存就降低到了 3.174%。这在 NF4 量化里叫作双质量化。双质量化减少了显存占用，但是增加了计算复杂度。在量化和反量化时都需要进行两次计算。

NF4 和一般的数据类型不同，它并不是用来进行计算的。它设计的初衷就是对符合正态分布的数据进行 4 位量化，所以量化后的 Int4 类型的值不能直接进行计算，只有反量化后才可以进行计算，所以在配置 NF4 量化时，还需要指定计算类型，一般默认为 BFloat16。下面是在 HuggingFace 里利用 BitsAndbytes 库对模型进行 4 位量化，配置代码如下：

```
bnb_config = BitsAndBytesConfig(
    load_in_4bit=True,
    bnb_4bit_use_double_quant=True,
    bnb_4bit_quant_type="nf4",
    bnb_4bit_compute_dtype=torch.bfloat16
)
```

4.6 梯度累加

在训练模型时大的批次大小可以带来更稳定的训练，以及提高模型的泛化能力，但是同时也会对显存造成更大的占用。在训练大模型时，最大的困扰就是显存不足。梯度累加(Gradient Accumulation)是一种在训练大模型时常用的技术，它通过多次前向传播和后向传播来累积梯度，但是不更新参数。只有在达到累积的步数后，再更新一次参数。这样通过多次运算，累积梯度的做法间接实现了和利用大的批次训练一样的效果，代码如下：

```
accum_step = 10

for index, (inputs, labels) in enumerate(data_loader):

    #前向传播
    preds = model(inputs)
    loss = loss_func(preds, labels)
```

```
    #缩放 loss
    loss = loss / accum_step

    #后向传播
    loss.backward()

    #更新参数
    if (index + 1) % accum_step == 0:
        optimizer.step()
        optimizer.zero_grad()
```

在使用 HuggingFace 的 Trainer 进行训练时，可以通过指定下边两个参数来方便地控制训练时每台设备的批次大小和梯度累积步数。

```
args = TrainingArguments(
    per_device_train_batch_size=8,
    gradient_accumulation_steps=8
)
```

4.7 梯度检查点

梯度检查点(Gradient Checkpointing)是一种可以减少模型在训练时显存占用的技术。它也被叫作激活值检查点(Activation Checkpointing)。

以下边这个简化的神经网络为例，它既没有偏置也没有激活函数，如图 4-38 所示。

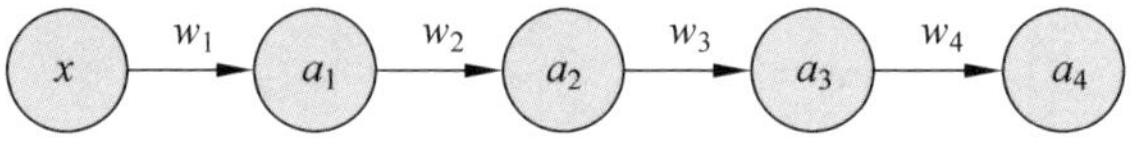

图 4-38 梯度计算

计算参数梯度值的过程如下：

$$\text{loss} = (a_4 - y)^2$$

$$\frac{\partial \text{loss}}{\partial w_4} = 2(a_4 - y)a_3$$

$$\frac{\partial \text{loss}}{\partial w_3} = 2(a_4 - y)w_4 a_2$$

$$\frac{\partial \text{loss}}{\partial w_2} = 2(a_4 - y)w_4 w_3 a_1$$

$$\frac{\partial \text{loss}}{\partial w_1} = 2(a_4 - y)w_4 w_3 w_2 a_1$$

可以发现在计算针对参数的梯度值时都需要用到前向传播中的激活值，所以训练框架会保留前向传播过程中产生的激活值。

在训练大语言模型时，当训练语句较长时，即使批次大小为 1，激活值占用的显存也很可观。梯度检查点的做法很简单，在前向传播时，只保留一部分层的激活值，释放一部分层的激活值，从而节省显存占用，但在计算梯度时需要激活值时该怎么办呢？那就从离它最近的上游梯度检查点重新计算，如图 4-39 所示，释放了 a_1，a_3 的激活值显存占用。

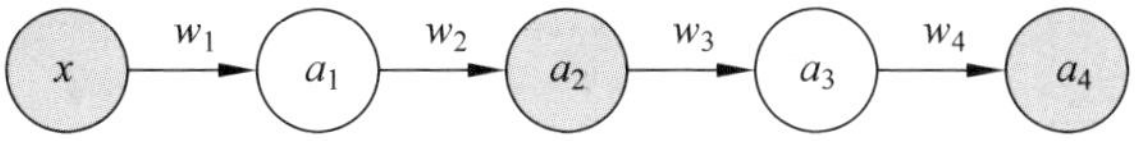

图 4-39 梯度检查点

在计算 w_4 的梯度值时，用到了已经被释放的激活值 a_3，这时就需要从梯度检查点 a_2 重新计算，用 a_2 乘以 w_3 重新得到 a_3 的值。可以看到梯度检查点是一种以计算时间来换取显存空间的做法。具体应该选择哪些激活值作为梯度检查点呢？选择的准则是选择那些计算代价大，但是显存占用少的激活值来作为梯度检查点。好在 HuggingFace 的框架已经实现了底层细节，调用时只需将 gradient_checkpointing 配置为 True 就可以生效了。

4.8 分布式训练

21min

对于模型的分布式训练有多种不同的方式，其中有数据并行、模型并行、张量并行等，其中数据并行适用范围最广，应用最多。本书主要讨论数据并行的分布式训练的原理。分布式训练主要解决两个问题。一个问题是如何利用多个 GPU 加快模型的训练速度。另一个问题是模型训练时显存占用过大，单个 GPU 的显存不足以支持模型训练，需要以分布式训练来减少每个 GPU 显存的占用。

对于最基本的单机单卡的模型训练模式，首先训练进程从硬盘读取数据，CPU 处理数据，将数据组成一个批次，传入 GPU，进行网络前向传播，算出损失值，然后进行后向传播，计算梯度。优化器利用梯度更新网络参数，完成一次训练，如图 4-40 所示。

图 4-40 单机单卡训练流程

PyTorch 里最早支持的分布式训练框架是数据并行框架 DP(Data Parallel)。它的运行模式如图 4-41 所示。

DP 的运行模式是训练进程从硬盘读取数据，将数据分成多份，每个 GPU 一份。每个 GPU 独立运行网络的前向传播，后向传播，计算出各自的梯度，然后所有的其他 GPU 都将自己计算的梯度传递到 GPU0 上进行平均，GPU0 用全局平均的梯度更新自己的网络参数，然后将更新后的参数广播到其他 GPU 上，从而完成一次分布式训练。

在进行分布式训练时，最关键的任务是如何减少多卡之间的通信量，以提高训练效率，在大规模分布式训练任务里，可能一半的训练时间浪费在多卡通信上。

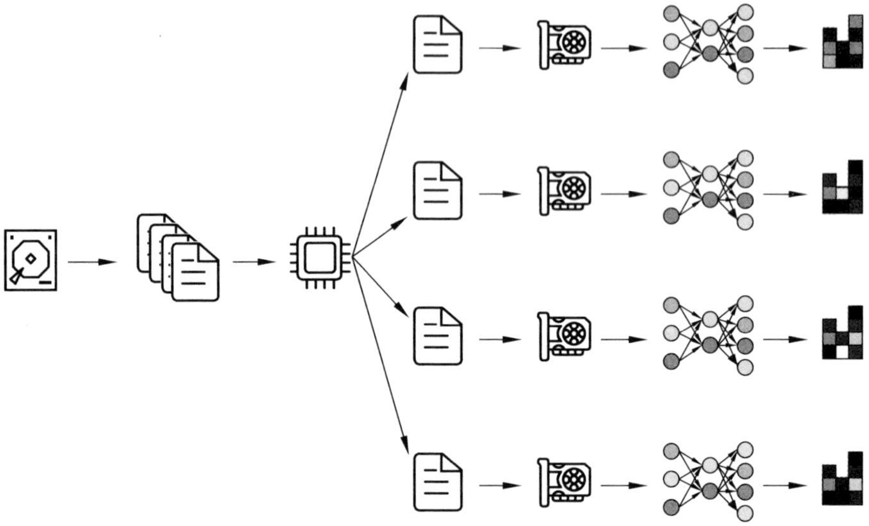

图 4-41 DP 训练模式

假设神经网络的参数量为 Ψ,对于 DP 模式的通信量进行计算。GPU 的个数为 N,对于 GPU0 而言,其他 $N-1$ 个 GPU 都需要传入它们的梯度,所以传入的梯度通信量为 $(N-1)\Psi$。同样 GPU0 需要将自己更新好的参数广播给其他 $N-1$ 个 GPU,所以传出的参数通信量也为 $(N-1)\Psi$。可以看到这两个通信量都是和 GPU 个数相关的。GPU 越多,GPU0 的通信量越大。对于其他 GPU 而言,它们都需要传出自己计算的梯度,通信量为 Ψ,接收 GPU0 传入的更新后的参数,通信量也为 Ψ,所以对于除了 GPU0 以外的其他 GPU 的通信量不受 GPU 个数的影响。

DP 这种训练模式有两个问题,首先,它采用的是单进程多线程模式,受限于 Python 的全局解释器锁(Global Interpreter Lock,GIL),它只能利用一个 CPU 核,其次,也是最重要的,GPU0 负责收集梯度,更新参数,同步参数。通信和计算压力大,并且通信量和 GPU 个数线性相关。GPU0 成为训练的瓶颈。

4.8.1 分布式数据并行

PyTorch 里代替 DP 框架的是分布式数据并行(Distributed Data Parallel,DDP)。在学习 DDP 之前,需要了解一种集群通信方式,Ring-AllReduce。它将多个通信节点连成一个环。GPU0、GPU1、GPU2 上分别有 a、b、c 这 3 个参数的梯度值。通信的目的是让每个 GPU 上都有 3 个参数的梯度值之和,例如对于参数 a 而言,希望通信结束后,GPU0、GPU1、GPU2 上都有 $a_0+a_1+a_2$ 的值,如图 4-42 所示。

首先,将 GPU0 上的 a_0 传递给 GPU1 上的 a_1 并求和。将 GPU1 上的 b_1 传递给 GPU2 上的 b_2 并求和。将 GPU2 上的 c_2 传递给 GPU0 上的 c_0 并求和,从而形成一个环,每个 GPU 都既在发送又在接收数据。

其次,继续进行累加,将 GPU0 上的 c_0+c_2 传给 GPU1 的 c_1 进行累加。将 GPU1 上

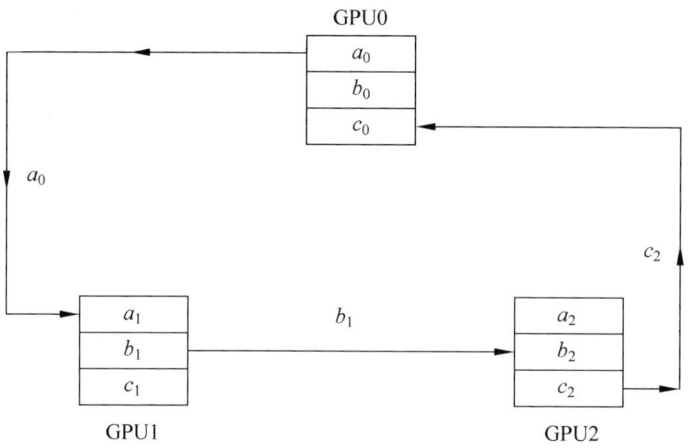

图 4-42 Scatter-Reduce1

的 a_0+a_1 传给 GPU2 的 a_2 进行累加。将 GPU2 上的 b_1+b_2 传给 GPU0 上的 b_0 进行累加，如图 4-43 所示。

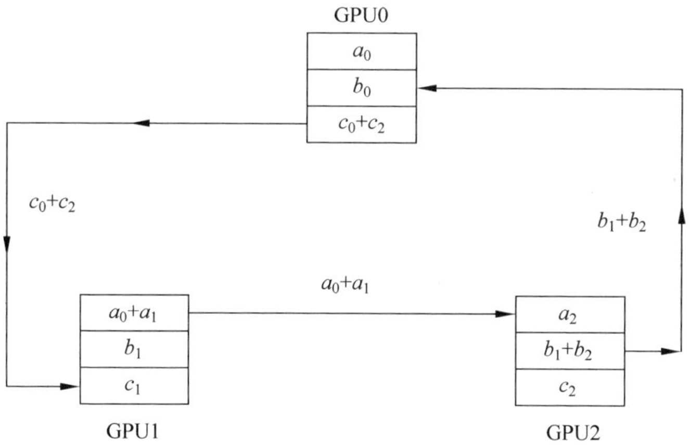

图 4-43 Scatter-Reduce2

此时 GPU0 上已经有参数 b 的梯度和了，同时 GPU1 上有参数 c 的梯度和，GPU2 上有参数 a 的梯度和，如图 4-44 所示。

这时就完成了 Ring-AllReduce 的第 1 个阶段。第 1 个阶段叫作 Scatter-Reduce。下一个阶段的任务是将各个参数梯度的和同步到所有 GPU，叫作 All-Gather。

在 All-Gather 阶段，首先 GPU0 将参数 b 的梯度和发送给 GPU1，GPU1 把参数 c 的梯度和发送给 GPU2，GPU2 把参数 a 的梯度和发送给 GPU0，如图 4-45 所示。

接着 GPU0 将参数 a 的梯度和发送给 GPU1，GPU1 将参数 b 的梯度和发送给 GPU2，GPU2 将参数 c 的梯度和发送给 GPU0，如图 4-46 所示。

最终，完成整个 Ring-AllReduce 的通信过程，每个 GPU 上都有所有参数的梯度和，如图 4-47 所示。

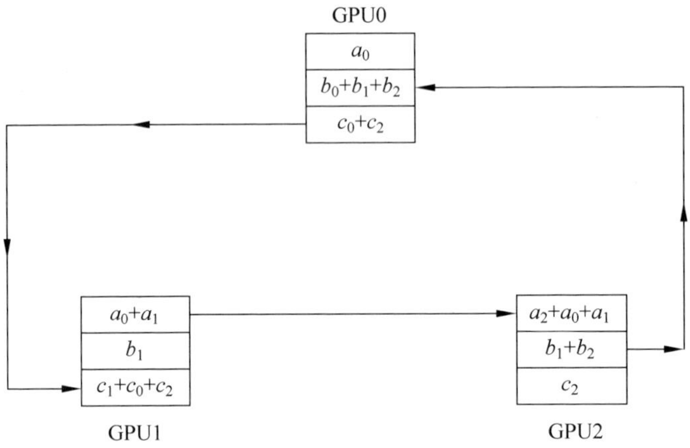

图 4-44　Scatter-Reduce3

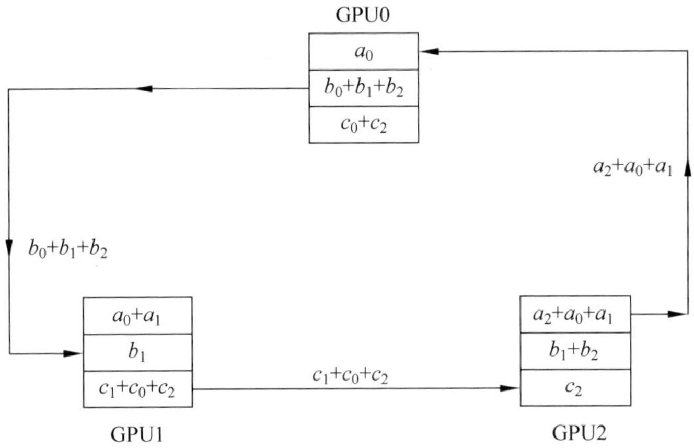

图 4-45　All-Gather1

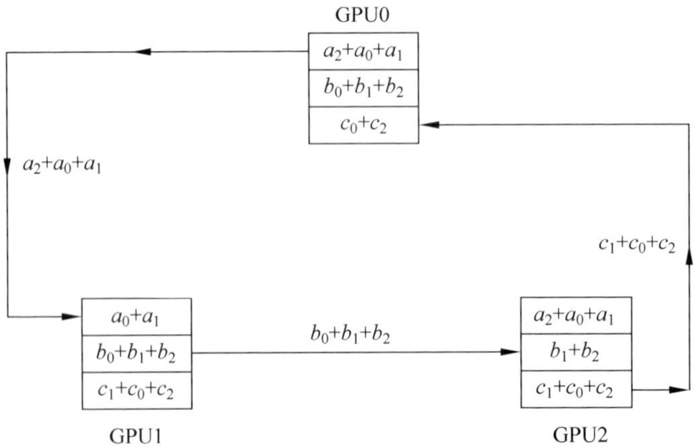

图 4-46　All-Gather2

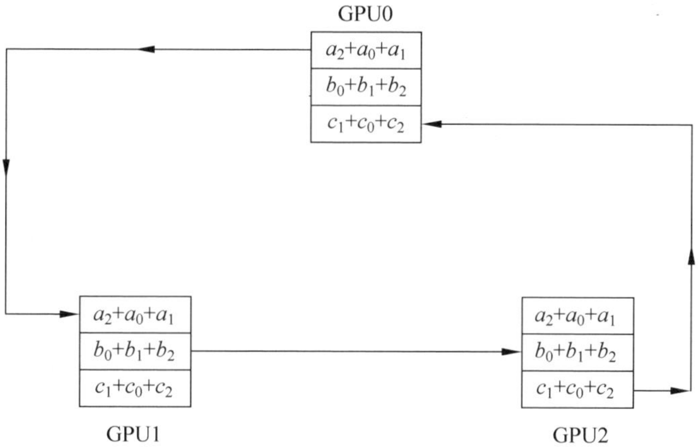

图 4-47　Ring-AllReduce 通信结束

通过上述的过程可以看到，通过环形链接的 Ring-AllReduce 里的每个 GPU 的负载是一样的，并且同时进行发送和接收，这样可以最大限度地利用每个显卡的上行和下行带宽。在 DP 架构下，采用的是单进程多线程的模式，只有 GPU0 需要优化器进行参数更新，而在 DDP 架构下，是多进程的，每个进程为自己的 GPU 准备数据并和其他 GPU 进行通信。每个进程用各自的数据进行神经网络的前向和后向传播，计算自己的梯度。因为每个 GPU 用来训练的数据不同，所以计算出来的梯度也不同，然后通过 Ring-AllReduce 来同步多个 GPU 计算出来的梯度。同步后各个 GPU 的梯度就相同了。它们用各自的优化器来更新各自的神经网络。网络状态和优化器状态始终保持同步，如图 4-48 所示。

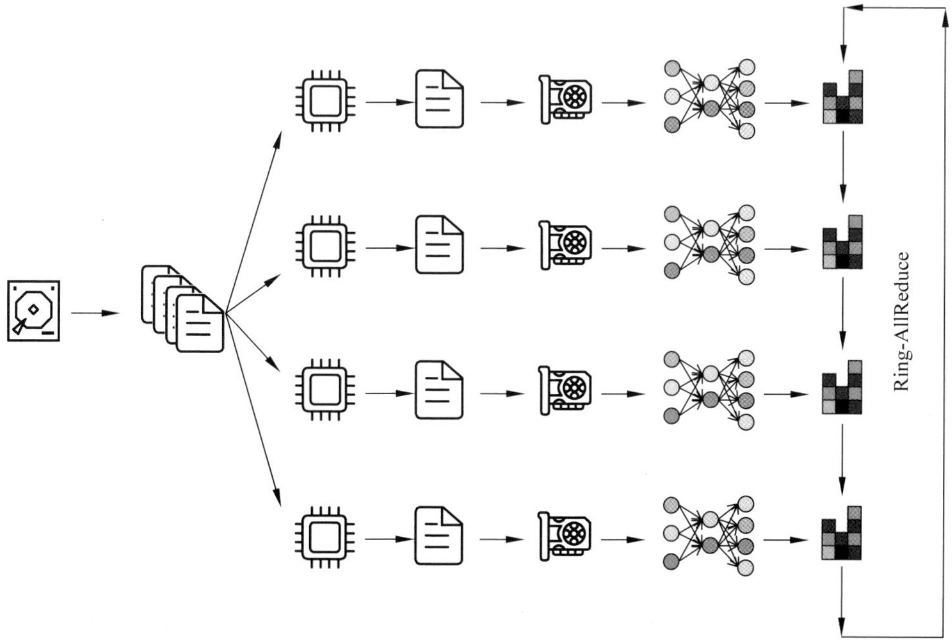

图 4-48　DDP 训练过程示意图

DDP 框架的实现有一些细节需要深入理解。假设有 3 张 GPU，首先 GPU0 加载模型，把模型参数同步给 GPU1、GPU2，其次按照神经网络参数定义的反序对参数进行排列，也就是输出层的参数排在最前，输入层的参数排在最后，最后为每个参数注册一个监听器。将这些监听器按顺序放入一个个桶里，如图 4-49 所示。

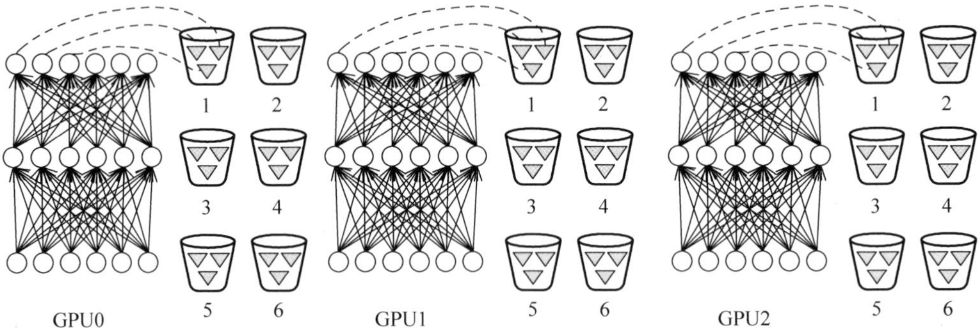

图 4-49　DDP 实现细节

为什么要对参数进行反序排列呢？因为在反向传播计算梯度时，后边的参数的梯度先计算出来，前边的参数的梯度后计算出来，所以输出层的参数放在前边，输入层的参数放在后边。进行多卡之间传输最好是在 GPU 进行计算时进行，这样进行计算和传输的时间就重叠了，可以减少整体的训练时间。先计算出来的梯度就可以先进行同步，同时 GPU 还在计算其他参数的梯度，但是每算出一个参数的梯度就进行同步，系统开销太大，得不偿失，所以需要收集满一个桶再进行同步，而注册监听器就是为了让 DDP 框架知道哪个参数的梯度已经计算完成。

当多个 GPU 开始训练并进行后向传播时，梯度逐步算出。当多个 GPU 的同一桶里的梯度都计算完成后，这个桶就进行 Ring-AllReduce 同步桶里的参数梯度。同时 GPU 还在计算其他的参数梯度，如图 4-50 所示。

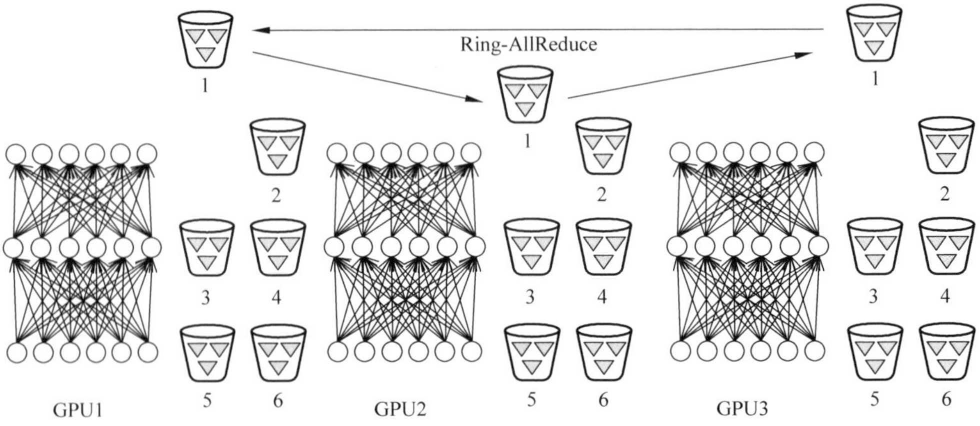

图 4-50　桶之间的 Ring-AllReduce

当所有桶的参数梯度都同步后，每个 GPU 先分别更新自己的优化器，然后调用优化器来更新网络。这时它们的优化器状态和网络参数都是同步的，接着就可以进入下一轮的训练了。

下边对 DDP 的通信量进行分析，同样设参数量为 Ψ，GPU 个数为 N。之前章节在讲解 Ring-AllReduce 时采用的是 3 个 GPU 同步 3 个梯度值。这里要同步参数 Ψ，除以 GPU 个数 N，作为 Ring-AllReduce 需要同步的一个通信块，所以每个块的大小为 Ψ/N。

在 Scatter-Reduce 阶段，由于每个通信块需要传递 $N-1$ 次得到梯度的和，所以 Scatter-Reduce 阶段每个 GPU 发送和接收的通信量都是 $(N-1)\Psi/N$，当 N 足够大时，通信量为 Ψ。同样在 All-Gather 阶段，聚合好的梯度块，需要经过 $N-1$ 步才能同步给所有的 GPU。在这期间，所有 GPU 发送和接收的通信量都是 $(N-1)\Psi/N$，当 N 足够大时，通信量为 Ψ，所以 DDP 架构每个进程总的发送和接收的通信量都为 2Ψ，和集群的 GPU 个数 N 无关。

4.8.2 DeepSpeed ZeRO

在 DDP 训练框架里，每个 GPU 都要存储完整的神经网络参数、网络更新的梯度、优化器状态等。在训练大模型时，由于单张 GPU 显存的限制，可能无法训练。DeepSpeed ZeRO (Zero Redundancy Optimizer)是零冗余优化器的意思，它设计的出发点是在整个分布式训练架构里尽量减少冗余的存储。

假设训练集群里有 3 个 GPU。训练时，对训练数据进行分块，每个 GPU 被分配到等量但不同的训练数据。按照 DDP 的架构，在混合精度训练模式下，每个 GPU 里需要存储 FP16 的网络参数，FP16 的参数梯度。优化器状态里需要存放 FP32 的梯度，以及为 Adam 优化器存储的 FP32 的一阶动量和二阶动量，FP32 的网络参数，如图 4-51 所示。

通过图 4-51 可以发现对于每个 GPU 而言，占用显存最大的就是优化器状态，每个 GPU 里都存储了一份完全相同的优化器状态，产生了冗余存储。能不能让每个 GPU 只存储一部分优化器状态，使整个系统有一份完整的优化器状态，从而消除优化器状态的冗余存储呢？这就是 ZeRO-1 的出发点。

假设神经网络有 9 层，GPU0 里存储前 3 层的神经网络参数对应的优化器状态，并负责前 3 层神经网络参数的更新。GPU1 存储中间 3 层神经网络参数对应的优化器状态，更新中间 3 层网络参数。GPU2 存储最后 3 层网络参数对应的优化器状态，更新最后 3 层的网络参数，如图 4-52 所示。

网络训练时，前向传播部分和 DDP 一样，因为每个 GPU 上都保存着完整的 FP16 的网络参数。在后向传播计算参数梯度时，每个 GPU 都从后向前计算出每层参数的梯度。GPU0 和 GPU1 并不负责更新最后 3 层的网络参数，它们把自己计算的最后 3 层网络参数的梯度发送给负责更新最后 3 层网络参数的 GPU2。在 GPU0 和 GPU1 发送梯度的同时，仍然在计算其他层的梯度值，尽可能地让 GPU 的计算时间和网络传输时间重叠。

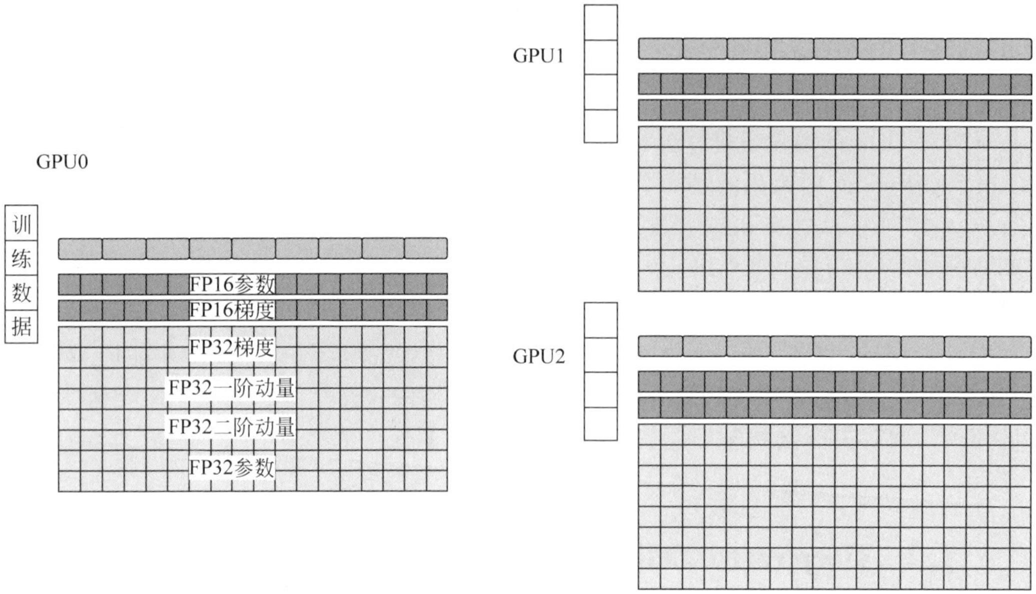

图 4-51 DDP 架构下 GPU 显存占用

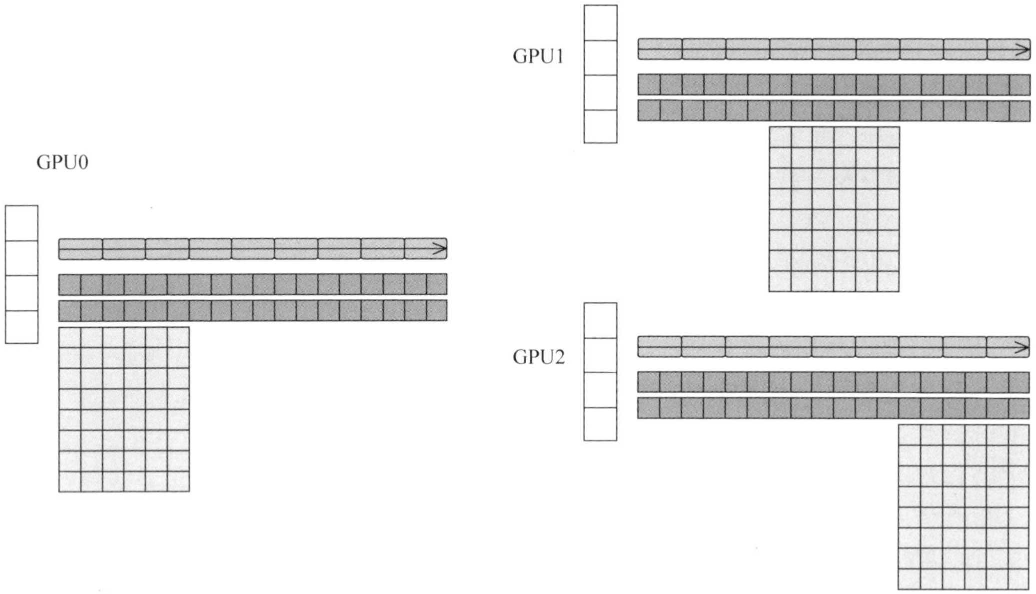

图 4-52 ZeRO-1

GPU2 在得到 GPU0 和 GPU1 发送来的最后 3 层参数的梯度后,计算出梯度平均值。同理,GPU0 和 GPU2 把它们计算出来的中间 3 层的梯度发送给 GPU1,GPU1 对梯度进行汇总,计算出梯度均值。最后,GPU1 和 GPU2 把它们计算出来的前 3 层的梯度发送给 GPU0,GPU0 负责汇总,计算出梯度均值。

反向传播完毕后，每个 GPU 都获得了自己优化器对应部分参数的梯度，然后将梯度转换为 FP32 类型，并进行缩放，然后更新优化器里的一阶和二阶动量。最后优化器更新 FP32 类型的参数。将 FP32 的网络参数转换为 FP16 类型，用来更新各自优化器对应的那部分 FP16 的网络参数，并把各自更新后的 FP16 网络参数广播给其他 GPU。完成一次训练循环。

DeepSpeed ZeRO-1 通过消除训练集群里优化器状态的冗余存储从而大幅减少了单个 GPU 里显存的占用。那么它是否增加了 GPU 之间的通信量呢？接下来对 GPU 之间的通信量进行分析。对于每个 GPU，在梯度收集阶段，它负责更新的参数量为 Ψ 除以 GPU 个数 N。每个 GPU 需要把计算的其他 $N-1$ 个由别的 GPU 负责更新的参数梯度发送出去，所以发送的通信量为 $(N-1)\Psi/N$，当 N 足够大时，约等于 Ψ。同样对于自己负责更新的那部分参数的梯度，需要从其他 $N-1$ 个 GPU 那里接收梯度，所以接收通信量也为 $(N-1)\Psi/N$，当 N 足够大时，约等于 Ψ。

在每个 GPU 更新完自己负责的那部分参数后，需要把更新后的参数广播给其他 $N-1$ 个 GPU，同样接收其他 $N-1$ 个 GPU 发送来的更新参数。发送和接收的通信量都是 $(N-1)\Psi/N$，当 N 足够大时，约等于 Ψ。

所以，对于每个 GPU，在 ZeRO-1 架构下，接收和发送的通信量和标准的 DDP 一样，即都是 2Ψ。ZeRO-1 减少了每个 GPU 的显存占用，但是没有增加 GPU 之间的通信量，这是为什么呢？这是因为在 DDP 架构下，每个 GPU 需要把自己计算的梯度广播给所有的 GPU，但是在 ZeRO-1 架构下，只发送给唯一一个需要更新对应参数的 GPU。这部分减少了 GPU 之间的通信量。同时 ZeRO-1 在每个 GPU 更新完自己的参数后，需要广播给其他 GPU，这部分增加了 GPU 之间的通信量。这两部分相抵消，ZeRO-1 总体通信量和标准的 DDP 是一样的。

如图 4-53 所示，最上边的 Baseline 是标准 DDP 架构在训练时每个显卡的显存占用。显存占用计算公式为 $(2+2+K)\Psi$，其中的两个 2 分别指的是混合精度训练下 FP16 的模型参数和 FP16 的参数梯度各占 2 字节。K 是优化器占用的字节数，作者在论文里用的是 Adam 优化器，K 为 12。Ψ 是模型参数量，图 4-53 中此参数量是 7.5B。整个集群里有 64 个 GPU。在 DDP 模式下，每个 GPU 显存占用为 120GB。

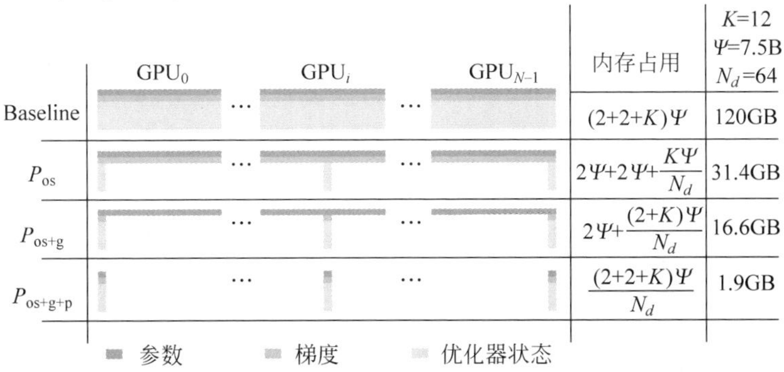

图 4-53 DeepSpeed 显存节省分析

图 4-53 中的 P_{os} 下标 OS 指的就是优化器状态 Optimizer States。在原论文里将 ZeRO-1 叫作 P_{os}。因为训练集群里有 64 个 GPU 卡,它们平分优化器状态,所以在显存占用的计算公式里优化器部分的显存占用量被放到分子上,除以分母的 GPU 个数。每个 GPU 显存占用从 120GB 降到了 31.4GB。

DeepSpeed ZeRO 并没有止步于此,继续消除分布式训练系统里的冗余存储。于是有了 ZeRO-2。它的动机很简单,每个 GPU 只负责更新一部分参数,那么它没有必要存储自己用不到部分的梯度,于是对 FP16 的参数梯度也按照 GPU 进行了划分,如图 4-54 所示。

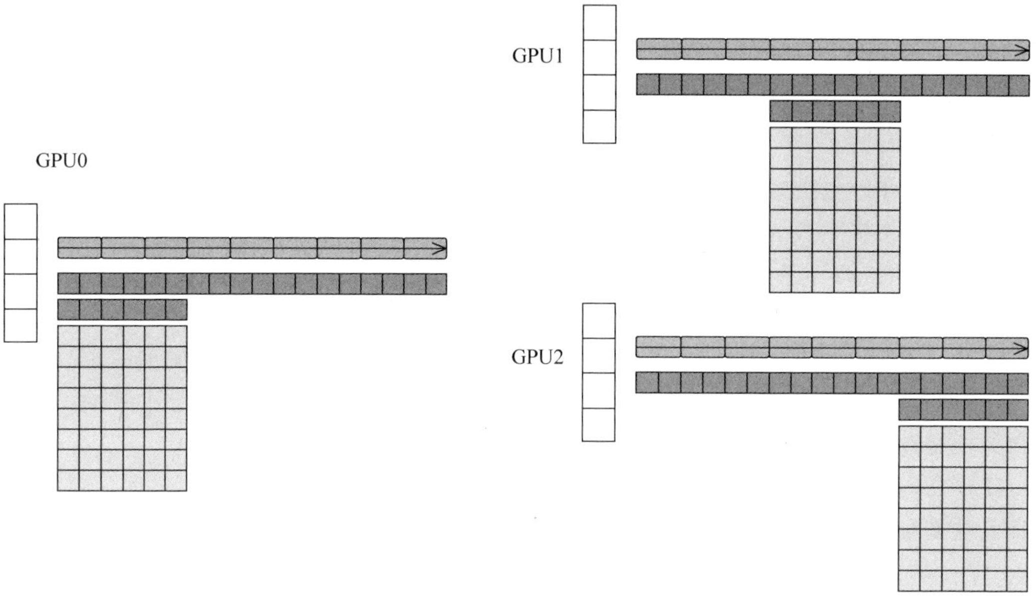

图 4-54　ZeRO-2

在 ZeRO-2 架构下,在进行后向传播时,GPU0 和 GPU1 计算出最后一层的参数梯度,这些梯度分为一个个的桶,按桶的形式发送给负责更新这部分参数的 GPU2,然后只有 GPU2 保存最后汇总的平均梯度。GPU0 和 GPU1 会立即释放这部分参数梯度占用的显存。同理,每个 GPU 计算每层的参数梯度,如果这一层的参数并不归自己更新,就立即发送给负责更新的 GPU,同时释放相应的显存。反向传播完成后,每个 GPU 都有了自己负责更新参数汇总后的平均梯度。每个 GPU 更新自己负责那部分的参数,并广播给其他 GPU。这就是 ZeRO-2 的运行机制。它在 ZeRO-1 的基础上更进一步,每个 GPU 不保存自己用不到的梯度值。整体通信量没有变化,但显存占用继续减小。

图 4-53 中的 P_{os+g} 就是优化器状态和梯度零冗余模式,即 ZeRO-2,可以看到它在 ZeRO-1 的基础上把梯度部分占用的那 2 字节也移动到了分子上,除以分母的显卡个数。显存占用也进一步减少到了 16.6GB。

最后,DeepSpeed 对整个分布式训练系统里仅剩的冗余进行存储,也就是对模型参数进行存储,存储时也按照 GPU 进行划分,这就是 ZeRO-3,如图 4-55 所示。

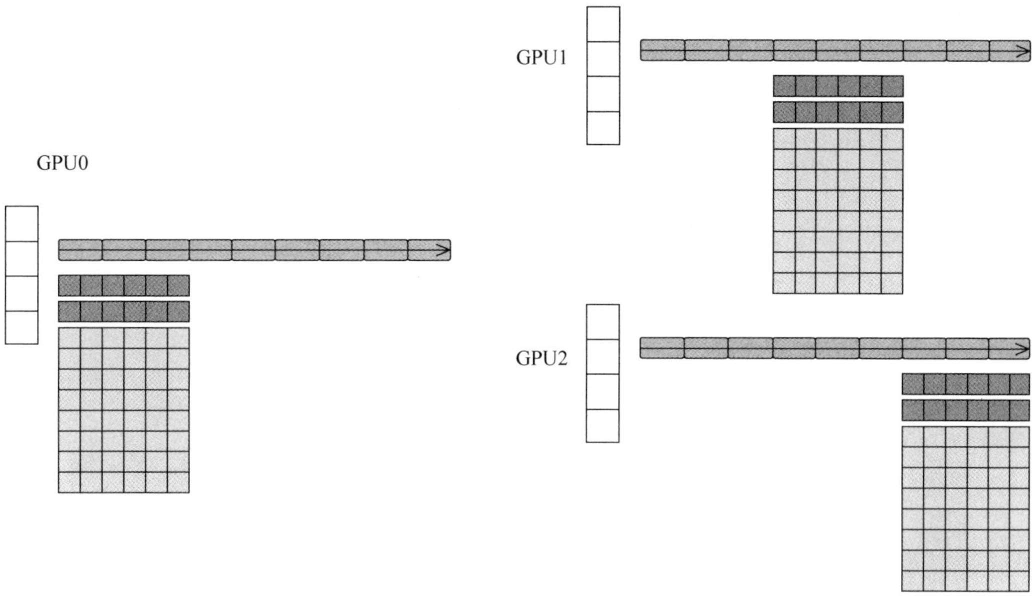

图 4-55 ZeRO-3

在 ZeRO-3 架构下，在进行网络前向传播时，因为每个 GPU 上只有一部分网络参数，所以当遇到自己没有参数的层时该如何处理呢？这时就需要其他 GPU 来进行参数广播了，例如 GPU1 和 GPU2 没有网络第 1 层的参数，这就需要 GPU0 来广播。GPU1 和 GPU2 计算完第 1 层的输出后，立即丢弃第 1 层的参数，释放缓存，其他层与此类似，完成网络的前向传播。在进行后向传播时，计算参数梯度时，仍然需要模型参数，这时就需要再广播一次。同样，所有 GPU 在使用完不是自己负责的模型参数计算完梯度后，立即丢弃该部分模型参数，释放缓存。对于梯度和参数更新的部分和 ZeRO-2 一样。

ZeRO-3 是否会大幅增加 GPU 之间的通信量呢？具体计算如下。首先梯度收集和发送部分的通信量不变，即还是 Ψ。对于 ZeRO-1 和 ZeRO-2 而言，更新完参数后，在下一次前向传播之前需要广播参数。这部分的通信量是 Ψ。ZeRO-3 在此基础上增加了后向传播时的参数广播，所以增加了一个 Ψ，所以 ZeRO-3 总的发送和接收的通信量都为 3Ψ，是标准 DDP 通信量的 1.5 倍。

图 4-53 中的 P_{os+g+p} 表示优化器状态、梯度、参数存储都是零冗余，也就是 ZeRO-3 模式。它把最后的 FP16 参数占用的 2 字节也移动到了分子上，除以分母的 GPU 个数 N。这样，理论上随着集群 GPU 个数的不断增大，每个 GPU 显存占用会不断减小。在图 4-55 的例子中，显存占用已经从原始的 DDP 架构下的 120GB，减少到了 1.9GB。

在一般实际训练大模型时，多采用 ZeRO-2 模式，因为它没有增加 GPU 之间的通信量，却大幅减少了显存的占用。

4.8.3 Accelerate

Accelerate 库是 HuggingFace 提供的分布式训练的库，只需改动很少的代码就可以让 PyTorch 的代码在不同的分布式框架下运行，例如之前讲到的 DDP 和 DeepSpeed 框架。

如果之前没有安装 Accelerate，则安装命令如下：

```
pip install accelerate
```

安装完成后，对 Accelerate 进行配置的命令如下：

```
accelerate config
```

以配置一个单机 4 卡的 DeepSpeed 训练环境为例，配置过程如图 4-56 所示。

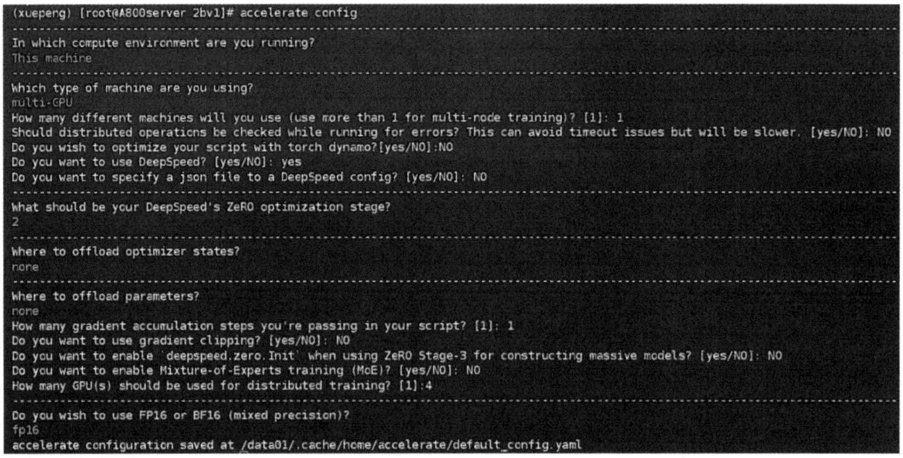

图 4-56 DeepSpeed 配置

配置完成后查看当前的配置信息的命令如下：

```
accelerate env
```

显示结果如下：

```
- `Accelerate` version: 0.31.0
- Platform: Linux-3.10.0-1160.102.1.el7.x86_64-x86_64-with-glibc2.17
- `accelerate` bash location: /root/anaconda3/envs/xuepeng/bin/accelerate
- Python version: 3.8.18
- NumPy version: 1.24.4
- PyTorch version (GPU?): 2.1.2+cu121 (True)
- PyTorch XPU available: False
- PyTorch NPU available: False
- PyTorch MLU available: False
- System RAM: 377.36 GB
- GPU type: NVIDIA A800 80GB PCIe
```

```
- `Accelerate` default config:
        - compute_environment: LOCAL_MACHINE
        - distributed_type: DEEPSPEED
        - mixed_precision: fp16
        - use_cpu: False
        - debug: False
        - num_processes: 4
        - machine_rank: 0
        - num_machines: 1
        - rdzv_backend: static
        - same_network: True
        - main_training_function: main
        - enable_cpu_affinity: False
        - deepspeed_config: {'gradient_accumulation_steps': 1, 'offload_
optimizer_device': 'none', 'offload_param_device': 'none', 'zero3_init_flag':
False, 'zero_stage': 2}
        - downcast_bf16: no
        - tpu_use_cluster: False
        - tpu_use_sudo: False
        - tpu_env: []
```

如果要使用 Accelerate 对模型进行分布式训练，则需要对 PyTorch 代码进行一些修改。原本每个不同的分布式框架都有各自的实现方式，需要对 PyTorch 代码进行不同的修改，对分布式环境进行不同的配置。Accelerate 提供了一个统一的接口，屏蔽了不同分布式框架的不同实现。Accelerate 后台会适配不同的分布式框架，用户只需实现模型训练相关的代码。不必再针对不同的分布式框架修改代码和配置。

假设 model 和 optimizer 对象都已经被正确初始化，对于一个常见的 PyTorch 训练循环伪代码如下：

```
device = "cuda"
model.to(device)

for batch in training_dataloader:
    optimizer.zero_grad()
    inputs, targets = batch
    inputs = inputs.to(device)
    targets = targets.to(device)
    outputs = model(inputs)
    loss = loss_function(outputs, targets)
    loss.backward()
    optimizer.step()
    scheduler.step()
```

Accelerator 对象负责将代码适配到分布式运行环境。它获取 Accelerate 的配置信息，例如分布式训练的框架，以及 GPU 的个数等，并处理好分布式训练的各项细节。

首先创建一个 Accelerator 对象,代码如下:

```
from accelerate import Accelerator

accelerator = Accelerator()
```

由于 Accelerator 知道将 PyTorch 对象移动到哪个设备上,所以可以将原始代码里手动指定的 device 转换为 Accelerator 的 device,代码如下:

```
- device = "cuda"                        #删除手动配置
+ device = accelerator.device            #从 accelerator 获取设备
  model.to(device)
```

其次,需要让 Accelerator 来帮助准备 PyTorch 里的对象,包括模型、优化器、数据加载器、学习率规划器等,代码如下:

```
model, optimizer, training_dataloader, scheduler = accelerator.prepare(
    model, optimizer, training_dataloader, scheduler
)
```

再次,删除对输入和输出的 to(device)操作,因为 Accelerator 的 DataLoader 会自动将数据放到合适的设备上,代码如下:

```
- inputs = inputs.to(device)             #删除这一行
- targets = targets.to(device)           #删除这一行
    outputs = model(inputs)
    loss = loss_function(outputs, targets)
```

最后,将原来的 loss 的 backward()方法改为 Accelerator 的 backward()方法,代码如下:

```
- loss.backward()                         #删除
+ accelerator.backward(loss)              #替换为 Accelerator 的 backward 方法
```

最终完整代码如下:

```
from accelerate import Accelerator
accelerator = Accelerator()

model, optimizer, training_dataloader, scheduler = accelerator.prepare(
    model, optimizer, training_dataloader, scheduler
)

for batch in training_dataloader:
    optimizer.zero_grad()
    inputs, targets = batch
    outputs = model(inputs)
    loss = loss_function(outputs, targets)
```

```
    accelerator.backward(loss)
    optimizer.step()
    scheduler.step()
```

Accelerate 也提供了更加高效的梯度累加实现。

下边的代码展示了一个标准 PyTorch 实现的梯度累加。它累积两步的梯度，代码如下：

```
device = "cuda"
model.to(device)

gradient_accumulation_steps = 2

for index, batch in enumerate(training_dataloader):
    inputs, targets = batch
    inputs = inputs.to(device)
    targets = targets.to(device)
    outputs = model(inputs)
    loss = loss_function(outputs, targets)
    loss = loss / gradient_accumulation_steps
    loss.backward()
    if (index + 1) % gradient_accumulation_steps == 0:
        optimizer.step()
        scheduler.step()
        optimizer.zero_grad()
```

如果使用 Accelerate 的梯度累加，则可以修改代码如下：

```
from accelerate import Accelerator
accelerator = Accelerator(gradient_accumulation_steps=2)
model, optimizer, training_dataloader, scheduler = accelerator.prepare(
    model, optimizer, training_dataloader, scheduler
)
for batch in training_dataloader:
    with accelerator.accumulate(model):
        inputs, targets = batch
        outputs = model(inputs)
        loss = loss_function(outputs, targets)
        accelerator.backward(loss)
        optimizer.step()
        scheduler.step()
        optimizer.zero_grad()
```

当模型训练完成需要保存时，因为之前调用 Accelerate 的 prepare 方法对模型进行了封装，所以保存前需要调用 unwarp_model()方法来还原模型。Accelerator 的 save_model()方法内部会调用 unwarp_model()方法，然后存储模型。

保存或者加载分布式训练完成后的模型状态，代码如下：

```
#保存模型
accelerator.wait_for_everyone()
accelerator.save_model(model, save_directory)
#加载模型
unwrapped_model = accelerator.unwrap_model(model)
path_to_checkpoint = os.path.join(save_directory,"pytorch_model.bin")
unwrapped_model.load_state_dict(torch.load(path_to_checkpoint))
```

如果模型是来自 Transformers 库里的模型，想要通过 save_pretrained()存储模型，利用 from_pretrained()来加载模型，则在保存前需要调用 unwrap_model()方法，代码如下：

```
from transformers import AutoModel

#存储
unwrapped_model = accelerator.unwrap_model(model)
unwrapped_model.save_pretrained(
    "path/to/my_model_directory",
    is_main_process=accelerator.is_main_process,
    save_function=accelerator.save,
)

#加载
model = AutoModel.from_pretrained("path/to/my_model_directory")
```

在使用分布式训练系统时，管理各个 GPU 上的进程非常重要，总有一些进程完成得比其他进程快，而有些进程只能在其他进程完成后才可以执行。Accelerate 提供了用于协助进程间同步的功能。

有的代码只需在每个机器上运行一次，例如打印 log 信息，或者显示训练进度的进度条信息。可以通过 accelerator.is_local_main_process()来判断当前进程是否为所在机器上的主进程，代码如下：

```
from tqdm.auto import tqdm

progress_bar = tqdm(range(args.max_train_steps), disable=not accelerator.is_
local_main_process)

if accelerator.is_local_main_process:
    print("开始训练……")
```

有的代码需要在所有进程中只运行一次，而不是每个机器运行一次，例如保存模型，或者把模型推送到 HuggingFace 的 Hub 上。可以通过调用 accelerator.is_main_process()来判断是否该执行这段代码，代码如下：

```
if accelerator.is_main_process:
    repo.push_to_hub()
```

也可以通过 on_process 方法来指定一种方法只在某个进程 index 下执行，代码如下：

```
@accelerator.on_process(process_index=0)
def do_my_thing():
    "Something done on process index 0"
    do_thing_on_index_zero()
```

通过 on_local_process 方法可以指定只在每个机器上指定的进程 index 下执行的方法，代码如下：

```
@accelerator.on_local_process(local_process_idx=0)
def do_my_thing():
    "Something done on process index 0 on each server"
    do_thing_on_index_zero_on_each_server()
```

当代码同时进程运行在多个 GPU 上时，有的进程会比其他的进程运行得快。有时需要等待所有的进程都运行到一个特定的点，然后执行接下来的代码，例如在存储模型之前，需要确定所有的训练进程都已经完成。

可以通过调用 wait_for_everyone()来实现这一点。这种方法会阻塞所有先完成的进程，直到所有的进程都执行到该方法所处的位置，然后才会继续执行，代码如下：

```
accelerator.wait_for_everyone()
```

当实现完代码后，还需要一些修改来利用 Accelerate 分布式地运行代码。此时需要先把训练代码放入一种方法中，然后把这种方法作为训练脚本的主方法，代码如下：

```
from accelerate import Accelerator

+ def main():                          #定义一种方法
      accelerator = Accelerator()

      model, optimizer, training_dataloader, scheduler = accelerator.prepare(
          model, optimizer, training_dataloader, scheduler
      )

      for batch in training_dataloader:
          optimizer.zero_grad()
          inputs, targets = batch
          outputs = model(inputs)
          loss = loss_function(outputs, targets)
          accelerator.backward(loss)
          optimizer.step()
          scheduler.step()
```

```
+ if __name__ == "__main__": #增加主方法调用
+     main()
```

通过上边对运行脚本的修改后，就可以通过 Accelerate 命令来分布式地运行训练脚本了，命令如下：

```
accelerate launch {script_name.py} --arg1 --arg2 ...
```

4.9 参数高效微调

大模型在大量通用语料上进行预训练，它有着优秀的文本理解、任务规划、内容生成等通用能力，但是在一些行业特定任务上，如果想取得更优的效果，则需要进行微调。训练一个大模型的硬件成本是一般企业无法承受的。那么有没有一种技术可以在消费级硬件上完成对大模型的微调？参数高效微调(Parameter-Efficient Fine-Tuning，PEFT)技术就是一种避免对大模型所有的参数进行微调的技术，通过减少训练的参数量来提高模型训练的效率。

4.9.1 提示词微调

同一个任务，给大模型不同的提示词，大模型的表现会不一致。经过精心设置的提示词会让大模型输出更好的结果，以至于出现了提示词工程师这个新的职业。无论如何设计提示词，它都是由一系列离散的 token 构成的，这些 token 通过向量嵌入后进入大模型。提示词微调(Prompt Tuning)的动机是通过训练找到最佳的提示词，而且提示词不必由具体的离散 token 构成，只需学习到提示词对应的浮点类型的嵌入向量就可以了。可以认为最终学习到的这个提示词是由一组最优的虚拟 token 构成的。

在训练过程中，冻结大模型的参数，只对可学习的提示词的嵌入向量进行训练。这样，大大地减少了微调过程中的参数量，达到了参数高效微调的目的。

假设有大量的中英文对照的文本，想通过微调大模型来提升大模型翻译的能力。之前用户可以通过尝试不同的提示词来让模型达到最好的输出，不同的提示词如下：

```
请把下边这句话翻译为英文：我喜欢人工智能技术。
你把下边这句话翻译为专业流畅的英文：我喜欢人工智能技术。
你是一个精通中英文的翻译家，请把下边这句话翻译为流畅的英文：我喜欢人工智能技术。
```

而在进行提示词微调时，只需输入要翻译的中文，前边的提示词嵌入向量可以让模型通过训练来找出最优的参数，如图 4-57 所示。

对于可学习的提示词嵌入向量可以随机初始化，但通常会用一个人为构造的提示词对应的嵌入向量来初始化，这样可以加快模型的训练速度。

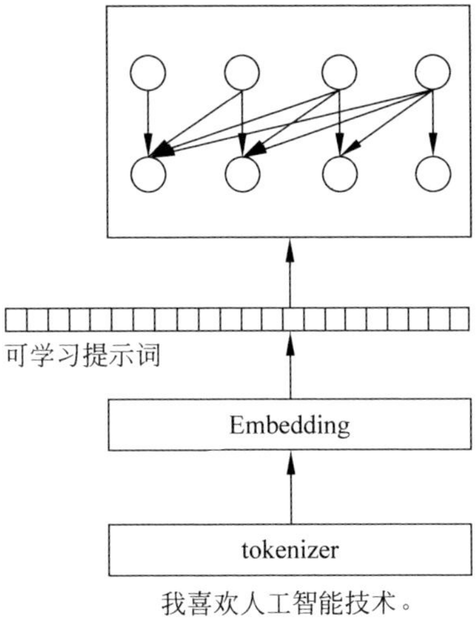

图 4-57 提示词微调

下边是通过 HuggingFace PEFT 包生成的一个可训练的 PEFT 模型，代码如下：

```
//Chapter4/prompt_tuning.py
from transformers import AutoModelForCausalLM, AutoTokenizer, BitsAndBytesConfig
from peft import get_peft_model, PromptTuningInit, PromptTuningConfig, TaskType
import torch

model_path = r'Your-Path-to-Yi-1.5-6B-Chat'
tokenizer = AutoTokenizer.from_pretrained(model_path)
peft_config = PromptTuningConfig(
    task_type=TaskType.CAUSAL_LM,
    prompt_tuning_init=PromptTuningInit.TEXT,
    num_virtual_tokens=9,
    prompt_tuning_init_text="请把下边这句话翻译为中文:",
    tokenizer_name_or_path=model_path,
)

#4 位 加载
bnb_config = BitsAndBytesConfig(
    load_in_4bit=True,
    bnb_4bit_use_double_quant=True,
    bnb_4bit_quant_type="nf4",
    bnb_4bit_compute_dtype=torch.bfloat16
)

model = AutoModelForCausalLM.from_pretrained(
    model_path,
    device_map="auto",
    torch_dtype='auto',
    quantization_config=bnb_config
```

```
).eval()
model = get_peft_model(model, peft_config)
print(model.print_trainable_parameters())
```

输出如下：

```
trainable params: 36,864 || all params: 6,061,072,384 || trainable%: 0.0006
```

可以看到可训练的参数为 36 864，也就是配置的 9 个虚拟 token 的 Embedding，每个虚拟 token 的 Embedding 有 4096 个参数。

4.9.2 LoRA

5min

LoRA(Low-Rank Adaptation)是一种通过把一个大的矩阵分解成两个低秩矩阵的乘法来减少可训练参数的方法。

神经网络里最主要的计算就是矩阵运算，而在大模型里的矩阵计算，维度都是成千上万的。一个简单的神经网络中的矩阵计算，输入乘以用矩阵表示的网络参数，便可得到矩阵的输出，继续前向传播。在进行后向传播时，用网络参数对应的梯度来更新网络参数，如图 4-58 所示。

$$\underbrace{\begin{bmatrix}1 & 1 & 1\end{bmatrix}}_{\text{输入}} \times \underbrace{\begin{bmatrix}1 & 2 & 3\\ 4 & 2 & 1\\ 2 & 2 & 3\end{bmatrix}}_{\text{网络参数}} = \underbrace{\begin{bmatrix}7 & 6 & 7\end{bmatrix}}_{\text{输出}}$$

图 4-58　神经网络中的矩阵计算

LoRA 的做法是冻结网络参数使其不参与训练，在进行前向传播时把这个矩阵乘法转换为两个并行的路径，一个是原来的矩阵乘法的路径，另一个是由 LoraA 和 LoraB 矩阵乘法构成的路径。最终将原始矩阵乘法的结果和 LoRA 路径的结果相加，作为这个矩阵乘法的输出，如图 4-59 所示。在进行反向传播时，只更新 LoraA 和 LoraB 矩阵的参数。这样既可以做到对网络进行微调，同时又减少了可训练参数。

假设大模型里有一个矩阵乘法，矩阵是 4096 乘以 4096，那么如果对这个矩阵进行微调，一共需要微调 16 777 216 个参数，但是如果通过 LoRA 的方法，LoraA 和 LoraB 的矩阵维度分别为 4096 乘以 4 和 4 乘以 4096，则需要微调的参数就降低到了 32 768，只为原来的 1/512。

在 LoRA 配置中，有两个参数很重要，一个是控制 LoRA 矩阵维度的 r，另一个是更新权重 alpha。

假设原始权重矩阵的维度为 M 乘以 N，则 LoraA 的维度为 M 乘以 r，LoraB 的维度为 r 乘以 N。这样不论 r 设置为多少都可以保证 LoraA 乘以 LoraB 的结果维度为 M 乘以 N。

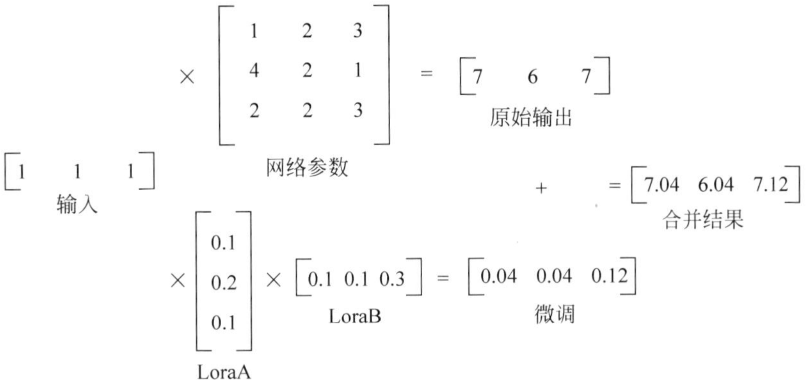

图 4-59　LoRA 原理

假设输入和原始权重的输出为 $\boldsymbol{X}$，input 和 LoRA 矩阵的输出为 $\Delta\boldsymbol{X}$，α 是由用户设置的参数，则在实际前向传播中最终的输出如式(4-14)所示。

$$\boldsymbol{X}+\frac{\alpha}{r}\Delta\boldsymbol{X} \tag{4-14}$$

定义 LoRA 模型的代码如下：

```
//Chapter4/lora.py
from transformers import AutoModelForCausalLM, AutoTokenizer, BitsAndBytesConfig
from peft import get_peft_model, TaskType, LoraConfig
import torch

model_path = r'Your-Path-to-Yi-1.5-6B-Chat'
tokenizer = AutoTokenizer.from_pretrained(model_path)
peft_config = LoraConfig(
        r=8,
        target_modules=["q_proj",
                        "v_proj",
                        "k_proj",
                        "o_proj",
                        "gate_proj",
                        "down_proj",
                        "up_proj"
                        ],
        task_type=TaskType.CAUSAL_LM,
        lora_alpha=16,
        lora_dropout=0.05
    )

#4 位 加载
bnb_config = BitsAndBytesConfig(
    load_in_4bit=True,
    bnb_4bit_use_double_quant=True,
    bnb_4bit_quant_type="nf4",
```

```
    bnb_4bit_compute_dtype=torch.bfloat16
)

model = AutoModelForCausalLM.from_pretrained(
    model_path,
    device_map="auto",
    torch_dtype='auto',
    quantization_config=bnb_config
).eval()
model = get_peft_model(model, peft_config)
model.print_trainable_parameters()
```

打印 LoRA 模型参数信息的输出如下：

```
trainable params: 18,153,472 || all params: 6,079,188,992 || trainable%: 0.2986
```

在训练完成后，可以将 LoRA 矩阵合并回原始的参数矩阵里，如图 4-60 所示。

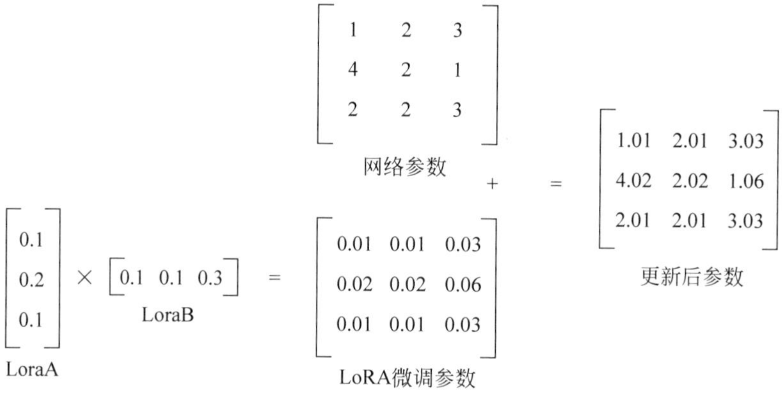

图 4-60 LoRA 参数合并

对 LoRA 微调的模型进行参数合并，并对合并后的模型进行保存，代码如下：

```
new_model = model.merge_and_unload()
new_model.save_pretrained("output_dir")
tokenizer.save_pretrained("output_dir")
```

4.10 vLLM

12min

vLLM 可以大大地加速大模型的推理速度，它可以比直接调用 HuggingFace 里大模型的 generate()方法快 24 倍。

4.10.1 KV Cache

首先再来回顾一下大模型生成 token 的过程，例如将“中国的历史”输入大模型，输入会被分为 3 个 token："中国""的""历史"，转换为 token id，然后输入大模型，得到下一个 token："非常"。接着将"非常"拼接到输入，用"中国的历史非常"来预测下一个 token，得到"悠久"这个 token，如图 4-61 所示。

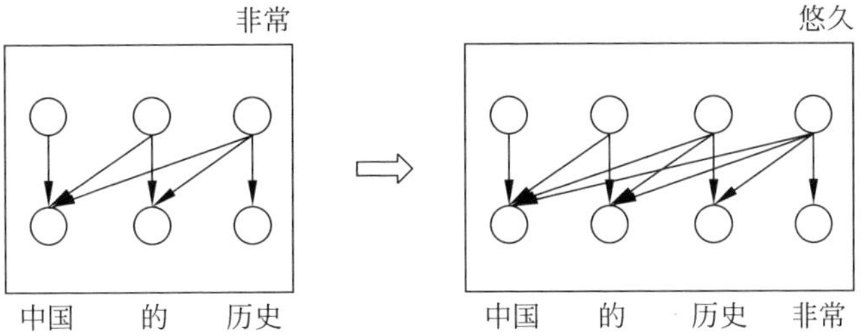

图 4-61　大模型生成过程

接着回顾一下 Transformer 架构里的自注意力机制。输入"中国的历史"中的这 3 个 token。每个 token 都只能和它前面的 token 进行注意力计算。第 1 个 token 只能和自身进行注意力计算，输出自身的 $\boldsymbol{v}$ 向量。第 2 个 token 用自己的 $\boldsymbol{q}$ 向量分别匹配第 1 个 token 的 $\boldsymbol{k}$ 向量和自身的 $\boldsymbol{k}$ 向量，经过 softmax()，得到注意力权重，然后对第 1 个 token 的 $\boldsymbol{v}$ 向量和自身的 $\boldsymbol{v}$ 向量进行加权求和，得到当前层自注意力后的结果。可以看到每个 token 在计算自注意力时都会用到自身前边 token 的 $\boldsymbol{k}$ 和 $\boldsymbol{v}$ 向量，而不会受自身后边 token 的影响，如图 4-62 所示。

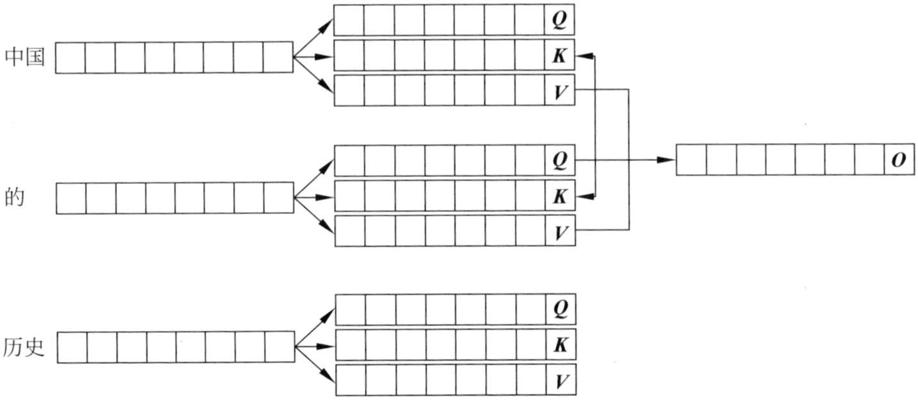

图 4-62　第 2 个 token 的自注意力计算

输入的 prompt 里的所有 token，在经过第 1 次推理时，就可以计算出每个 token 在各层的 $\boldsymbol{k}$ 和 $\boldsymbol{v}$ 向量，并得到下一个 token："非常"。

然后把"非常"这个新生成的 token 拼接到原来的输入 token 的最后边，进行大模型的第 2 次生成。因为 prompt 里的 token 的 $\boldsymbol{k}$ 和 $\boldsymbol{v}$ 向量在大模型第 1 次生成时已经计算过，并且它们的值不受新的 token 的影响，所以再次计算就没有必要了。HuggingFace 框架里大模型的 generate 方法会默认保留前面生成 token 的 $\boldsymbol{k}$ 和 $\boldsymbol{v}$ 向量。注意，因为后续 token 的自注意计算并不会用到前边 token 的 $\boldsymbol{q}$ 向量，所以只需保留已经计算的 $\boldsymbol{k}$ 和 $\boldsymbol{v}$ 向量，而且在大模型第2次生成后,“非常”这个 token 的 $\boldsymbol{k}$ 和 $\boldsymbol{v}$ 向量也会被保存,这就是 KV Cache,如图4-63所示。

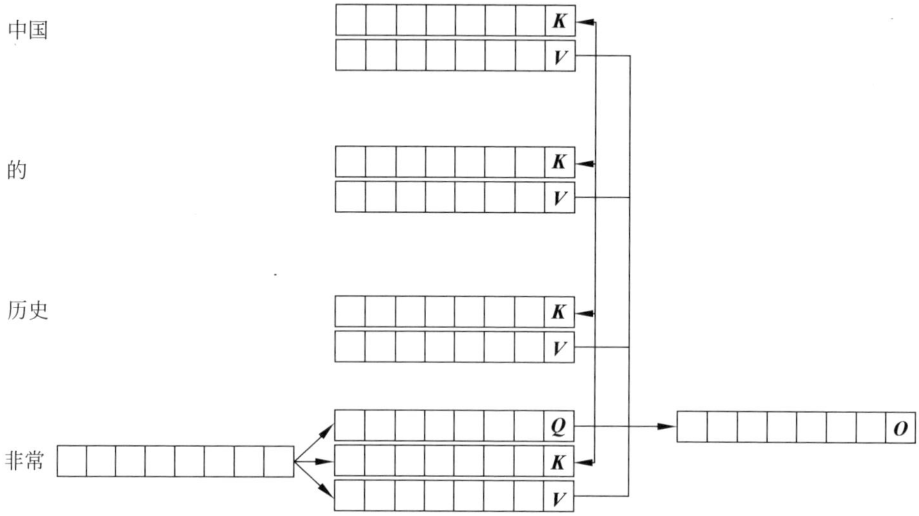

图4-63 大模型第2次生成

KV Cache的存在使与大型语言模型的对话过程不会因为大模型的持续输出而变慢。因为每次模型只需计算当前的 token,而之前的 token 的 $\boldsymbol{k}$、$\boldsymbol{v}$ 向量都已经被缓存了。

4.10.2 Page Attention

KV Cache固然可以加速模型的推理性能,但是原始 KV Cache的分配策略却很低效。在40GB显存的A100上部署一个13B的大模型,其中参数占据26GB的显存,KV Cache占据大约12GB的显存,如图4-64所示。

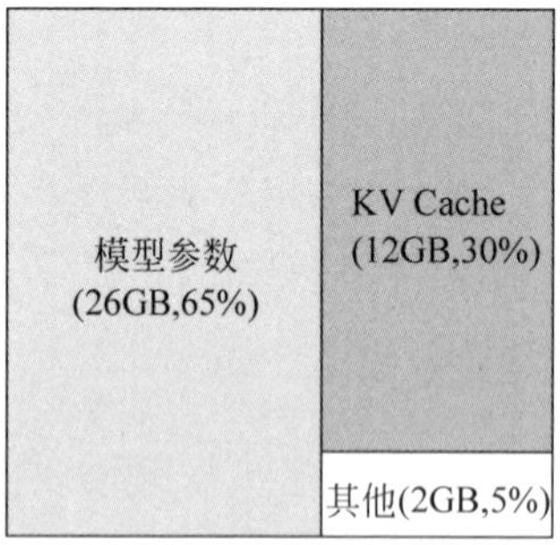

图4-64 13B大模型 A100-40GB

实验发现在KV Cache占据的这部分显存里,实际显存利用率只有20%~40%。这是为什么呢? 显存的浪费主要有3种因素:

(1) 在生成过程中,因为无法预知最终要生成多少个 token,所以总是按照生成参数中设置的最大 token 数的 KV Cache占用进行预分配,例如,将最大 token 数设置为1000,但模型可能只生成100个 token 就结束了,这样预分配的剩余900个 token 的 KV Cache就被浪费了。

(2) 假设一个样本确实需要输出1000个 token,但在刚开始输出第1个 token 时,剩下的 token 还没有用到,显存却已经被预分配了。这时,其他新的请求无法得到响应,而这些新的请求可能只需生成10个 token 就能完成。实际上,这些请求本可以与正在输出的样本并行处理。

(3) 显存碎片化问题,即使最大生成长度相同,由于不同请求的提示词长度不同,所以每次预分配的 KV Cache 大小也不同。当一个请求完成并释放缓存后,下一个请求的提示词长度如果大于刚被释放请求的提示词的长度,就无法嵌入刚被释放的这些缓存,从而形成显存碎片。

vLLM 解决了这种 KV Cache 的浪费问题,可以用更大的批次大小来处理生成请求,从而提高了系统的吞吐量。在原始的系统里请求的批次大小为 8,通过 vLLM 优化,批次大小可以增大到 40。原来系统每秒可以输出 300 个 token,通过 vLLM 优化后,可以输出 900 个 token,如图 4-65 所示。

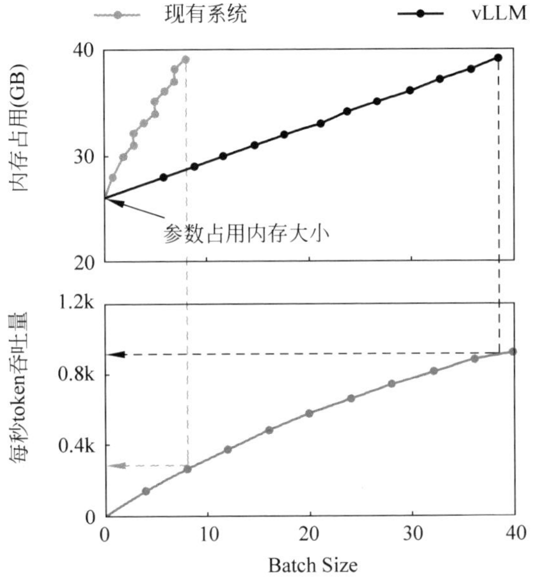

图 4-65 vLLM 与现有系统性能比较

vLLM 究竟做了什么优化,从而对性能有如此大的提升呢?答案就是通过 Page Attention 技术。实际上 KV Cache 遇到的显存利用低效的问题,之前操作系统也遇到过,例如操作系统是否该给每个进程预分配内存呢?每个进程结束后怎么释放内存呢?怎么解决内存碎片问题呢?操作系统已经很好地解决了这些问题,那就是通过虚拟内存和页管理技术。

在操作系统里,物理内存被划分为页,每页的大小为 4KB。进程申请和释放内存时,操作系统按页来进行分配和释放。物理内存按页来进行管理,在分配内存时,页不保证是连续的。为了减轻开发人员访问不连续页的负担,操作系统引入了虚拟内存的概念。进程分配和访问内存都在虚拟内存空间完成,感觉都是连续的内存。实际背后有操作系统维护一个页表,以此来把虚拟内存空间的页映射到实际的物理内存的页。

Page Attention 正是把操作系统里这套成熟的方案应用到 KV Cache 上。Page Attention 把显存划分为 KV 块。KV Cache 的显存空间按照 KV 块来管理分配。每个大模型请求的 KV Cache 空间会被划分到实际显存上不同的 KV 块里。

假设每个 KV 块里可以存 4 个 token 的 KV 向量，对于“中国的历史非常悠久”中的这 5 个 token，就对应到两个 KV 块里。这两个 KV 块在显卡的显存里可以是不连续的，如图 4-66 所示。

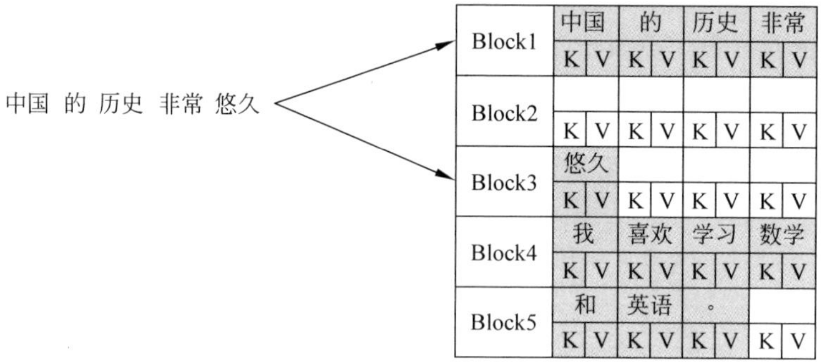

图 4-66 物理 KV Block

随着大模型不断地生成新的 token，新的 token 的 KV Cache 会继续填充已分配的 KV 块，直到这个 KV 块被填满，vLLM 才会寻找一个空的 KV 块分配给这个生成序列，如图 4-67 所示。

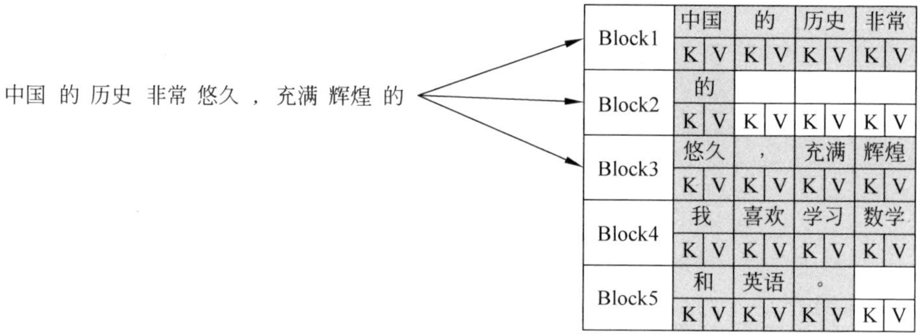

图 4-67 vLLM 分配新的 block

可以看到 vLLM 克服了原来预分配显存的问题，只在需要时分配新的 KV 块，并且按块进行分配，大大地缓解了显存碎片的问题。因为每个块按 4 个 token 的 KV Cache 进行分配，一个生成序列最多只会产生 3 个 token 的 KV Cache 占用显存的碎片。

vLLM 也把类似虚拟内存的技术引入 KV 块的访问上。每个生成序列都有自己的逻辑 KV Cache，在逻辑 KV Cache 里，生成序列 token 的 KV Cache 是连续的，但实际在显卡显存里并不保证是连续的。从逻辑 KV Cache 里的 KV 块到物理显存里的 KV 块的映射关系被保存在每个生成序列的映射表里，由 vLLM 进行维护，如图 4-68 所示。

Page Attention 按 KV 块来分配显存，大大地减少了显存碎片的大小，而且 KV 块的分配是按需进行分配的，不会提前预分配大量显存，并且通过虚拟显存技术，方便了每个生成

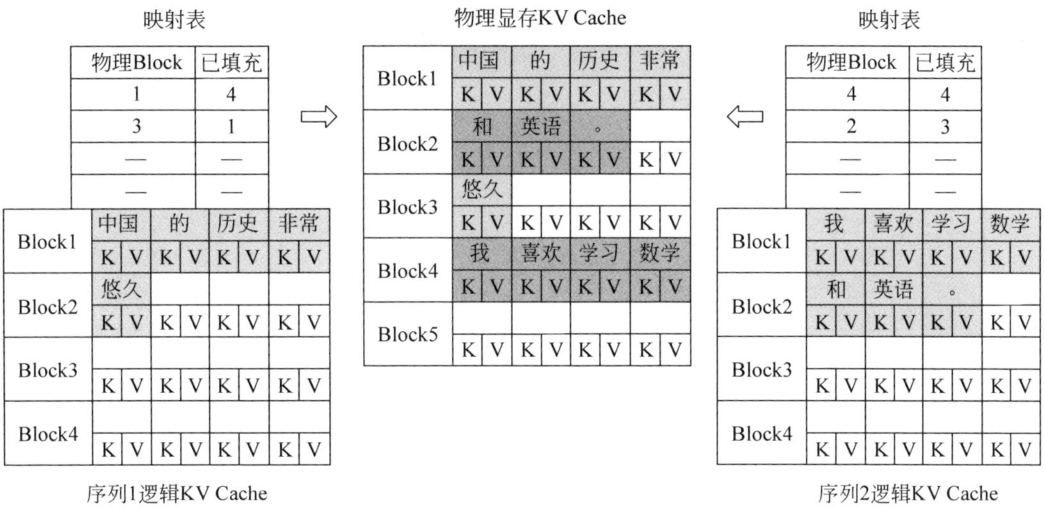

图 4-68　KV Block 映射

序列对 KV Cache 进行调用。最终将 KV Cache 的利用率从原来的 20%～40%大幅提升到了 96%。

4.10.3　块共享

vLLM 对原始大模型的生成进行的第 2 个大的改进是对 KV 块进行共享。当用户在进行大模型生成时,有时会想用一个提示词生成多个不同的输出。

例如,想让大模型对一句中文生成两个不同的英文翻译。在 vLLM 的 sampling 参数里,可以通过将 n 设置为 2 来实现。此时,同一个提示词会产生两个不同的序列,它们的提示词是相同的,即都是"请把下边这句话翻译为英文:色即是空"。虽然要生成两个序列,但这时在显卡的显存里只会存放一份提示词里 token 的 KV 块。它们被两个不同生成序列的逻辑 KV Cache 引用着。在物理显存里,每个提示词 token 对应的块都标记自己现在被两个生成序列引用着。只有当引用计数为 0 时,这个块占用的显存才会被释放,如图 4-69 所示。

接着第 1 个序列开始生成,它生成的第 1 个 token 是 Color,这时会触发 Copy-on-Write 机制,也就是它发现它要写入的块有两个引用,也就是有多个序列共用,它不能直接修改,需要复制一份进行写入,所以 vLLM 此时会分配一个新的 KV 块,并复制原来块里的 KV Cache,然后将原来 KV 块的引用数减一,将新的 KV 块的引用数设置为 1。接着第 1 个生成序列在新的 KV 块里写入 Color 这个 token 的 KV Cache。当第 2 个序列生成自己的下一个 token(Matter)时,它发现它引用的 KV 块的引用计数为 1,可以直接写入。接着两个序列就分开各自生成自己的 token 了,如图 4-70 所示。

KV 块的共享还发生在 Beam Search 时,例如下边这样一个 Beam Search,将 Beam

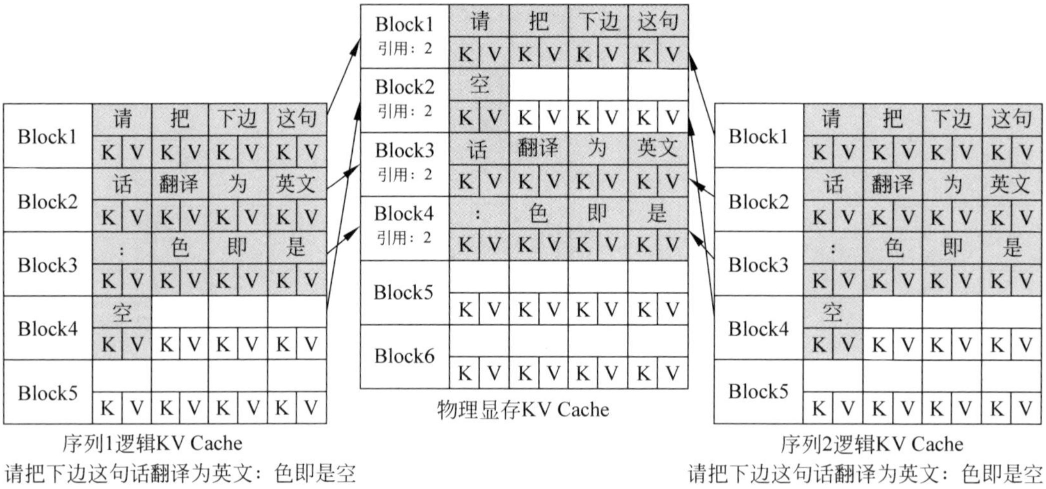

图 4-69　块共享

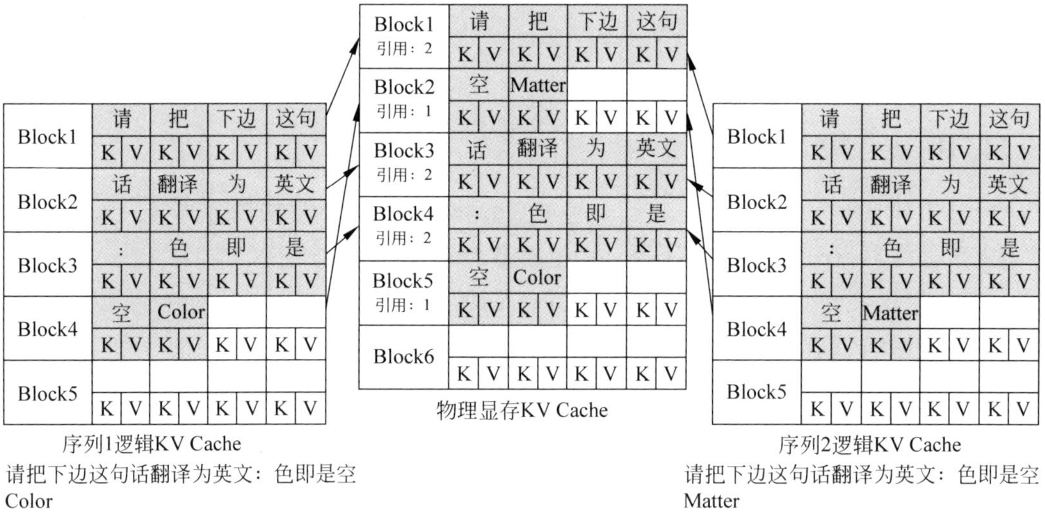

图 4-70　Copy on Write

Num 设置为 3。“中国的历史”中的这几个 token 的 KV Cache 被 3 个 Beam 共享引用着。“非常悠久”中的这几个 token 的 KV Cache 被 2 个 Beam 共享引用着，如图 4-71 所示。

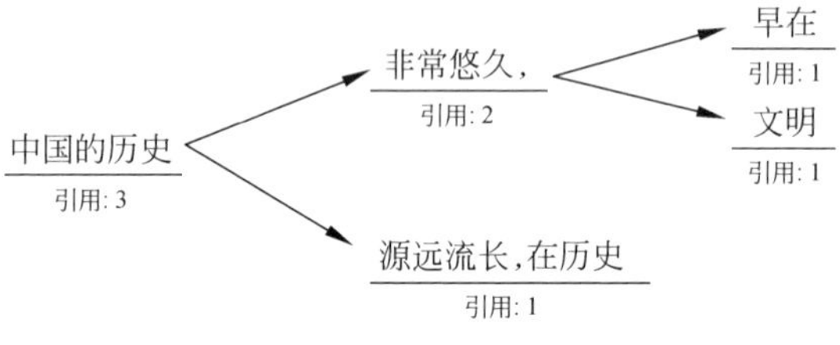

图 4-71　Beam Search 中的块共享

4.10.4 代码示例

vLLM 使用起来非常简便。首先将多个提示词放入一个列表内，然后设置 Sampling 的参数。接着定义大模型，传入提示词列表和采样参数就可以调用大模型的生成方法了。值得注意的是在 vLLM 中，不用关注批次大小，vLLM 内部会处理好批次大小，代码如下：

```
//Chapter4/vllm_demo.py
from vllm import LLM, SamplingParams
prompts = [
    "Hello, my name is",
    "The president of the United States is",
    "The capital of France is",
    "The future of AI is",
]
sampling_params = SamplingParams(temperature=0.8, top_p=0.95, max_tokens=10)
llm = LLM(model="/mnt/d/work/models/Yi-1.5-6B-Chat")
outputs = llm.generate(prompts, sampling_params)

#打印输出
for output in outputs:
    prompt = output.prompt
    generated_text = output.outputs[0].text
    print(f"Prompt: {prompt!r}, Generated text: {generated_text!r}")
```

4.11 FlashAttention

17min

当前在训练大模型时默认会采用 FlashAttention 技术，FlashAttention 的论文题目为 *Fast and Memory-Efficient Exact Attention with IO-Awareness*。从论文题目中可以看出 FlashAttention 技术主要有两大优点：第 1 个是 Fast，它可以大大地加快模型训练的速度，第 2 个是 Memory-Efficient，它可以在模型训练时节省对显存的占用。同时它还是一个 Exact Attention 的算法，意味着 FlashAttention 计算结果和标准的 Attention 计算结果是完全一致的。这一切都得益于用 IO-Awareness 来实现，意味着它是通过对 I/O 感知的程序设计来实现的，通过改进整个算法的 I/O 效率来提升算法的整体效率。

在 Transformer 架构中，Attention 机制的简化计算过程具体如下。

(1) 输入处理：将输入的 token 转换为向量表示。

(2) 生成矩阵：生成查询(Query,$\boldsymbol{Q}$)、键(Key,$\boldsymbol{K}$)和值(Value,$\boldsymbol{V}$)矩阵。

(3) 计算注意力分数：通过 $\boldsymbol{Q}$ 矩阵与 $\boldsymbol{K}$ 矩阵的转置相乘，得到注意力分数矩阵 $\boldsymbol{S}$。

(4) 归一化注意力分数：对 $\boldsymbol{S}$ 矩阵按行进行 softmax()操作，得到注意力矩阵 $\boldsymbol{P}$。

(5) 计算注意力输出：使用注意力矩阵 $\boldsymbol{P}$ 与 $\boldsymbol{V}$ 矩阵相乘，得到注意力输出 $\boldsymbol{O}$。

在上述过程中，为了便于讲解，进行了简化处理：未对 $\boldsymbol{S}$ 矩阵进行缩放，未考虑多头注意力机制,也未应用 dropout()机制，如图 4-72 所示。

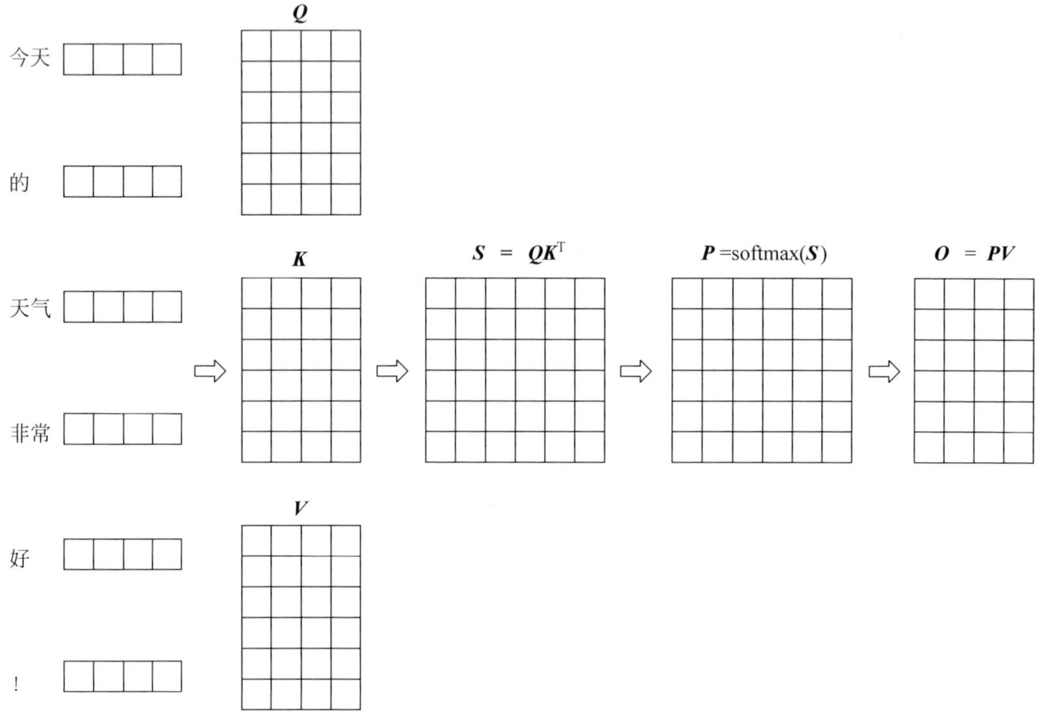

图 4-72　简化 Attention 计算流程

在考虑 GPU 的 I/O 的情况下,具体过程如下。

(1) 矩阵存储：首先,矩阵 $\boldsymbol{Q}$、$\boldsymbol{K}$、$\boldsymbol{V}$ 存储在高带宽存储器(HBM)中,它们的形状均为 $N\times d$,其中 N 表示序列长度,d 表示特征维度。

(2) 加载矩阵：将 $\boldsymbol{Q}$ 和 $\boldsymbol{K}$ 矩阵从 HBM 加载到片上存储器(SRAM)。

(3) 计算注意力分数：计算注意力分数矩阵 $\boldsymbol{S}$,$\boldsymbol{S}=\boldsymbol{QK}^{\mathrm{T}}$。

(4) 写入分数矩阵：将 $\boldsymbol{S}$ 矩阵写回 HBM。

(5) 加载分数矩阵：将 $\boldsymbol{S}$ 矩阵从 HBM 加载回 SRAM。

(6) 计算注意力矩阵：对 $\boldsymbol{S}$ 矩阵进行 softmax()操作,得到注意力矩阵 $\boldsymbol{P}$,$\boldsymbol{P}=\mathrm{softmax}(\boldsymbol{S})$。

(7) 写入注意力矩阵：将 $\boldsymbol{P}$ 矩阵写回 HBM。

(8) 加载矩阵：将 $\boldsymbol{P}$ 和 $\boldsymbol{V}$ 矩阵从 HBM 加载回 SRAM。

(9) 计算注意力输出：计算注意力输出矩阵 $\boldsymbol{O}$,$\boldsymbol{O}=\boldsymbol{PV}$。

(10) 写入输出矩阵：将 $\boldsymbol{O}$ 矩阵写回 HBM。

(11) 返回输出矩阵：返回计算得到的注意力输出矩阵 $\boldsymbol{O}$。

通过上述过程可以看到,在计算过程中有很多临时变量的读写,例如 $\boldsymbol{S}$ 和 $\boldsymbol{P}$ 矩阵,它们的大小是随着序列长度的平方增长的,例如 Llama3-8B,支持序列长度为 8192,每个头的维度为 128。计算过程中的 $\boldsymbol{S}$,$\boldsymbol{P}$ 占用的显存会非常大。

在模型的训练过程中，训练速度受到以下两种情况的制约。

计算受限(Compute-Bound)：训练速度的瓶颈在于计算资源，例如，大规模矩阵乘法及多通道卷积操作，这些操作数据量相对较少，但计算复杂度高，因而对计算性能有很高的要求。

内存受限(Memory-Bound)：训练速度的瓶颈在于对HBM的数据读取速度。当从HBM读取数据的速度无法跟上计算速度时，计算单元需要等待数据加载，从而导致算力被闲置。

导致内存受限的主要的操作如下。

(1) 按位操作：如relu()和dropout()。这类操作需要处理大量数据，但计算相对简单。

(2) 规约操作：如sum()和softmax()。这些操作同样涉及大量数据，但计算复杂度较低。

通过识别并优化这两种类型的瓶颈，可以更有效地提升模型训练的整体效率。

以GPT-2里的注意力计算为例，可以发现其操作主要属于内存受限类型。在这种情况下，矩阵乘法等计算受限操作占用的时间很少，而内存受限计算操作则占据了大量时间，如图4-73所示。

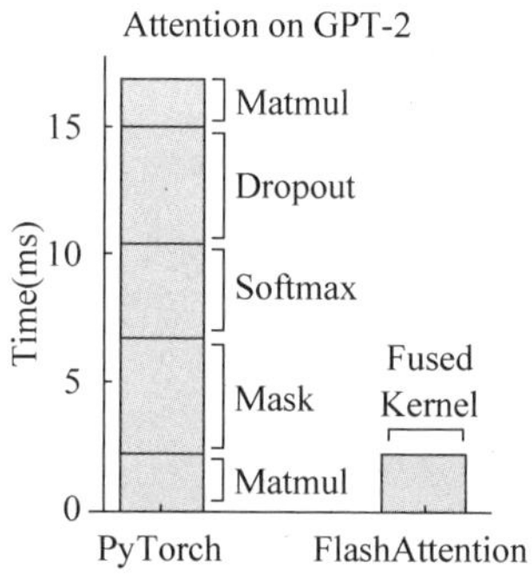

图4-73　GPT-2 Attention操作时间消耗

针对内存受限的优化，主要通过融合多个操作来实现，这种方法也称为操作融合(Fusion)。通过操作融合，可以减少多个操作之间的数据存取时间，从而提高效率。具体来讲，多个操作合并后只需一次存取HBM，从而显著地减少了内存访问开销。

然而，操作融合带来了一个挑战：在反向传播过程中，通常需要用到中间结果来计算梯度。为了节省HBM访问时间，选择不保存这些中间结果，而是在反向传播时重新计算。这种方法在增加了一定冗余计算的情况下，换取了I/O访问效率的提升，从整体上优化了模型训练的速度。

显卡中的存储体系是分级设计的，包括芯片内缓存SRAM和芯片外的高带宽显存HBM。芯片内缓存容量较小，但访问速度极快；相比之下，芯片外的HBM显存容量较大，但访问速度较慢，如图4-74所示，因此为了优化I/O速度，应尽量使计算访问芯片内缓存，并尽量减少对芯片外HBM显存的访问。

在优化Attention机制的尝试中，很多方法侧重于减少计算量，然而，FlashAttention的改进主要集中在减少I/O访问量及通过利用芯片内缓存加快I/O速度，因此FlashAttention的核心目标是尽量避免Attention操作从HBM进行读写，其具体实现策略主要包括以下两点。

(1) 矩阵分块与操作融合：通过对矩阵进行分块，并融合Attention机制内的所有操作来避免将中间结果缓存到HBM中，从而提高速度。

(2) 反向传播中重新计算中间结果：为了解决不缓存中间结果带来的梯度计算问题，在反向传播过程中重新计算中间结果。

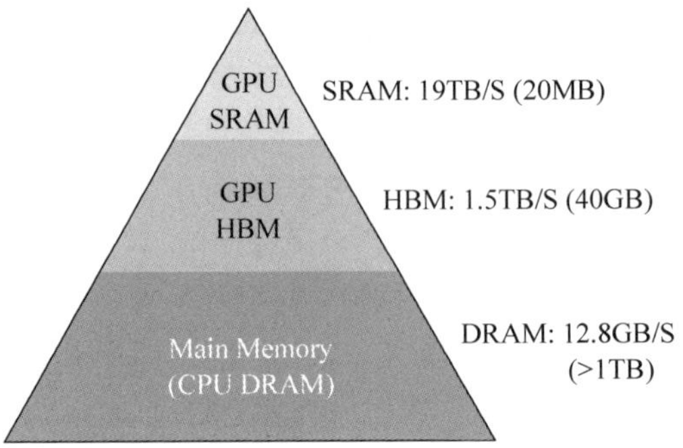

图 4-74 GPU 访问存储分级

通过这两项改进，FlashAttention 实现了 2～4 倍的训练速度提升，同时将训练时显存占用从随序列长度的平方增长降低为线性增长。这样一来，随着序列长度的增加，显存的节省效果越来越明显，例如当序列长度为 4096 时，相较于 PyTorch 的原始注意力实现，它只占用原来$\frac{1}{20}$的显存。

接下来详细分析，如何通过对矩阵进行分块和融合来减少对 HBM 的访问。针对图 4-73，暂时跳过 softmax()操作，因为 softmax()比较特殊，需要特殊处理才可以进行分块计算，后边会详细讨论。这里的分析先认为注意力计算的结果 $\boldsymbol{O}$ 等于 $\boldsymbol{S}$ 乘以 $\boldsymbol{V}$。

计算开始时，从 HBM 里读取 $\boldsymbol{K}$、$\boldsymbol{V}$、$\boldsymbol{Q}$ 的分块，具体来讲是 $\boldsymbol{K}$ 转置矩阵的前 3 列，$\boldsymbol{V}$ 矩阵的前 3 行，$\boldsymbol{Q}$ 矩阵的前两行。将分块矩阵传入 SRAM，进行计算，首先是 $\boldsymbol{Q}$ 分块矩阵乘以 $\boldsymbol{K}$ 转置的分块矩阵，得到中间结果 $\boldsymbol{S}$ 矩阵。此时不会将 $\boldsymbol{S}$ 矩阵存入 HBM 中，而是直接和 $\boldsymbol{V}$ 的分块矩阵进行计算。这里得到的结果并不是输出矩阵 $\boldsymbol{O}$ 前两行的最终结果。因为 $\boldsymbol{O}$ 是对所有 $\boldsymbol{V}$ 矩阵行的一个加权平均，目前 $\boldsymbol{O}$ 的前两行结果只对 $\boldsymbol{V}$ 矩阵的前 3 行进行了加权平均。后边还需要加上 $\boldsymbol{V}$ 的后 3 行的加权平均才是最终结果，所以这里用浅一点的颜色来表示这个值还是一个中间结果，如图 4-75 所示。

接下来保持 SRAM 里的 $\boldsymbol{K}$ 转置矩阵和 $\boldsymbol{V}$ 矩阵的分块不变，对 $\boldsymbol{Q}$ 矩阵取下一个分块，进行同样的计算，将 $\boldsymbol{O}$ 的中间结果存入 HBM，如图 4-76 所示。

然后继续保持 $\boldsymbol{K}$ 的转置矩阵和 $\boldsymbol{V}$ 矩阵的分块在 SRAM 里，将 $\boldsymbol{Q}$ 的最后一个分块从 HBM 加载到 SRAM 里，进行计算，并将 $\boldsymbol{O}$ 的中间结果存入 HBM，如图 4-77 所示。

接下来，从 HBM 中读取 $\boldsymbol{K}$ 转置矩阵的后 3 列分块，$\boldsymbol{V}$ 矩阵的后 3 行分块，$\boldsymbol{Q}$ 的前两行分块，进行计算，这里算出的 $\boldsymbol{O}$ 是对 $\boldsymbol{V}$ 的后 3 行的加权平均值。此时需要从 HBM 里将之前保存的 $\boldsymbol{O}$ 的前两行的中间结果加载到 SRAM，进行求和，得到 $\boldsymbol{O}$ 前两行的最终结果，存入 HBM，如图 4-78 所示。

同理，保持 $\boldsymbol{K}$ 转置的分块矩阵和 $\boldsymbol{V}$ 的分块矩阵在 SRAM 中不变，对 $\boldsymbol{Q}$ 的剩余分块进行同样的计算，最终可以得到 $\boldsymbol{O}$ 的结果，并存入 HBM。这就完成了一个矩阵分块，多操作融合的注意力计算。

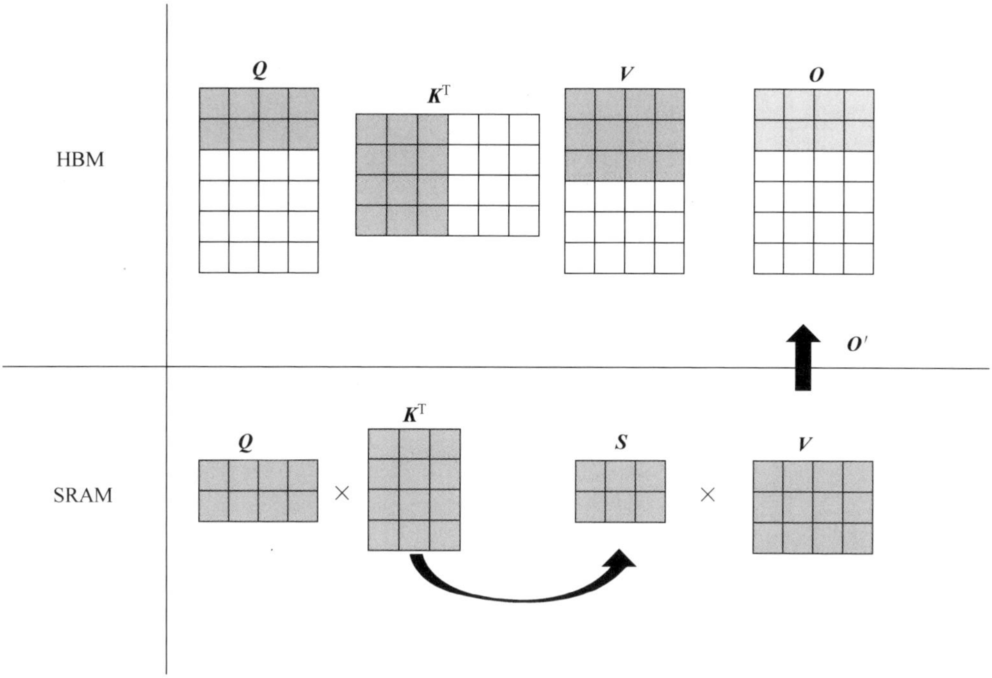

图 4-75　Attention 分块计算第 1 步

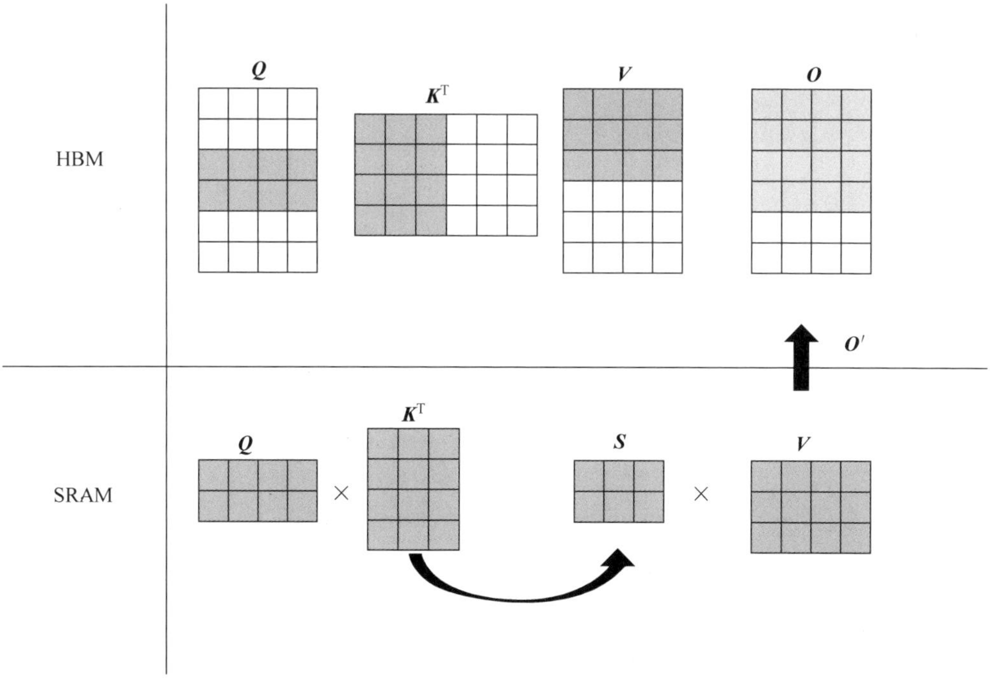

图 4-76　Attention 分块计算第 2 步

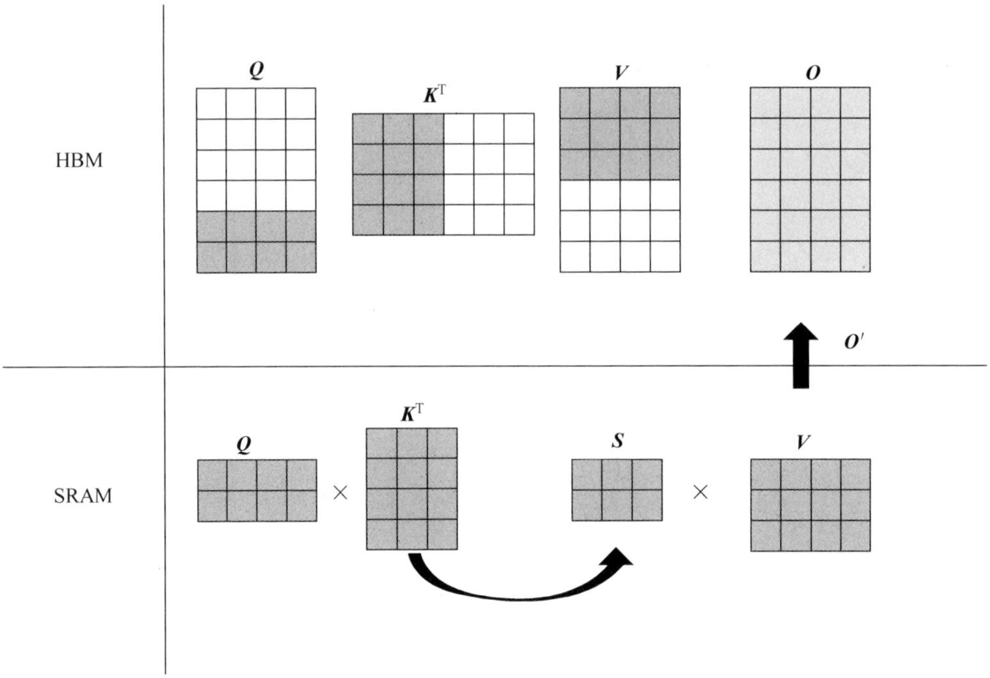

图 4-77　Attention 分块计算第 3 步

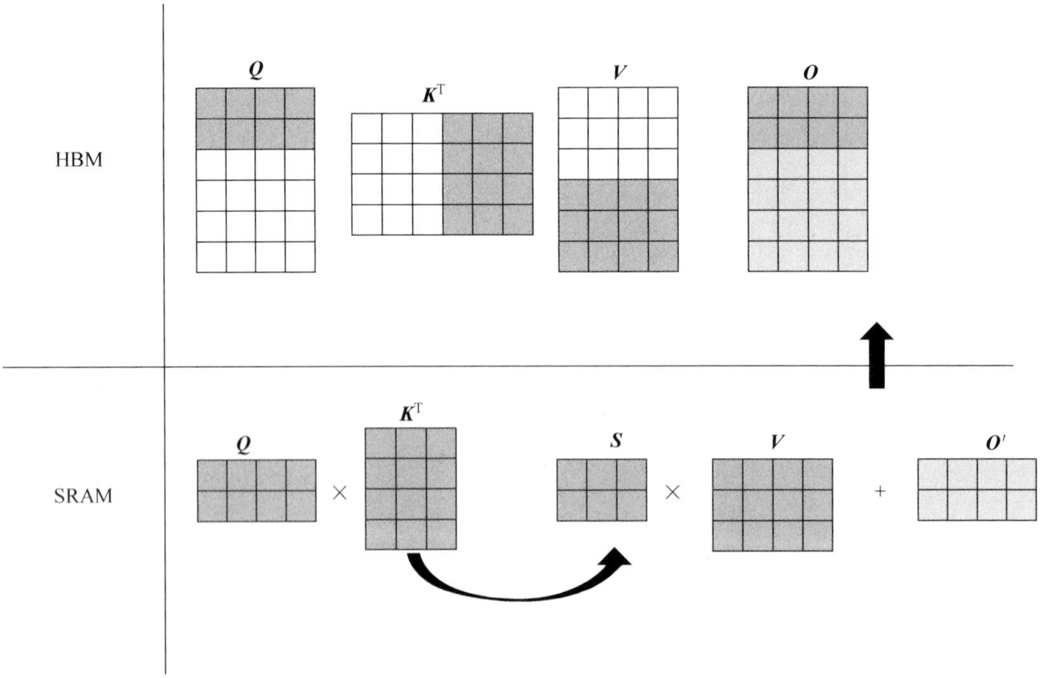

图 4-78　Attention 分块计算第 4 步

可以发现，通过对矩阵进行分块，以及对注意力计算中的多步进行融合，计算过程中减少了对 HBM 的访问，大大地降低了 I/O 时间。

接下来讨论 softmax()的分块计算问题，如果 softmax()也可以进行分块计算，则整个注意力计算就都可以通过矩阵分块和多操作融合来解决 I/O 访问耗时的问题。

$$\text{softmax}(\{x_1,\cdots,x_N\})=\frac{e^{x_i}}{\sum_{j=1}^{N}e^{x_j}} \tag{4-15}$$

在混合精度 FP16 下进行 softmax()计算，如果 x 取值为 12，e 的 x 次方就大于 FP16 所能表示的最大值了。为了解决 FP16 下 softmax()的数值溢出问题，人们提出了 safe_softmax()的算法。

$$m=\max(x_i)$$

$$\text{softmax}(\{x_i,\cdots,x_n\})=\frac{e^{x_i}/e^m}{\sum_{j=1}^{n}e^{x_j}/e^m}=\frac{e^{x_i-m}}{\sum_{j=1}^{n}e^{x_j-m}} \tag{4-16}$$

safe_softmax()首先找出所有 x 里的最大值 m，然后给 softmax()公式里的分子和分母同除以 e^m，结果不变，然后将式子化简为 e^{x_i-m}，这是因为 e 的指数项都小于或等于 0，不会出现数值溢出问题。

下面需要解决对 softmax()的分块计算问题，首先看一下 safe_softmax()的具体计算过程：

$$x=[x_1,\cdots,x_n] \tag{4-17}$$

$$m(x):=\max(x) \tag{4-18}$$

$$p(x):=[e^{x_1-m(x)},\cdots,e^{x_n-m(x)}] \tag{4-19}$$

$$l(x):=\sum_i p(x)_i \tag{4-20}$$

$$\text{softmax}(x):=\frac{p(x)}{l(x)} \tag{4-21}$$

接下来对于一组 x，它有 $2n$ 个元素，将它们分为两部分，第 1 部分从 1 到 n，第 2 部分从 $n+1$ 到 $2n$。需要寻找一种方法使可以通过对两个分块各 n 个元素的计算来最终得到整体 $2n$ 个元素的 softmax()的值。

$$x^{\text{all}}=[x_1,\cdots,x_n,\cdots,x_{2n}] \tag{4-22}$$

$$x^a=[x_1,\cdots,x_n] \tag{4-23}$$

$$x^b=[x_{n+1},\cdots,x_{2n}] \tag{4-24}$$

首先对 x^a，x^b 两个分块分别求出它们各自的计算值：

$$m(x^a),p(x^a),l(x^a)$$

$$m(x^b),p(x^b),l(x^b)$$

接下来就需要通过利用 x^a, x^b 两个分块得到的计算值来计算出整体 x^{all} 的 softmax() 的值。也就是需要通过 $m(x^a)$, $p(x^a)$, $l(x^a)$ 和 $m(x^b)$, $p(x^b)$, $l(x^b)$ 来求出 $m(x^{all})$, $p(x^{all})$, $l(x^{all})$。最终就可以得到 $\mathrm{softmax}(x^{all})$

$$m(x^{all}) := \max(m(x^a), m(x^b)) \tag{4-25}$$

对于 $m(x^{all})$ 的求解,只需保留两个临时变量 $m(x^a)$, $m(x^b)$,然后对它们取最大值。

$$p(x^{all}) := [\mathrm{e}^{m(x^a)-m(x^{all})} p(x^a), \mathrm{e}^{m(x^b)-m(x^{all})} p(x^b)] \tag{4-26}$$

对于 $p(x^{all})$ 的求解,是通过将 $p(x^a)$ 和 $p(x^b)$ 进行拼接,并给它们都乘以一个系数进行调整来实现的。因为 $m(x^{all})$ 是 $m(x^a)$, $m(x^b)$ 中较大的那个数,假设 $m(x^{all})$ 等于 $m(x^b)$,则 $p(x^b)$ 的系数部分 $\mathrm{e}^{m(x^b)-m(x^{all})}$ 就等于 1,因为 $p(x^b)$ 在进行计算时,每个元素 $\mathrm{e}^{x_i - m(x^b)}$ 就等于 $\mathrm{e}^{x_i - m(x^{all})}$,所以前边系数部分就等于 1,不需要进一步调整。对于 $p(x^a)$ 前边的调整系数为 $\mathrm{e}^{m(x^a)-m(x^{all})}$,因为 $p(x^a)$ 在进行计算时,每个元素 $\mathrm{e}^{x_i - m(x^a)}$ 乘以系数 $\mathrm{e}^{m(x^a)-m(x^{all})}$ 后,正好调整为 $\mathrm{e}^{x_i - m(x^{all})}$。

因为上一步已经保留了临时变量 $m(x^a)$, $m(x^b)$,并求出了 $m(x^{all})$,所以可以通过分块的 $p(x^a)$ 和 $p(x^b)$ 值,求出整体的 $p(x^{all})$ 值。

$$l(x^{all}) := \mathrm{e}^{m(x^a)-m(x^{all})} l(x^a) + \mathrm{e}^{m(x^b)-m(x^{all})} l(x^b) \tag{4-27}$$

对于 $l(x^{all})$ 的求解与 $p(x^{all})$ 的求解原理类似,这里就不再赘述了。

FlashAttention 论文中的伪代码实现,如图 4-79 所示。

Algorithm 1 FlashAttention

Require: Matrices $\mathbf{Q}, \mathbf{K}, \mathbf{V} \in \mathbb{R}^{N\times d}$ in HBM, on-chip SRAM of size M.

Set block sizes $B_c = \lceil \frac{M}{4d} \rceil$, $B_r = \min(\lceil \frac{M}{4d} \rceil, d)$.

Initialize $\mathbf{O} = (0)_{N\times d} \in \mathbb{R}^{N\times d}$, $\ell = (0)_N \in \mathbb{R}^N$, $m = (-\infty)_N \in \mathbb{R}^N$ in HBM.

Divide $\mathbf{Q}$ into $T_r = \lceil \frac{N}{B_r} \rceil$ blocks $\mathbf{Q}_1, \dots, \mathbf{Q}_{T_r}$ of size $B_r \times d$ each, and divide $\mathbf{K}, \mathbf{V}$ in to $T_c = \lceil \frac{N}{B_c} \rceil$ blocks $\mathbf{K}_1, \dots, \mathbf{K}_{T_c}$ and $\mathbf{V}_1, \dots, \mathbf{V}_{T_c}$, of size $B_c \times d$ each.

Divide $\mathbf{O}$ into T_r blocks $\mathbf{O}_i, \dots, \mathbf{O}_{T_r}$ of size $B_r \times d$ each, divide ℓ into T_r blocks $\ell_i, \dots, \ell_{T_r}$ of size B_r each, divide m into T_r blocks $m_1, \dots, m_{T_r}$ of size B_r each.

for $1 \leqslant j \leqslant T_c$ **do**

  Load $\mathbf{K}_j, \mathbf{V}_j$ from HBM to on-chip SRAM.

  for $1 \leqslant i \leqslant T_r$ **do**

    Load $\mathbf{Q}_i, \mathbf{O}_i, \ell_i, m_i$ from HBM to on-chip SRAM.

    On chip, compute $\mathbf{S}_{ij} = \mathbf{Q}_i \mathbf{K}_j^T \in \mathbb{R}^{B_r \times B_c}$.

    On chip, compute $\tilde{m}_{ij} = \mathrm{rowmax}(\mathbf{S}_{ij}) \in \mathbb{R}^{B_r}$, $\tilde{\mathbf{P}}_{ij} = \exp(\mathbf{S}_{ij} - \tilde{m}_{ij}) \in \mathbb{R}^{B_r \times B_c}$ (pointwise), $\tilde{\ell}_{ij} = \mathrm{rowsum}(\tilde{\mathbf{P}}_{ij}) \in \mathbb{R}^{B_r}$.

    On chip, compute $m_i^{new} = \max(m_i, \tilde{m}_{ij}) \in \mathbb{R}^{B_r}$, $\ell_i^{new} = e^{m_i - m_i^{new}} \ell_i + e^{\tilde{m}_{ij} - m_i^{new}} \tilde{\ell}_{ij} \in \mathbb{R}^{B_r}$.

    Write $\mathbf{O}_i \leftarrow \mathrm{diag}(\ell_i^{new})^{-1}(\mathrm{diag}(\ell_i) e^{m_i - m_i^{new}} \mathbf{O}_i + e^{\tilde{m}_{ij} - m_i^{new}} \tilde{\mathbf{P}}_{ij} \mathbf{V}_j)$ to HBM.

    Write $\ell_i \leftarrow \ell_i^{new}$, $m_i \leftarrow m_i^{new}$ to HBM.

  end for

end for

Return $\mathbf{O}$.

图 4-79　FlashAttention 实现伪代码

可以发现在分块计算 softmax() 时会引入多块合并时额外参数调整的计算。同时,因为 FlashAttention 融合了多个注意力计算的内部操作,没有保留中间结果,在反向传播梯度计算时会重计算,也引入了额外的计算量。实际上,FlashAttention 在模型训练前向传播时会保存 softmax() 计算过程中的 m 和 l 值。它们占用的存储非常小,这样在反向传播时,可以大幅加快中间结果的计算。这也可以看作另一种形式的梯度检查点。虽然 FlashAttention

比标准的注意力计算引入了额外的计算量,但是相比它减少的 I/O 访问时间开销,还是非常值得的,如图 4-80 所示。

Attention	Standard	FlashAttention
GFLOPs	66.6	75.2
HBM R/W(GB)	40.3	4.4
Runtime(ms)	41.7	7.3

图 4-80　FlashAttention 和标准 Attention 对比

通过将 FlashAttention 和标准的注意力计算相比会发现计算量有一定量的增加,但是对于 HBM 的读写下降到原来的十分之一,从而让速度提高了近 6 倍。

在 FlashAttention 的基础上,经过工程上的进一步优化,研究人员继续推出了 FlashAttention2 和 FlashAttention3。通过对 FlashAttention 的学习,可以发现对于大模型的优化已经不局限在算法层面,而且需要对操作系统,以及硬件结构等有深入的理解。

第 5 章 大模型的预训练

预训练是大模型训练的第 1 步，它从大量的文本中通过学习预测下一个 token 的方式来学习知识。预训练阶段是大模型获取能力最重要的阶段。应该给大模型提供尽可能多样性的高质量文本，让它学习各种知识，例如 Llama3 的预训练就用到了 15T 个 token。训练如此多的 token，自然代价也是非常大的，很少有公司可以负担得起。

5.1 预训练的作用

开源模型为了提供大模型的通用能力会在各种各样的文本上进行预训练，提高大模型的综合能力。如果想将大模型引入特定的行业或某个领域，就需要在开源预训练大模型的基础上继续进行预训练(Post Pre-train)，以此来让它学习特定领域的知识。

想让大模型在一些专业领域的问题上有好的表现，进行预训练是必不可少的。特别是当这些领域在互联网上资料较少时。也有人尝试不通过预训练，只在后续微调时引入新的知识，但实践效果都不好。

假如你的项目中需要训练一个辅助程序员生成 Scala 代码的大模型。这就需要去 GitHub 收集大量注释良好的 Scala 代码，进行预训练。让大模型学习功能描述和 Scala 代码实现之间的联系。

实验表明，预训练是大模型学习知识的环节，而微调只是改进大模型的输出方式，让它的输出更符合人类的期望。

5.2 预训练的数据

预训练一个大模型，获得高质量的预训练数据是首先要考虑的问题。大语言模型的预训练数据是由大量的非结构化的文本构成的。高质量的预训练数据应该主要包含以下特征。

(1) 多样性：数据应涵盖各种主题和语言风格，以确保模型在不同的场景中具有良好的泛化能力。这包括书籍、新闻文章、科学论文、社交媒体帖子、对话记录等。同时应该尽量地避免在训练集里出现重复的文本。

（2）大规模：预训练数据集应足够大，以便模型能够学习到丰富的语言模式和知识。通常，数据量越大，模型的性能越好。

（3）高质量：数据应经过严格的筛选和清洗，尽量减少噪声和错误信息。高质量的数据能帮助模型学到更准确和更有用的知识。

（4）时效性：数据应包含最新的信息和事件，以便模型能够理解和生成当前最新的内容和知识。

（5）平衡性：数据集应在不同类别、话题和观点之间保持平衡，避免模型产生偏见，包括性别、种族、文化、地域等方面的平衡。

（6）合法性和伦理性：数据的收集和使用应遵循相关法律法规和伦理准则，确保数据来源合法，保护用户隐私。

高质量的训练数据收集和准备通常要花费大量的人力，但是这些努力都是值得的。只有高质量的数据才能训练出高质量的模型。

HuggingFace Datasets 库提供了便捷的数据读取、处理和缓存功能。特别是对于训练大模型所需的大规模数据集，该库得益于其背后的 Apache Arrow 支持，可以实现零复制读取，而不受内存大小的限制。同时 Datasets 库和 HuggingFace Hub 做了深度集成，方便用户下载和分享数据。

如果之前没有安装 Datasets 库，则安装命令如下：

```
pip install datasets
```

Datasets 库提供了多种数据加载的方法，最简单的加载方式是从 HuggingFace Hub 来加载数据。首先，可以在网页 https://huggingface.co/datasets 寻找合适的数据，并且可以对数据进行预览，例如对于 cornell-movie-review-data/rotten_tomatoes 数据集，如图 5-1 所示。

通过 Datasets 库的 load_dataset 来从 Hub 加载数据，代码如下：

```
from datasets import load_dataset
dataset = load_dataset("cornell-movie-review-data/rotten_tomatoes",
split="train")
print(dataset)
```

输出如下：

```
Dataset({
    features: ['text', 'label'],
    num_rows: 8530
})
```

Dataset 对象里的数据是由列构成的，每列可以是不同的类型。可以按行的索引来访问数据中的样本，代码如下：

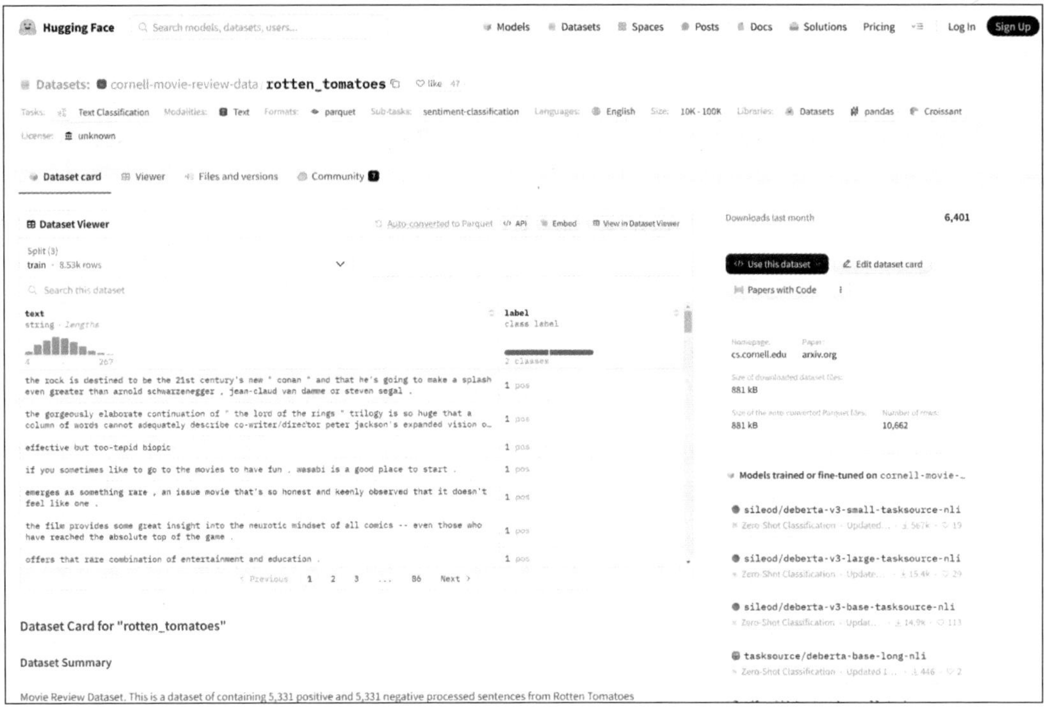

图 5-1　rotten_tomatoes 数据集

```
print(dataset[0])
```

输出如下：

```
{'text': 'the rock is destined to be the 21st century\'s new " conan " and that he\'s going to make a splash even greater than arnold schwarzenegger , jean-claud van damme or steven segal .', 'label': 1}
```

输出是一个字典类型的样本。同时也可以通过切片的方式来访问一组数据，代码如下：

```
print(dataset[-5:])
```

输出如下：

```
{'text': ['any enjoyment will be hinge from a personal threshold of watching sad but endearing characters do extremely unconventional things .', "if legendary shlockmeister ed wood had ever made a movie about a vampire , it probably would look a lot like this alarming production , adapted from anne rice's novel the vampire chronicles .", "hardly a nuanced portrait of a young woman's breakdown , the film nevertheless works up a few scares .", 'interminably bleak , to say nothing of boring .', 'things really get weird , though not particularly scary : the movie is all portent and no content .'], 'label': [0, 0, 0, 0, 0]}
```

对于这个数据集，如果只想利用 text 列进行模型预训练，而不关心 label 列，则可以通过列名来选择，代码如下：

```
print(dataset["text"])
```

输出为一个字符串列表：

```
['the rock is destined to be the 21st century\'s new " conan " and that he\'s going
to make a splash even greater than arnold schwarzenegger , jean-claud van damme or
steven segal .',
'the gorgeously elaborate continuation of " the lord of the rings " trilogy is so
huge that a column of words cannot adequately describe co-writer/director peter
jackson\'s expanded vision of j . r . r . tolkien\'s middle-earth .',
'effective but too-tepid biopic',
...,
'things really get weird , though not particularly scary : the movie is all
portent and no content .']
```

也可以通过组合行和列来返回一个确定的数据元素，但是为了更有效地访问数据，最好先指定行的 index，然后指定列名，代码如下：

```
print(dataset[0]["text"])
```

输出如下：

```
'the rock is destined to be the 21st century\'s new " conan " and that he\'s going
to make a splash even greater than arnold schwarzenegger , jean-claud van damme or
steven segal .'
```

在更多的情况下，需要从本地加载自己的数据，Datasets 库也提供了相应的支持，例如对于 txt 文件，加载数据的代码如下：

```
from datasets import load_dataset
dataset = load_dataset("text", data_files=r"D:\news1.txt")
print(dataset)
```

Datasets 会按行加载 txt 文件中的数据，默认列名为 text，得到的输出如下：

```
DatasetDict({
    train: Dataset({
        features: ['text'],
        num_rows: 13
    })
})
```

如果有多个文件，则可以给 data_files 参数传入多个文件的列表，代码如下：

```
from datasets import load_dataset
dataset = load_dataset("text", data_files=[r"D:\news1.txt",r"D:\news2.txt",r"
D:\news3.txt"])
print(dataset)
```

num_rows 是所有文件的行数之和，输出如下：

```
DatasetDict({
    train: Dataset({
        features: ['text'],
        num_rows: 50
    })
})
```

在训练大模型时，另一种常用的文件格式是 JSON 数据，例如对于如下格式的数据：

```
{"id": 1, "query": "保持健康的 3 个提示。", "answer": "以下是保持健康的 3 个提示:\n\n1. 保持身体活动。每天做适当的身体运动，如散步、跑步或游泳，能促进心血管健康，增强肌肉力量，并有助于减少体重。\n\n2. 均衡饮食。每天食用新鲜的蔬菜、水果、全谷物和脂肪含量低的蛋白质食物，避免高糖、高脂肪和加工食品，以保持健康的饮食习惯。\n\n3. 睡眠充足。睡眠对人体健康至关重要，成年人每天应保证 7～8 小时的睡眠。良好的睡眠有助于减轻压力，促进身体恢复，并提高注意力和记忆力。"}
{"id": 2, "query": "三原色是什么？", "answer": "三原色通常指的是红色、绿色和蓝色(RGB)。它们是通过加色混合原理创建色彩的 3 种基础颜色。在以发光为基础的显示设备中(如电视、计算机显示器、智能手机和平板电脑显示屏)，三原色可混合产生大量色彩，其中红色和绿色可以混合生成黄色，红色和蓝色可以混合生成品红色，蓝色和绿色可以混合生成青色。当红色、绿色和蓝色按相等比例混合时，可以产生白色或灰色。\n\n 此外，在印刷和绘画中，三原色指的是以颜料为基础的红、黄和蓝颜色(RYB)。这 3 种颜色用以通过减色混合原理来创建色彩。不过，三原色的具体定义并不唯一，不同的颜色系统可能会采用不同的三原色。"}
…
```

对 JSON 类型数据的读入，代码如下：

```
from datasets import load_dataset
dataset = load_dataset("json", data_files=r"D:\gpt4.jsonl")
print(dataset)
```

Datasets 库会自动解析 JSON 格式的数据，并把 JSON 里的 key 作为列名，方便进一步读取数据，输出如下：

```
DatasetDict({
    train: Dataset({
        features: ['id', 'query', 'answer'],
        num_rows: 48647
    })
})
```

可以先将多个文件放入一个文件夹，然后将 load_dataset()里的 data_files 参数替换成

data_dir 参数来一次性地读取文件夹内所有的文件，代码如下：

```
from datasets import load_dataset
dataset = load_dataset("text", data_dir=r'D:\news')
print(dataset)
```

Datasets 库也支持利用不同结构的内存数据来创建 Dataset。从一个字典类型对象来创建 Dataset，代码如下：

```
from datasets import Dataset
my_dict = {"text": ["text1", "text2", "text3"]}
dataset = Dataset.from_dict(my_dict)
print(dataset)
```

输出如下：

```
Dataset({
    features: ['text'],
    num_rows: 3
})
```

从列表对象创建一个 Dataset 对象，代码如下：

```
from datasets import Dataset
my_list = [{"text": "text1"}, {"text": "text2"}, {"text": "text3"}]
dataset = Dataset.from_list(my_list)
print(dataset)
```

输出如下：

```
Dataset({
    features: ['text'],
    num_rows: 3
})
```

从一个 Python 的生成器来创建一个 Dataset 对象，代码如下：

```
from datasets import Dataset

def my_gen():
    for i in range(1, 4):
        yield {"text": f"text{i}"}

dataset = Dataset.from_generator(my_gen)
print(dataset)
```

输出如下：

```
Dataset({
    features: ['text'],
```

```
    num_rows: 3
})
```

有了上边丰富的创建 Dataset 的方法，可以方便地创建一个 Dataset 对象。同时，Datasets 库也提供了丰富的对数据进行处理的方法。

（1）sort 可以按照数字类型的列对整个数据集进行排序，代码如下：

```
sorted_dataset = dataset.sort("numerical_column")
```

（2）shuffle 用于打乱数据的顺序，代码如下：

```
shuffled_dataset = sorted_dataset.shuffle(seed=123)
```

（3）select 用于选择指定 index 的数据，代码如下：

```
small_dataset = dataset.select([0, 10, 20, 30, 40, 50])
```

（4）filter 用于对数据进行过滤，例如下边的代码用于演示如何过滤出 text 列以 Abc 开头的句子，代码如下：

```
start_with_Abc = dataset.filter(lambda example: example["text"].startswith("
Abc"))
```

（5）split 用于对数据集按训练集和测试集进行划分，代码如下：

```
dataset.train_test_split(test_size=0.1)
```

数据集划分后返回的结果为一个字典，里边包含 train 和 test 的 Dataset，结果如下：

```
{'train': Dataset(schema: {'text': 'string','idx': 'int32'}, num_rows: 3301),
'test': Dataset(schema: {'text': 'string','idx': 'int32'}, num_rows: 367)}
```

（6）shard 用于对一个大的数据集进行分块，通过指定 num_shards 来确定将数据分为多少块，通过提供 index 参数来指定要返回的数据分块，代码如下：

```
from datasets import load_dataset
dataset = load_dataset("imdb", split="train")
print(dataset)
sub_dataset = dataset.shard(num_shards=4, index=0)
print(sub_dataset)
```

输出如下：

```
Dataset({
    features: ['text', 'label'],
    num_rows: 25000
})
```

```
Dataset({
    features: ['text', 'label'],
    num_rows: 6250
})
```

（7）map：可以通过map()方法来完成一些更复杂的对数据的操作，可以提供一个对每个样本进行处理的方法。这种方法可以是对单个样本或者对一个批次样本的操作，代码如下：

```
from datasets import Dataset

text_dict = {"text":["苹果","橘子","香蕉"]}
dataset = Dataset.from_dict(text_dict)
print(dataset)

def add_prompt(example):
    example["text"]="翻译下边这句话为英语:\n"+example["text"]
    return example
dataset = dataset.map(add_prompt)
print(dataset)
print(dataset["text"])
```

输出如下：

```
Dataset({
    features: ['text'],
    num_rows: 3
})
Dataset({
    features: ['text'],
    num_rows: 3
})
['翻译下边这句话为英语:\n 苹果', '翻译下边这句话为英语:\n 橘子', '翻译下边这句话为英
语:\n 香蕉']
```

通过将batched指定为True，可以对一批数据进行操作，并且返回的行数不必等于输入的行数，因此可以在这里进行改变数据集样本个数的操作，例如对长的文本进行切分，代码如下：

```
from datasets import Dataset

text_dict = {"text": ["苹果", "橘子", "香蕉"]}
dataset = Dataset.from_dict(text_dict)
print(dataset)


def add_prompt(example):
```

```
    text = []
    for e in example["text"]:
        text.append("翻译下边这句话为英语:\n" + e)
        text.append("翻译下边这句话为法语:\n" + e)
    return {"text": text}


dataset = dataset.map(add_prompt, batched=True)
print(dataset)
print(dataset["text"])
```

输出如下：

```
Dataset({
    features: ['text'],
    num_rows: 3
})
Dataset({
    features: ['text'],
    num_rows: 6
})
['翻译下边这句话为英语:\n 苹果', '翻译下边这句话为法语:\n 苹果', '翻译下边这句话为英语:\n 橘子', '翻译下边这句话为法语:\n 橘子', '翻译下边这句话为英语:\n 香蕉', '翻译下边这句话为法语:\n 香蕉']
```

Dataset 对象也可以和 PyTorch 里的 DataLoader 来配合使用，代码如下：

```
dataset.set_format(type="torch",columns=["text"])
data_loader = DataLoader(dataset, batch_size=2)
for batch_data in data_loader:
    print(batch_data)
```

输出如下：

```
{'text': ['翻译下边这句话为英语:\n 苹果', '翻译下边这句话为法语:\n 苹果']}
{'text': ['翻译下边这句话为英语:\n 橘子', '翻译下边这句话为法语:\n 橘子']}
{'text': ['翻译下边这句话为英语:\n 香蕉', '翻译下边这句话为法语:\n 香蕉']}
```

处理完的数据可以对数据进行保存和加载，示例代码如下：

```
dataset.save_to_disk("path/of/my/dataset/directory")

from datasets import load_from_disk
reloaded_dataset = load_from_disk("path/of/my/dataset/directory")
```

另外也可以将处理好的数据以 CSV 或者 JSON 格式导出，示例代码如下：

```
dataset.to_csv("path/of/my/dataset.csv")
dataset.to_json("path/of/my/dataset.json")
```

HuggingFace 的 Dataset 库采用了 Arrow 作为本地缓存系统，它允许对磁盘上的数据通过虚拟内存映射的方式进行快速查找，这种架构使在设备内存相对较小的机器上也可以使用大型数据集进行模型训练。

另一个让 Dataset 高效的原因是它内部采用了缓存技术，它会缓存之前下载的或者处理过的数据集，所以当再次访问这些数据时会从缓存直接加载，避免了重新下载或者对数据的再次处理，并且这个缓存是全局的，即使关闭当前 Python 进程，重新在一个新的 Python 进程里去访问这些数据，缓存也是有效的。

Dataset 的缓存是如何知道这些缓存的数据都应用了哪些操作呢？每个缓存都有一个指纹。这个指纹描述了这个缓存的当前状态，最初的指纹是通过原始的数据的哈希来计算的，获取 Dataset 指纹的代码如下：

```
from datasets import Dataset
dataset1 = Dataset.from_dict({"a": [0, 1, 2]})
dataset2 = dataset1.map(lambda x: {"a": x["a"] + 1})
print(dataset1._fingerprint, dataset2._fingerprint)
```

执行结果如下：

```
d19493523d95e2dc 5b86abacd4b42434
```

后续的缓存指纹是通过之前的指纹加上当前对数据的操作生成的。当前对数据的操作的哈希包含了操作的方法和传入的参数，这样保证了一个缓存的指纹对应一个确定的数据状态，代码如下：

```
from datasets.fingerprint import Hasher
my_func = lambda example: {"length": len(example["text"])}
print(Hasher.hash(my_func))
```

执行结果如下：

```
'3d35e2b3e94c81d6'
```

5.3 预训练的方法

为了简化模型的训练，HuggingFace 里提供了 Trainer 类，它包含了完整的训练和评估流程的实现。开发人员只需传入训练时必要的模块，例如模型、Tokenizer、数据集、评估方法、训练的超参数等。剩下的工作都会由 Trainer 来完成。这让开发人员可以快速地开始训练，而不必重复地去写那些训练、评估、模型保存等代码。同时 Trainer 也是非常灵活的，可以根据开发人员的需求去定制。

Trainer 里包含了一个标准训练流程所需的基本模块：

(1) 执行训练的一步，计算 loss。

(2) 通过调用 loss 的 backward()来计算梯度。

(3) 根据梯度更新参数的权重。

(4) 重复上述步骤,直到完成指定的迭代。

Trainer 类对上述的过程进行了抽象,从而不用每次都重复写这个训练循环,开发人员只需提供像模型和数据这样训练时必要的对象就可以了。

可以通过一个 TrainingArguments 对象来指定训练时的超参数,例如可以通过 output_dir 来指定模型保存在哪里,代码如下:

```
from transformers import TrainingArguments

training_args = TrainingArguments(
    output_dir="your-model-path",
    learning_rate=2e-5,
    per_device_train_batch_size=1,
    per_device_eval_batch_size=2,
    num_train_epochs=2,
    weight_decay=0.01,
    eval_strategy="epoch",
    save_strategy="epoch",
    load_best_model_at_end=True,
)
```

然后把 training_args、模型、数据一起传递给 Trainer 对象。同时还可以给 Trainer 对象传入对数据进行处理的 Data Collator,还有在训练过程中监控的指标项等,然后调用 trainer 对象的 train()方法就可以进行训练了,代码如下:

```
from transformers import Trainer

trainer = Trainer(
    model=model,
    args=training_args,
    train_dataset=dataset["train"],
    eval_dataset=dataset["test"],
    tokenizer=tokenizer,
    data_collator=data_collator,
    compute_metrics=compute_metrics,
)

trainer.train()
```

Trainer 对象在训练过程中会在通过 TrainingArguments 里指定的 output_dir 路径保存模型的 Checkpoints。Checkpoints 都被保存在类似 checkpoint-000 这样命名的文件夹内。后边的数字表示训练的 step。通过 Checkpoints 可以方便地恢复中断的训练,代码如下:

```
#从最近的 checkpoint 恢复训练
trainer.train(resume_from_checkpoint=True)

#从指定的 checkpoint 恢复训练
trainer.train(resume_from_checkpoint="your-model/checkpoint-1000")
```

Trainer 类同时也支持定制化的训练。Trainer 的很多方法支持通过子类重载的方式来实现开发人员想要定制的功能。可以被重载的方法包如下。

(1) get_train_dataloader():创建一个训练的 DataLoader。

(2) get_eval_dataloader():创建一个评估的 DataLoader。

(3) get_test_dataloader():创建一个测试的 DataLoader。

(4) log():记录日志。

(5) create_optimizer_and_scheduler():创建一个优化器和一个学习率规划器。

(6) create_optimizer():创建一个优化器。

(7) create_scheduler():创建一个学习率规划器。

(8) compute_loss():根据一个 batch 的训练数据来计算 loss。

(9) training_step():对一个 batch 的数据进行一次训练。

(10) prediction_step():执行预测和测试的一步。

(11) evaluate():评估模型并返回评估的指标值。

(12) predict():在测试集上进行预测,如果提供了 label,则要进行评估指标的计算。

通过自定义 compute_loss()方法来重写一个带权重 loss 的代码如下:

```
from torch import nn
from transformers import Trainer

class CustomTrainer(Trainer):
    def compute_loss(self, model, inputs, return_outputs=False):
        labels = inputs.pop("labels")
        #前向传播
        outputs = model(**inputs)
        logits = outputs.get("logits")
        #自定义 loss,不同的 label 有不同的权重
        loss_fct = nn.CrossEntropyLoss(weight=torch.tensor([1.0, 2.0, 3.0],
device=model.device))
        loss = loss_fct(logits.view(-1, self.model.config.num_labels), labels.
view(-1))
        return (loss, outputs) if return_outputs else loss
```

对 Trainer 的另一种定制化方式是通过 Callbacks 实现。Callbacks 不会改变训练过程,但它会检查训练过程的状态,然后根据状态执行某些操作,例如提前停止训练,或者记录一些信息等。在训练 10 步后停止训练的回调函数实现,代码如下:

```
from transformers import TrainerCallback

class EarlyStoppingCallback(TrainerCallback):
    def __init__(self, num_steps=10):
        self.num_steps = num_steps

    def on_step_end(self, args, state, control, **kwargs):
        if state.global_step >= self.num_steps:
            return {"should_training_stop": True}
        else:
            return {}
```

然后把这个回调函数传给 Trainer 的 callback 参数,代码如下:

```
from transformers import Trainer

trainer = Trainer(
    model=model,
    args=training_args,
    train_dataset=dataset["train"],
    eval_dataset=dataset["test"],
    tokenizer=tokenizer,
    data_collator=data_collator,
    compute_metrics=compute_metrics,
    callback=[EarlyStoppingCallback()],
)
```

Trainer 可以和 Accelerate 库很好地进行配合。开发人员不需要修改代码,只需通过 Accelerate 的 config 命令来配置分布式框架和参数,然后通过 Accelerate 的 launch 命令来运行训练脚本就可以分布式地训练通过 Trainer 实现的代码。

5.4 预训练 Llama3.1

15min

下边的章节以预训练 Llama3.1 模型为例,讲解从数据准备到模型预训练的全过程。

5.4.1 最简训练代码

在代码变得复杂之前,不考虑数据处理、显存优化、分布式训练等,对于一个大模型预训练最简单的代码如下:

```
//Chapter5/clm_pt_simple.py
from transformers import AutoModelForCausalLM, AutoTokenizer
import torch

model_path = r'Your-Model-Path\Meta-Llama-3.1-8B-Instruct'
```

```
tokenizer = AutoTokenizer.from_pretrained(model_path, use_fast=False)
model = AutoModelForCausalLM.from_pretrained(model_path).to("cuda")

optimizer = torch.optim.AdamW(model.parameters())

text = "今天天气不错。"
input = tokenizer(text, return_tensors="pt", add_special_tokens=True)
input = {k: v.to("cuda") for k, v in input.items()}

#设置 labels 和 inputs,使它们一致
input["labels"] = input["input_ids"].clone()

output = model(**input)

#获取模型的 loss
loss = output.loss
loss.backward()
optimizer.step()
optimizer.zero_grad()

#保存模型
model.save_pretrained("output_dir")
```

可以发现,利用 HuggingFace 库来实现对大模型的预训练是很简单的。训练输入文本是“今天天气不错。”。首先对这句话进行分词。因为我们期望模型能根据前边的 token 预测出后边的 token,所以设置 labels,使其等于 inputs,然后传入模型,这样就可以得到损失值。剩下的步骤就和训练一个普通小模型一样了。

因为一般在训练小模型时,损失函数都是自己定义的,那么 Llama 模型内部是如何计算损失的呢?通过查看源码可以发现,它将 labels 向左移一位,去掉输出 logits 的最后一个 token,然后进行交叉熵损失计算。HuggingFace 的 Llama 模型的损失函数源码如下:

```
//transformers/models/llama/modeling_llama.py
...
if labels is not None:
    #Shift so that tokens < n predict n
    shift_logits = logits[..., :-1, :].contiguous()
    shift_labels = labels[..., 1:].contiguous()
    #Flatten the tokens
    loss_fct = CrossEntropyLoss()
    shift_logits = shift_logits.view(-1, self.config.vocab_size)
    shift_labels = shift_labels.view(-1)
    #Enable model parallelism
    shift_labels = shift_labels.to(shift_logits.device)
    loss = loss_fct(shift_logits, shift_labels)
...
```

5.4.2 数据清洗

高质量的训练数据对训练一个好的大模型是至关重要的。需要根据收集数据的情况来制定训练数据的处理策略,例如收集到如下的数据:

```
北京时间11月10日凌晨,郑钦文在2024WTA年终总决赛冠军战中1-2不敌高芙,没能拿下首个总决赛冠军。尽管略显遗憾但郑钦文本赛季的表现足够出色,从首次进入大满贯决赛到拿下奥运女单金牌,到如今首进总决赛冠军战,郑钦文已经成为世界女子网坛正在升起的一颗巨星。
<meta http-equiv=Content-Type content="text/html;charset=utf-8">
美国债务总额日前突破35万亿美元的史上新高,在让人们进一步担忧华盛顿扭曲的赤字财政政策不可持续的同时,也触发了各方对美国两党新一轮"债务上限"之争的预警。
日経平均株価は今年最大となる一時2000円以上の暴落です。終値との比較では過去2番目の下げ幅となる可能性も出ています。東証から中継です。
孙颖莎一天双赛稳定发挥都是4比0横扫"光速"下班。北京时间8月1日凌晨,巴黎奥运会乒乓球女单1/8决赛,孙颖莎4-0战胜印度选手阿库拉,顺利晋级女单八强。
孙颖莎一天双赛稳定发挥都是4比0横扫"光速"下班。北京时间8月1日凌晨,巴黎奥运会乒乓球女单1/8决赛,孙颖莎4-0战胜印度选手阿库拉,顺利晋级女单八强。
人民日报
2024-08-02
体育
财经
NEW YORK - In 2006, the hulking office building at 135 W. 50th St. in midtown Manhattan sold for $ 332 million. Tenants occupied nearly every floor; offices were in demand; real estate was booming.
中新网台州8月1日电(傅飞扬)"我认为草编帽的发展趋势就是不断创新,紧跟世界时尚潮流步伐。企业不能盲目地模仿、复制前沿设计,而是需要建立自己的研发设计团队,提高自身'硬实力',将传统工艺和时尚元素相结合,打造出独具特色的时尚产品。"
```

上边的数据中包含了常见的一些数据质量问题。有的文本太短、有的文本重复、包含网页脚本等。另外只想训练中文大语言模型,但是采集的数据内混入了其他语言的数据。首先过滤掉太短的段落,代码如下:

```
//Chapter5/data_clean.py
from datasets import Dataset, load_dataset

dataset = load_dataset("text", data_files="../data/raw_news.txt", split="train")
print(dataset)


def length_filter(x):
    if len(x['text']) < 20:
        return False
    return True


dataset = dataset.filter(length_filter)
print(dataset)
```

输出如下：

```
Dataset({
    features: ['text'],
    num_rows: 12
})
Dataset({
    features: ['text'],
    num_rows: 8
})
```

接下来需要去除重复的段落，代码如下：

```
//Chapter5/data_clean.py

def deduplication(ds):
    def dedup_func(x):
        """移除重复的段落"""
        if x['text'] in unique_text:
            return False
        else:
            unique_text.add(x['text'])
            return True

    unique_text = set()

    ds = ds.filter(dedup_func, load_from_cache_file=False, num_proc=1)
    return ds


dataset = deduplication(dataset)
print(dataset)
```

输出如下：

```
Dataset({
    features: ['text'],
    num_rows: 7
})
```

最后，过滤掉非中文的段落，这里需要使用一个 langdetect 库来进行文本语言识别。如果之前没有安装 langdetect，则安装命令如下：

```
pip install langdetect
```

通过定义一种语言类型的过滤器来对非中文语言的文本进行过滤，代码如下：

```
//Chapter5/data_clean.py

def lang_filter(x):
```

```
    if detect(x["text"]) == "zh-cn":
        return True
    else:
        return False


dataset = dataset.filter(lang_filter)
print(dataset)
```

输出如下：

```
Dataset({
    features: ['text'],
    num_rows: 4
})
```

最终对清理后的数据进行导出，用于大模型的预训练，代码如下：

```
dataset.to_parquet ("../data/clean_data.parquet")
```

最终清洗后的数据如下：

```
北京时间 11 月 10 日凌晨，郑钦文在 2024WTA 年终总决赛冠军战中 1-2 不敌高芙，没能拿下首个总决赛冠军。尽管略显遗憾但郑钦文本赛季的表现足够出色，从首次进入大满贯决赛到拿下奥运女单金牌，到如今首进总决赛冠军战，郑钦文已经成为世界女子网坛正在升起的一颗巨星。
美国债务总额日前突破 35 万亿美元的史上新高，在让人们进一步担忧华盛顿扭曲的赤字财政政策不可持续的同时，也触发了各方对美国两党新一轮“债务上限”之争的预警。
孙颖莎一天双赛稳定发挥都是 4 比 0 横扫“光速”下班。北京时间 8 月 1 日凌晨，巴黎奥运会乒乓球女单 1/8 决赛，孙颖莎 4-0 战胜印度选手阿库拉，顺利晋级女单八强。
中新网台州 8 月 1 日电（傅飞扬）“我认为草编帽的发展趋势就是不断创新，紧跟世界时尚潮流步伐。企业不能盲目地模仿、复制前沿设计，而是需要建立自己的研发设计团队，提高自身‘硬实力’，将传统工艺和时尚元素相结合，打造出独具特色的时尚产品。”
```

5.4.3 数据准备

清洗后的数据还不能直接送入大模型进行训练，还需要经过分词，添加特殊符号和组成一个批次才可以输入大模型进行训练。

首先对原始的段落文本进行分词和添加表示文本开始和结束的特殊 token，代码如下：

```
//Chapter5/data_prepare.py

from transformers import AutoTokenizer
from datasets import load_dataset


model_path = r"Meta-Llama-3.1-8B-Instruct"
```

```
tokenizer = AutoTokenizer.from_pretrained(model_path)
#加载之前清洗好的数据
dataset = load_dataset("parquet", data_files="../data/clean_data.parquet",
split="train")

#定义分词和增加特殊符号的方法
def tokenization(example):
    #分词
    tokens = tokenizer.tokenize(example["text"])

    #转换为 ID
    token_ids = tokenizer.convert_tokens_to_ids(tokens)

    #文章前添加<bos>,后边加<eos>
    token_ids = [tokenizer.bos_token_id]+token_ids+[tokenizer.eos_token_id]
    example["input_ids"] = token_ids


#对所有的样本进行分词和增加特殊符号的操作
dataset = dataset.map(tokenization)
print(dataset)
```

输出如下：

```
Dataset({
    features: ['text', 'input_ids'],
    num_rows: 4
})
```

接下来需要先对多段文字进行拼接，然后按照最长长度进行打包，它的过程如图 5-2 所示。

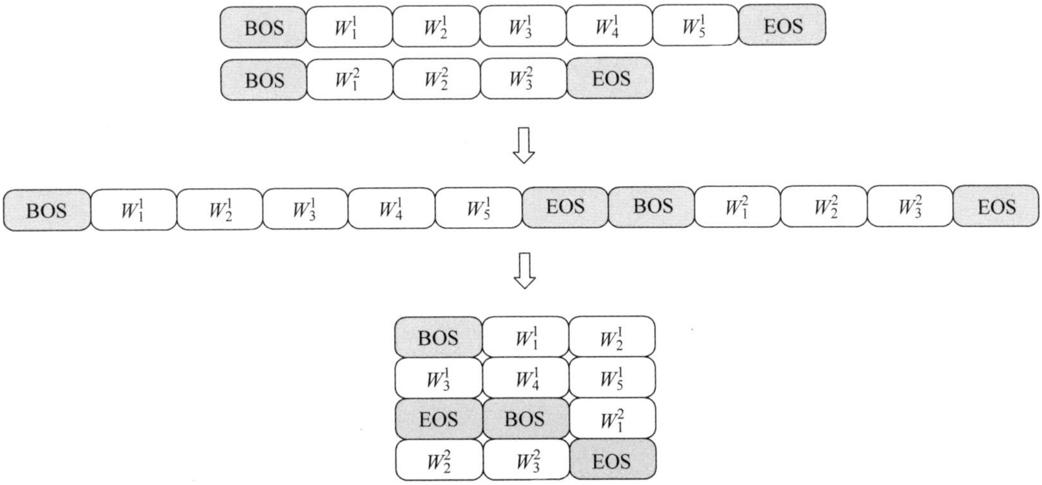

图 5-2　预训练数据拼接

代码如下：

```
//Chapter5/data_prepare.py

import numpy as np

input_ids = np.concatenate(dataset["input_ids"])
print("total length:", len(input_ids))
#定义序列最大长度
max_seq_length = 32
#丢弃最后一行的余数部分
total_length = len(input_ids) - len(input_ids) % max_seq_length
input_ids = input_ids[:total_length]
print("shape", input_ids.shape)

#按照 max_seq_length 将数据打包为 batch 数据
input_ids_reshaped = input_ids.reshape(-1, max_seq_length).astype(np.int32)
print("shape", input_ids_reshaped.shape)

input_ids_list = input_ids_reshaped.tolist()
packaged_pretrain_dataset = datasets.Dataset.from_dict(
    {"input_ids": input_ids_list}
)
print(packaged_pretrain_dataset)
```

输出如下：

```
total length: 352
shape (352,)
shape (11, 32)
Dataset({
    features: ['input_ids'],
    num_rows: 11
})
```

将最终处理好的数据存入文件,代码如下：

```
packaged_pretrain_dataset.to_parquet("../data/pretrain_data.parquet")
```

5.4.4 初始化模型

如果想从头训练一个全新的大模型,则可以通过 LlamaConfig 对象来初始化一个大模型,示例代码如下：

```
from transformers import LlamaConfig
config = LlamaConfig()
print(config)
```

输出如下：

```
LlamaConfig {
  "attention_bias": false,
  "attention_dropout": 0.0,
  "bos_token_id": 1,
  "eos_token_id": 2,
  "hidden_act": "silu",
  "hidden_size": 4096,
  "initializer_range": 0.02,
  "intermediate_size": 11008,
  "max_position_embeddings": 2048,
  "mlp_bias": false,
  "model_type": "llama",
  "num_attention_heads": 32,
  "num_hidden_layers": 32,
  "num_key_value_heads": 32,
  "pretraining_tp": 1,
  "rms_norm_eps": 1e-06,
  "rope_scaling": null,
  "rope_theta": 10000.0,
  "tie_word_embeddings": false,
  "transformers_version": "4.43.1",
  "use_cache": true,
  "vocab_size": 32000
}
```

这是一个默认的配置，可以根据自己的需要来修改，例如通过修改网络结构来减少网络参数，示例代码如下：

```
from transformers import LlamaConfig

config = LlamaConfig()
config.num_hidden_layers = 12
config.hidden_size = 1024
config.intermediate_size = 4096
config.num_key_value_heads = 8
print(config)
```

输出如下：

```
LlamaConfig {
  "attention_bias": false,
  "attention_dropout": 0.0,
  "bos_token_id": 1,
  "eos_token_id": 2,
  "hidden_act": "silu",
  "hidden_size": 1024,
  "initializer_range": 0.02,
```

```
  "intermediate_size": 4096,
  "max_position_embeddings": 2048,
  "mlp_bias": false,
  "model_type": "llama",
  "num_attention_heads": 32,
  "num_hidden_layers": 12,
  "num_key_value_heads": 8,
  "pretraining_tp": 1,
  "rms_norm_eps": 1e-06,
  "rope_scaling": null,
  "rope_theta": 10000.0,
  "tie_word_embeddings": false,
  "transformers_version": "4.43.1",
  "use_cache": true,
  "vocab_size": 32000
}
```

有了模型的配置，就可以根据配置来创建一个大模型，代码如下：

```
from transformers import LlamaForCausalLM
model = LlamaForCausalLM(config)
print(model)
```

当然这个模型目前的参数都是随机初始化的，它还需要大量文本的训练才可以进行语言生成。在大多数情况下，我们需要从一个开源预训练好的大模型开始，继续在特定领域进行预训练，加载预训练大模型的代码如下：

```
model_path = "your_model_path"
model = AutoModelForCausalLM.from_pretrained(model_path)
tokenizer = AutoTokenizer.from_pretrained(model_path)
```

5.4.5 模型预训练

首先通过自定义 Dataset 来加载之前处理好的数据，将 token id 转换为 PyTorch 对象，代码如下：

```
import datasets
from torch.utils.data import Dataset

class CustomDataset(Dataset):
    def __init__(self, args, split="train"):
        """初始化用户自定义 Dataset"""
        self.args = args
        self.dataset = datasets.load_dataset(
            "parquet",
            data_files=args.dataset_name,
```

```
            split=split
        )

    def __len__(self):
        """返回 Dataset 的长度"""
        return len(self.dataset)

    def __getitem__(self, idx):
        """根据指定的 idx,返回特定的样本"""
        #将 token id 的 list 转换为 PyTorch 的 LongTensor
        input_ids = torch.LongTensor(self.dataset[idx]["input_ids"])
        labels = torch.LongTensor(self.dataset[idx]["input_ids"])

        #同时包含 input_ids 和 labels,HuggingFace 模型会输出 loss
        return {"input_ids": input_ids, "labels": labels}
```

使用量化加载 Llama3.1 预训练模型并准备 LoRA 模型，代码如下：

```
import torch
from transformers import AutoModelForCausalLM, AutoTokenizer, TextStreamer,
BitsAndBytesConfig

model_path = r'Your_path_to\Meta-Llama-3.1-8B-Instruct'
#4 位 加载
bnb_config = BitsAndBytesConfig(
    load_in_4bit=True,
    bnb_4bit_use_double_quant=True,
    bnb_4bit_quant_type="nf4",
    bnb_4bit_compute_dtype=torch.bfloat16
)

#8 位 加载
#bnb_config = BitsAndBytesConfig(
#load_in_8bit=True
#)

tokenizer = AutoTokenizer.from_pretrained(model_path)
model = AutoModelForCausalLM.from_pretrained(
    model_path,
    quantization_config=bnb_config
)
peft_config = LoraConfig(
        r=8,
        target_modules=["q_proj",
                        "v_proj",
                        "k_proj",
                        "o_proj",
                        "gate_proj",
                        "down_proj",
```

```
                      "up_proj"
                      ],
        task_type=TaskType.CAUSAL_LM,
        lora_alpha=16,
        lora_dropout=0.05
    )
model = get_peft_model(model, peft_config)
```

定义一个训练参数的数据类，用来统一管理所有的训练参数，代码如下：

```
from dataclasses import dataclass, field
import transformers

@dataclass
class CustomArguments(transformers.TrainingArguments):
    #训练数据集
    dataset_name: str = field(default="../data/pretrain_data.parquet")
    #数据处理时的并行进程数
    num_proc: int = field(default=1)
    #最大序列长度
    max_seq_length: int = field(default=32)

    #随机种子
    seed: int = field(default=0)
    #优化器
    optim: str = field(default="adamw_torch")
    #训练轮数
    num_train_epochs: int = field(default=2)
    #每台设备上的批量大小
    per_device_train_batch_size: int = field(default=2)

    #学习率
    learning_rate: float = field(default=5e-5)
    #权重衰减
    weight_decay: float = field(default=0)
    #预热步数
    warmup_steps: int = field(default=10)
    #学习率规划期类型
    lr_scheduler_type: str = field(default="linear")
    #是否使用梯度检查点
    gradient_checkpointing: bool = field(default=False)
    #数据加载并行进程数
    dataloader_num_workers: int = field(default=2)
    #是否使用 BF16 作为混合精度训练类型
    bf16: bool = field(default=True)
    #梯度累加步数
    gradient_accumulation_steps: int = field(default=1)

    #日志记录的步长频率
```

```
    logging_steps: int = field(default=3)
    #checkpoint 保存策略
    save_strategy: str = field(default="steps")
    #checkpoint 保存的步长频率
    save_steps: int = field(default=3)
    #总的保存 checkpoint 的数量
    save_total_limit: int = field(default=2)
```

HfArgumentParser 是来自 HuggingFace Transformers 库的一个实用工具类，用于解析命令行参数并将它们转换为数据类实例。它简化了命令行参数的处理，使将参数传递给脚本更加直观和类型安全，解析代码如下：

```
parser = transformers.HfArgumentParser(CustomArguments)
args, = parser.parse_args_into_dataclasses()
```

这样当从命令行调用训练脚本时，就可以传入参数来修改训练脚本的配置项。下边增加创建数据集和训练器的逻辑，代码如下：

```
train_dataset = CustomDataset(args=args)
from transformers import Trainer

trainer = Trainer(
    model=model,
    args=args,
    train_dataset=train_dataset,
    eval_dataset=None
)

if __name__ == '__main__':
    trainer.train()
```

最后通过命令行传递参数来启动训练脚本，命令如下：

```
python pretrain_model.py --output_dir output_dir --num_train_epochs 10 --per_
device_train_batch_size 8
```

完整的训练代码如下：

```
//Chapter5/pretrain_model.py
import datasets
from peft import TaskType, LoraConfig, get_peft_model
from torch.utils.data import Dataset
import torch
from transformers import AutoModelForCausalLM, AutoTokenizer, BitsAndBytesConfig
from dataclasses import dataclass, field
import transformers
```

```
class CustomDataset(Dataset):
    def __init__(self, args, split="train"):
        """初始化用户自定义 Dataset"""
        self.args = args
        self.dataset = datasets.load_dataset(
            "parquet",
            data_files=args.dataset_name,
            split=split
        )

    def __len__(self):
        """返回 Dataset 的长度"""
        return len(self.dataset)

    def __getitem__(self, idx):
        """根据指定的 idx,返回特定的样本"""
        #将 token id 的 list 转换为 PyTorch 的 LongTensor
        input_ids = torch.LongTensor(self.dataset[idx]["input_ids"])
        labels = torch.LongTensor(self.dataset[idx]["input_ids"])

        #同时包含 input_ids 和 labels,HuggingFace 模型会输出 loss
        return {"input_ids": input_ids, "labels": labels}


@dataclass
class CustomArguments(transformers.TrainingArguments):
    #训练数据集
    dataset_name: str = field(default="../data/pretrain_data.parquet")
    #数据处理时的并行进程数
    num_proc: int = field(default=1)
    #最大序列长度
    max_seq_length: int = field(default=32)

    #随机种子
    seed: int = field(default=0)
    #优化器
    optim: str = field(default="adamw_torch")
    #训练轮数
    num_train_epochs: int = field(default=2)
    #每台设备上的批量大小
    per_device_train_batch_size: int = field(default=2)

    #学习率
    learning_rate: float = field(default=5e-5)
    #权重衰减
    weight_decay: float = field(default=0)
    #预热步数
    warmup_steps: int = field(default=10)
    #学习率规划期类型
```

```
    lr_scheduler_type: str = field(default="linear")
    #是否使用梯度检查点
    gradient_checkpointing: bool = field(default=False)
    #数据加载并行进程数
    dataloader_num_workers: int = field(default=2)
    #是否使用 BF16 作为混合精度训练类型
    bf16: bool = field(default=True)
    #梯度累加步数
    gradient_accumulation_steps: int = field(default=1)

    #日志记录的步长频率
    logging_steps: int = field(default=3)
    #checkpoint 保存策略
    save_strategy: str = field(default="steps")
    #checkpoint 保存的步长频率
    save_steps: int = field(default=3)
    #总的保存 checkpoint 的数量
    save_total_limit: int = field(default=2)


model_path = r'Your_model_path/Yi-1.5-6B-Chat'
#4 位 加载
bnb_config = BitsAndBytesConfig(
    load_in_4bit=True,
    bnb_4bit_use_double_quant=True,
    bnb_4bit_quant_type="nf4",
    bnb_4bit_compute_dtype=torch.bfloat16
)

#8 位 加载
#bnb_config = BitsAndBytesConfig(
#load_in_8bit=True
#)

tokenizer = AutoTokenizer.from_pretrained(model_path)
model = AutoModelForCausalLM.from_pretrained(
    model_path,
    quantization_config=bnb_config
)
peft_config = LoraConfig(
        r=8,
        target_modules=["q_proj",
                        "v_proj",
                        "k_proj",
                        "o_proj",
                        "gate_proj",
                        "down_proj",
                        "up_proj"
                        ],
```

```
        task_type=TaskType.CAUSAL_LM,
        lora_alpha=16,
        lora_dropout=0.05
    )
model = get_peft_model(model, peft_config)
model.print_trainable_parameters()
parser = transformers.HfArgumentParser(CustomArguments)
args, = parser.parse_args_into_dataclasses()

train_dataset = CustomDataset(args=args)
from transformers import Trainer

trainer = Trainer(
    model=model,
    args=args,
    train_dataset=train_dataset,
    eval_dataset=None
)

if __name__ == '__main__':
    trainer.train()
```

第6章 大模型的监督微调

在大模型的开发过程中，指令微调是继预训练之后的重要步骤。尽管大模型的大部分能力在预训练阶段就已经形成了，但此时的模型尚未具备以适当方式表达其知识的能力。预训练后的模型通常只是按照提供的上下文继续生成文本，而无法直接回答问题，例如，当被问及“中国的首都是哪里?”时，它可能会继续生成诸如“美国的首都是哪里?”之类的内容，而非直接给出问题的答案。指令微调的目的是在预训练模型的基础上，通过特定的数据和训练方式，使模型能够更好地理解和回答用户的问题。

13min

在神经网络的训练中，三大关键要素包括网络结构、损失函数、训练数据。指令微调与预训练在本质上并无差异，二者在网络结构上保持一致，损失函数也基本相同，最大的区别在于训练数据的不同。

6.1 对话模板

开源大模型在发布时一般会提供预训练版本和指令微调版本。在进行指令微调时，这些模型通常会采用一种特定的对话模板，即所谓的 Chat Template。在对模型进行领域特定的指令微调时，保持与原始对话模板的一致性至关重要，这样才能确保微调时获得最佳的效果。

例如对于下边的例子，你想问大模型“天空为什么是蓝色的?”，希望大模型回答“这是由于光的散射引起的。”。HuggingFace 里表示这个对话的数据结构如下：

```
[{"role": "system", "content": "You are a helpful assistant."},
{"role": "user", "content": "天空为什么是蓝色的?"},
{"role": "assistant", "content": "这是由于光的散射引起的。"}]
```

在进行指令微调时，大模型通常会引入一些特殊的 token，以帮助模型识别当前任务的性质，例如，这些标记可以用于指示模型需要回答问题，并在回答完成时添加结束标记。以 Llama3.1 的对话模板为例，它在输入的开头添加了序列开始符号，并将不同的角色信息嵌入 header_id 中。每当一段内容结束时都会附加一个序列结束标记。

HuggingFace 里所采用的对话数据结构是一个列表(list)，其中每个元素都是一个字典,包含两项关键内容：一个是 role,另一个是 content。通常,role 包括 system、user 和 assistant 这 3 种类型。system 用于对大模型进行系统设定,user 表示用户输入,而 assistant 则代表大模型的回答。

通过 Chat Template 将上边对话信息转换为输入并传送给大模型的 token 序列,代码如下：

```
<|begin_of_text|><|start_header_id|>system<|end_header_id|>

You are a helpful assistant.<|eot_id|><|start_header_id|>user<|end_header_id|>

天空为什么是蓝色的？<|eot_id|><|start_header_id|>assistant<|end_header_id|>

这是由于光的散射引起的。<|eot_id|>
```

每个大模型和自己的 Tokenizer 是唯一对应的。同样,因为每个大模型和自己的 Chat Template 也是唯一对应的,所以把这个 Chat Template 也放在 Tokenizer 的配置里。Llama3.1 的 tokenizer_config.json 配置文件里 Chat Template 的部分如下：

```
"chat_template": "{% set loop_messages = messages %}{% for message in loop_
messages %}{% set content = '<|start_header_id|>' + message['role'] + '<|end_
header_id|>\n\n'+ message['content'] | trim + '<|eot_id|>' %}{% if loop.index0 ==
0 %}{% set content = bos_token + content %}{% endif %}{{ content }}{% endfor %}{% if
add_generation_prompt %}{{ '<|start_header_id|>assistant<|end_header_id|>\n\n' }}
{% endif %}"
```

可以通过 Tokenizer 对对话应用 Chat Template,代码如下：

```
//Chapter6/sft_simple.py
from transformers import AutoTokenizer
model_path = 'Your_model_path/Meta-Llama-3.1-8B-Instruct'

tokenizer = AutoTokenizer.from_pretrained(model_path, use_fast=False)
dialog = [{"role": "system", "content": "You are a helpful assistant."},
          {"role": "user", "content": "天空为什么是蓝色的?"},
          {"role": "assistant", "content": "这是由于光的散射引起的。"}]

msg = tokenizer.apply_chat_template(dialog, tokenize=False)
print(msg)
```

在大模型进行推理时,只有用户的问题,还没有大模型的回答,在生成大模型输入的 token 时,需要在应用对话模板时将 add_generation_prompt 参数设置为 True,代码如下：

```
from transformers import AutoTokenizer
model_path = 'Your_model_path/Meta-Llama-3.1-8B-Instruct'

tokenizer = AutoTokenizer.from_pretrained(model_path, use_fast=False)
```

```
dialog = [{"role": "system", "content": "You are a helpful assistant."},
          {"role": "user", "content": "天空为什么是蓝色的?"},
          ]

msg = tokenizer.apply_chat_template(dialog, tokenize=False,add_generation_prompt=True)
print(msg)
```

此时,生成的 token 序列如下:

```
<|begin_of_text|><|start_header_id|>system<|end_header_id|>

You are a helpful assistant.<|eot_id|><|start_header_id|>user<|end_header_id|>

天空为什么是蓝色的? <|eot_id|><|start_header_id|>assistant<|end_header_id|>
```

可以看到已经为模型输出添加了<|start_header_id|> assistant <|end_header_id|>,此时大模型需要输出答案和序列结束符,内容和格式如下:

```
这是由于光的散射引起的。<|eot_id|>
```

一个最简单的对大模型进行指令微调的代码如下:

```
//Chapter6/sft_simple.py
from transformers import AutoModelForCausalLM, AutoTokenizer
import torch

model_path = ' Your_model_path/Meta-Llama-3.1-8B-Instruct '

tokenizer = AutoTokenizer.from_pretrained(model_path, use_fast=False)
model = AutoModelForCausalLM.from_pretrained(model_path).to("cuda")
optimizer = torch.optim.AdamW(model.parameters())

dialog = [{"role": "system", "content": "You are a helpful assistant."},
          {"role": "user", "content": "天空为什么是蓝色的?"},
          {"role": "assistant", "content": "这是由于光的散射引起的。"}]

msg = tokenizer.apply_chat_template(dialog, tokenize=False)
print(msg)

input = tokenizer.apply_chat_template(dialog, return_tensors="pt")
input = {k: v.to("cuda") for k, v in input.items()}

#设置 labels 和 inputs,使它们一致
input["labels"] = input["input_ids"].clone()

output = model(**input)

#获取模型的 loss
```

```
loss = output.loss
loss.backward()
optimizer.step()
optimizer.zero_grad()

#保存模型
model.save_pretrained("output_dir")
```

上边的代码只用了一条数据,对模型训练了一次,并且没有量化加载和使用 LoRA 训练,可能会因为显存不足而导致训练失败。

对于大模型进行监督微调的数据,一般采用问答对的形式,每条训练数据里都包含问题和答案两部分,示例数据如下:

```
{"query": "保持健康的 3 个提示。", "answer": "以下是保持健康的 3 个提示:\n\n1. 保持身体活动。每天做适当的身体运动,如散步、跑步或游泳,能促进心血管健康,增强肌肉力量,并有助于减少体重。\n\n2. 均衡饮食。每天食用新鲜的蔬菜、水果、全谷物和脂肪含量低的蛋白质食物,避免高糖、高脂肪和加工食品,以保持健康的饮食习惯。\n\n3. 睡眠充足。睡眠对人体健康至关重要,成年人每天应保证 7~8 小时的睡眠。良好的睡眠有助于减轻压力,促进身体恢复,并提高注意力和记忆力。"}
{"query": "三原色是什么?", "answer": "三原色通常指的是红色、绿色和蓝色(RGB)。它们是通过加色混合原理创建色彩的 3 种基础颜色。在以发光为基础的显示设备中(如电视、计算机显示器、智能手机和平板电脑显示屏),三原色可混合产生大量色彩,其中红色和绿色可以混合生成黄色,红色和蓝色可以混合生成品红色,蓝色和绿色可以混合生成青色。当红色、绿色和蓝色按相等比例混合时,可以产生白色或灰色。\n\n此外,在印刷和绘画中,三原色指的是以颜料为基础的红、黄和蓝颜色(RYB)。这 3 种颜色用以通过减色混合原理来创建色彩。不过,三原色的具体定义并不唯一,不同的颜色系统可能会采用不同的三原色。"}
```

6.2 只关注回答

指令微调的第 2 个技巧是只关注回答部分(Completions Only)。我们输入大模型的是整个对话,在上边的简单训练过程中会对每个输出的 token 计算损失值。首先对于系统提示的 token,每个样本都是一样的,没有必要每次都计算它的损失值。另外,为了让大模型把注意力都集中在回答问题上,可以只对整个序列里答案的部分计算损失值。这就是 Completions Only。

如何实现只对回答部分计算损失值呢?一种实现方法是生成一个 Loss Mask 的 Tensor,它和模型每个批次输出的形状是一致的。只有在模型回答部分位置的值为 1,而在其他部分值为 0。这样在计算出输出每个 token 的损失值后,乘以 Loss Mask 就可以让非回答部分的损失值为 0,如图 6-1 所示。

首先定义一个 Dataset,用于负责加载数据,并且对数据应用对话模板,代码如下:

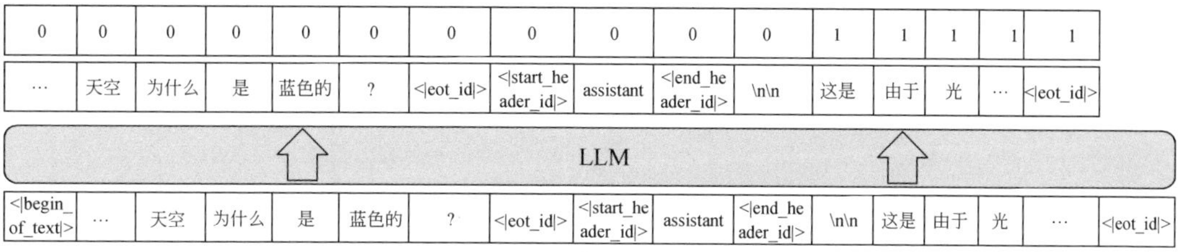

图 6-1 Loss Mask

```
class SFTDataset(Dataset):

    def __init__(self, file_path, tokenizer):
        super().__init__()
        self.file_path = file_path
        self.examples = self._load_data(self.file_path)
        self.tokenizer = tokenizer

    @staticmethod
    def _load_data(file_path):
        items = []
        with open(file_path, "r", encoding="utf8") as f:
            for line in f:
                item = json.loads(line)
                items.append(item)
        return items

    def __getitem__(self, index):
        example = self.examples[index]
        dialog = [{"role": "system", "content": "You are a helpful assistant."},
                  {"role": "user", "content": example["query"]},
                  {"role": "assistant", "content": example["answer"]}]
        chat = tokenizer.apply_chat_template(dialog, tokenize=False)
        return chat

    def __len__(self):
        return len(self.examples)
```

另外，定义一个 collate 方法来对批量数据进行分词和计算 Loss Mask。它通过传入的标志非回答部分结束的字符串来找到非回答 token 和回答 token 的位置，并生成 Loss Mask，代码如下：

```
def sft_collate(batch, tokenizer, end_str, max_length):
    inputs = tokenizer(batch, max_length=max_length, padding=True, truncation=True)
    input_ids = inputs["input_ids"]
    input_len = len(input_ids[0])
    end_ids = tokenizer(end_str)["input_ids"]
    end_id_len = len(end_ids)
```

```
    loss_mask = []
    for input_id in input_ids:
        for i in range(len(input_id) - end_id_len, -1, -1):
            if input_id[i:i + end_id_len] == end_ids:
                mask = [1] * (input_len - 1)
                mask[:i + end_id_len - 1] = [0] * (i + end_id_len - 1)
                loss_mask.append(mask)
                break
            if i == 0: #所有回答部分都被截断
                loss_mask.append([0] * (input_len - 1))
    inputs = {k: torch.tensor(v) for k, v in inputs.items()}
    loss_mask = torch.tensor(loss_mask)
    return inputs, loss_mask
```

上边代码展示的只是一种实现方式。在 HuggingFace 的实现里将不需要计算损失值位置的标签设置为一个特殊的值，并在计算损失时忽略特殊标签值对应的损失值。

完整代码如下：

```
//Chapter6/sft_completions_only.py
import functools
import json
from peft import LoraConfig, TaskType, get_peft_model
from transformers import AutoModelForCausalLM, AutoTokenizer, BitsAndBytesConfig
from torch.utils.data import DataLoader, Dataset
import torch


class SFTDataset(Dataset):

    def __init__(self, file_path, tokenizer):
        super().__init__()
        self.file_path = file_path
        self.examples = self._load_data(self.file_path)
        self.tokenizer = tokenizer

    @staticmethod
    def _load_data(file_path):
        items = []
        with open(file_path, "r", encoding="utf8") as f:
            for line in f:
                item = json.loads(line)
                items.append(item)
        return items

    def __getitem__(self, index):
        example = self.examples[index]
        dialog = [{"role": "system", "content": "You are a helpful assistant."},
                  {"role": "user", "content": example["query"]},
```

```
                {"role": "assistant", "content": example["answer"]}]
        chat = tokenizer.apply_chat_template(dialog, tokenize=False)
        return chat

    def __len__(self):
        return len(self.examples)


model_path = 'Your_model_path/Meta-Llama-3.1-8B-Instruct '
tokenizer = AutoTokenizer.from_pretrained(model_path, use_fast=False)
tokenizer.padding_side = "right"
tokenizer.pad_token = tokenizer.eos_token
bnb_config = BitsAndBytesConfig(
    load_in_4bit=True,
    bnb_4bit_use_double_quant=True,
    bnb_4bit_quant_type="nf4",
    bnb_4bit_compute_dtype=torch.bfloat16
)
model = AutoModelForCausalLM.from_pretrained(model_path, quantization_config= bnb_
config)
peft_config = LoraConfig(
    r=8,
    target_modules=["q_proj",
                    "v_proj",
                    "k_proj",
                    "o_proj",
                    "gate_proj",
                    "down_proj",
                    "up_proj"
                    ],
    task_type=TaskType.CAUSAL_LM,
    lora_alpha=16,
    lora_dropout=0.05
)
model = get_peft_model(model, peft_config)
model.print_trainable_parameters()
model.to("cuda")

optimizer = torch.optim.AdamW(model.parameters())


def sft_collate(batch, tokenizer, end_str, max_length):
    inputs = tokenizer(batch, max_length=max_length, padding=True, truncation=True)
    input_ids = inputs["input_ids"]
    input_len = len(input_ids[0])
    end_ids = tokenizer(end_str)["input_ids"]
    end_id_len = len(end_ids)
    loss_mask = []
    for input_id in input_ids:
```

```
        for i in range(len(input_id) - end_id_len, -1, -1):
            if input_id[i:i + end_id_len] == end_ids:
                mask = [1] * (input_len - 1)
                mask[:i + end_id_len - 1] = [0] * (i + end_id_len - 1)
                loss_mask.append(mask)
                break
            if i == 0:            #所有回答部分都被截断
                loss_mask.append([0] * (input_len - 1))
    inputs = {k: torch.tensor(v) for k, v in inputs.items()}
    loss_mask = torch.tensor(loss_mask)
    return inputs, loss_mask


collate_fn = functools.partial(sft_collate,
                               tokenizer=tokenizer,
end_str="<|start_header_id|>assistant<|end_header_id|>\n\n",
                               max_length=500)

sft_dataset = SFTDataset("./data/sft_data.json", tokenizer)
data_loader = DataLoader(sft_dataset, batch_size=2, collate_fn=collate_fn,
shuffle=True)
epoch = 10

for i in range(epoch):
    for inputs, loss_mask in data_loader:
        inputs = {k: v.to("cuda") for k, v in inputs.items()}
        loss_mask = loss_mask.to("cuda")
        logits = model(**inputs).logits[:, :-1, :]
        labels = inputs["input_ids"][:, 1:]
        logits = logits.reshape(-1, logits.size(-1))
        labels = labels.reshape(-1)
        loss_mask = loss_mask.reshape(-1)

        loss = torch.nn.functional.cross_entropy(logits, labels, reduction="none")
        loss = loss * loss_mask
        loss = torch.mean(loss)
        loss.backward()
        optimizer.step()
        optimizer.zero_grad()
    print(loss.item())
```

上边的代码首先通过量化加载模型，同时使用 LoRA 来训练模型。通过 SFTDataset 来处理和加载数据。通过 sft_collate 来生成 Loss Mask。最后在训练时，对每个输出位置的损失值乘以 Loss Mask，这样就达到了忽略非回答部分损失值的效果。

6.3 噪声嵌入微调

噪声嵌入微调(Noisy Embeddings Fine Tune,NEFTune)是一种可以提高大模型精度和泛化性的技术。在计算机视觉领域,数据增强是一项至关重要的技术。由于在训练模型时往往面临数据量不足的问题,研究人员可以通过对图像进行旋转、翻转、调整亮度等操作来生成更多样本,将这些样本用于训练,从而提升模型的泛化能力和准确性,如图 6-2 所示。

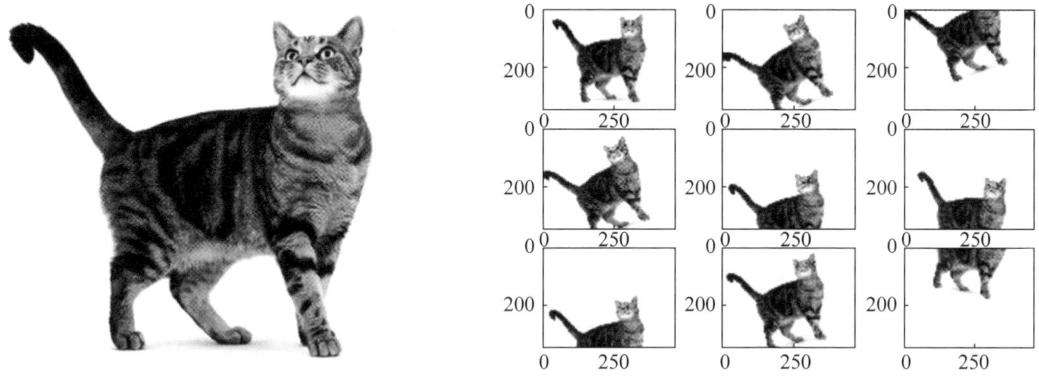

图 6-2　图像增强

类似地,在对大模型的指令进行微调的过程中,数据往往需要手动构造,这使数据采集的成本极高。相较于大模型庞大的参数量,这些数据量显得更为稀少。那么,是否存在一种针对文本数据的增强方法呢？在文本处理中,token 进入大模型的第 1 步是向量嵌入。实验表明,在 token 构成的向量空间中,意义相近的词语,如“漂亮”和“美丽”及“妻子”和“夫人”,其向量距离通常非常接近,如图 6-3 所示。

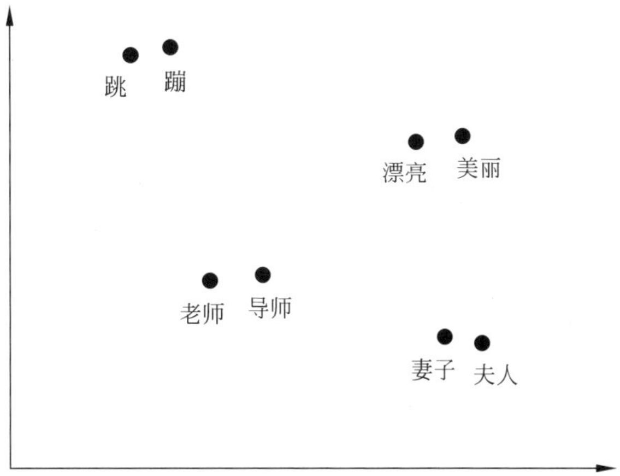

图 6-3　token 的语义嵌入

因此,通过在训练数据中引入同义词替换的策略,可以在不显著改变语义的前提下生成更多样本,进而提高模型的泛化性和性能。这种方法为文本数据的增强提供了一条有效路径。

这一实现过程相对简单,核心在于引入一个噪声系数 alpha,用于调节噪声的强度,具体步骤如下:

首先,对 input_id 进行向量嵌入操作,将输入的 token 转换为向量表示。接下来,计算序列的维度,即序列长度与每个 token 的维度相乘的结果。

接着,将噪声系数 alpha 除以序列维度的平方根。这里为什么要除以序列维度的平方根呢?可以理解为这是为了在不同长度的序列之间实现一致的欧氏距离计算。也就是说,当在向量空间中计算原始序列与其加噪声后的序列之间的欧氏距离时,无论序列长度如何,这个距离都应保持一致。通过除以序列维度的平方根,可以确保不同长度的序列在加噪声后的欧氏距离是均衡的。

最后,将生成的噪声向量加到原始的嵌入向量上,从而完成对输入的增强。这个过程有效地为模型提供了更多样化的训练数据,有助于提高模型的泛化能力。

原始论文的作者在 Llama2 7B 的模型上进行了测试,通过增加 NEFTune,可以让模型的表现平均增加 10%,如图 6-4 所示。

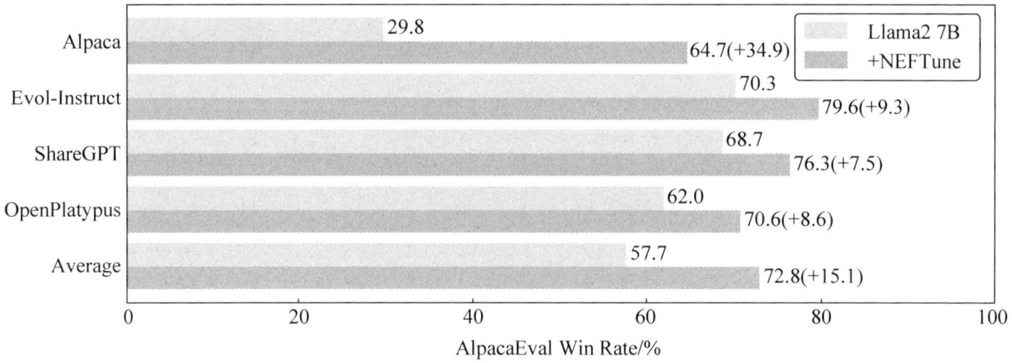

图 6-4 NEFTune 效果

具体实现代码如下:

```
//Chpapter6/sft_NEFT.py
epoch = 10
neftune_noise_alpha = 10
for i in range(epoch):
    for inputs, loss_mask in data_loader:
        input_ids = inputs.pop("input_ids")
        input_embeddings = model.base_model.model.model.embed_tokens(input_ids)
        dims = torch.tensor(input_embeddings.size(1) *input_embeddings.size(2))
        mag_norm = neftune_noise_alpha / torch.sqrt(dims)
          input _embeddings = input _embeddings + torch. zeros _like (input _
embeddings).uniform_(-mag_norm, mag_norm)
        inputs["inputs_embeds"] = input_embeddings
```

```
        inputs = {k: v.to("cuda") for k, v in inputs.items()}
        loss_mask = loss_mask.to("cuda")
        logits = model(**inputs).logits[:, :-1, :]
        labels = input_ids[:, 1:].to("cuda")
        logits = logits.reshape(-1, logits.size(-1))
        labels = labels.reshape(-1)
        loss_mask = loss_mask.reshape(-1)

        loss = torch.nn.functional.cross_entropy(logits, labels, reduction="none")
        loss = loss * loss_mask
        loss = torch.mean(loss)
        loss.backward()
        optimizer.step()
        optimizer.zero_grad()
    print(loss.item())
```

在之前的代码上做少量的修改就可以实现 NEFune。首先，代码里增加了噪声系数，然后获取 token 的 input_id，接着对它们进行向量嵌入，然后计算序列维度，用噪声系数除以序列维度的开方，生成随机数的范围 mag_norm。接着给原始的嵌入向量的每位都随机加上从正的 mag_norm 到负的 mag_norm 之间的一个随机数，这样就实现了 NEFTune。

6.4 SFT Trainer

HuggingFace 的 TRL 库里集成了 SFT Trainer，它内在集成了本章前面所讲的所有功能。用户只需通过简单的配置就可以实现相应的功能，并且 SFT Trainer 能够适配 Accelerate，进行分布式训练。

在数据准备阶段，SFT Trainer 默认支持的数据格式是字典格式，其中每条记录有两个元素，一个是 prompt，另一个是 completion。首先需要将原始训练数据处理为这种格式，然后构建一个 dataset。这样的数据，SFT Trainer 在进行训练时会自动应用 tokenizer 的 Chat Template，代码如下：

```
items = []
with open("./data/sft_data.json", "r", encoding="utf8") as f:
    for line in f:
        item = json.loads(line)
        items.append({"prompt": item["query"], "completion": item["answer"]})
dataset = Dataset.from_list(items)
```

然后生成一个 SFT Config 的对象，在里边指定一些训练的超参数，包括 NEFTune 的 alpha，代码如下：

```
sft_config = SFTConfig(output_dir="/tmp",
                       neftune_noise_alpha=10,
                       per_device_train_batch_size=1,
```

```
                    max_seq_length=100,
                    num_train_epochs=10,
                    logging_steps=10,
                    logging_strategy="steps")
```

接着需要生成一个对批量数据进行整理的 collator 函数，这个函数可以实现只对回答部分计算 loss，但是需要告诉这个函数判断回答开始的 token 序列是什么，这里填入 Llama3.1 的 Chat Template 里标志回答前的 token 序列，代码如下：

```
response_template = "<|start_header_id|>assistant<|end_header_id|>\n\n"
collator = DataCollatorForCompletionOnlyLM(response_template, tokenizer=
tokenizer)
```

完整的代码如下：

```
//Chapter6/sft_trainer.py
import json
import torch
from datasets import Dataset
from peft import LoraConfig, get_peft_model, TaskType
from transformers import AutoTokenizer, BitsAndBytesConfig, AutoModelForCausalLM
from trl import SFTTrainer, SFTConfig, DataCollatorForCompletionOnlyLM

items = []
with open("./data/sft_data.json", "r", encoding="utf8") as f:
    for line in f:
        item = json.loads(line)
        items.append({"prompt": item["query"], "completion": item["answer"]})
dataset = Dataset.from_list(items)

model_path = r'D:\work\models\Meta-Llama-3.1-8B-Instruct'
tokenizer = AutoTokenizer.from_pretrained(model_path, use_fast=False)
tokenizer.padding_side = "right"
tokenizer.pad_token = tokenizer.eos_token
bnb_config = BitsAndBytesConfig(
    load_in_4bit=True,
    bnb_4bit_use_double_quant=True,
    bnb_4bit_quant_type="nf4",
    bnb_4bit_compute_dtype=torch.float16
)
model = AutoModelForCausalLM.from_pretrained(model_path, quantization_config=bnb_
config,torch_dtype=torch.float16)
peft_config = LoraConfig(
    r=8,
    target_modules=["q_proj",
                    "v_proj",
                    "k_proj",
                    "o_proj",
```

```
                    "gate_proj",
                    "down_proj",
                    "up_proj"
                    ],
    task_type=TaskType.CAUSAL_LM,
    lora_alpha=16,
    lora_dropout=0.05
)
model = get_peft_model(model, peft_config)
sft_config = SFTConfig(output_dir="/tmp",
                       neftune_noise_alpha=10,
                       per_device_train_batch_size=1,
                       max_seq_length=100,
                       num_train_epochs=10,
                       logging_steps=10,
                       logging_strategy="steps")
response_template = "<|start_header_id|>assistant<|end_header_id|>\n\n"
collator = DataCollatorForCompletionOnlyLM(response_template, tokenizer=tokenizer)
trainer = SFTTrainer(
    model=model,
    train_dataset=dataset,
    args=sft_config,
    data_collator=collator

)

trainer.train()
```

第 7 章　大模型的强化学习

强化学习(Reinforcement Learning,RL)是一种机器学习方法,通过智能体(Agent)与环境(Environment)的互动来学习最佳行为策略,以最大化累积奖励。与监督学习不同,监督学习需要大量标注数据,并通过给定的输入和输出对模型进行训练,而强化学习则通过试错和反馈来不断地优化决策策略。由于强化学习需要智能体在不同状态下反复尝试,训练难度和计算资源消耗通常比监督学习更高。

在大模型训练中,监督学习的微调需要大量高质量的标注数据,这种数据的收集过程通常非常困难且昂贵,然而,通过大模型生成多个回答并让人类对这些回答进行评价,相对来讲数据收集更加容易,因此可以使用强化学习的方法,让大模型基于人类反馈进行进一步训练,从而使模型的行为更符合人类期望。这种方式不仅提高了数据收集的效率,还能显著地提升模型在实际应用中的表现。

7.1　强化学习基础

31min

强化学习里的概念和算法比较多,理解起来比较困难,这一节我们从一些简单的概念和算法讲起。

7.1.1　强化学习里的基础概念

学习强化学习,首先要了解以下几个基本概念,以超级玛丽游戏为例来介绍,如图 7-1 所示。

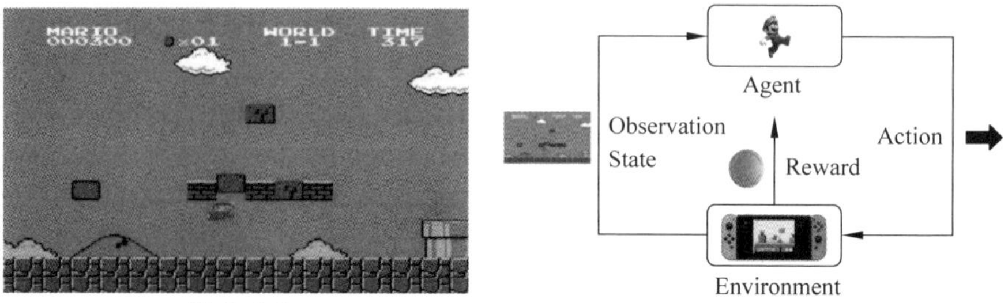

(a) 游戏画面　(b) 游戏交互逻辑

图 7-1　超级玛丽游戏

1. 环境

环境(Environment)是指在运行中的系统,例如超级玛丽游戏中的游戏画面和后台程序。环境负责生成和切换游戏画面、生成敌人和奖励,并决定游戏何时结束。我们无法了解环境的具体实现逻辑细节,只能通过其设计的规则与其交互。

2. 智能体

智能体(Agent)是指在观察环境后,根据自己的策略采取动作以争取获得尽可能多的奖励。在玩游戏时,这种策略是由玩家决定的,而在强化学习中,程序需要学习出一种策略来尽可能多地获得环境给予的奖励。

3. 状态与观察

状态(State)是指游戏当前的状态,智能体根据当前的状态来做出决策。在某些游戏中,智能体的视野不是全视野的,只能看到游戏状态的一部分,这时的视野部分称为观察(Observation),然而,在超级玛丽游戏中,我们认为状态等于观察。在后面的讨论中,将统一使用状态。

4. 动作

动作(Action)是指智能体根据当前的状态及其策略所做出的决策。在超级玛丽游戏中,动作包括向左移动、向右移动及跳跃这 3 个动作。

5. 奖励

奖励(Reward)是智能体做出一个动作后,环境给予的奖励或惩罚,例如,当玛丽吃到一个金币时奖励 10 分,吃到一个蘑菇时奖励 20 分,被怪物打死时扣除 100 分,通关时奖励 100 分。奖励的具体值既可以参考游戏中的实际设定,也可以由设计者自行定义。最终,智能体的目标是最大化获得的总奖励。奖励的定义质量将很大程度上影响模型的训练效果。

6. 动作空间

动作空间(Action Space)是指智能体可以选择的动作集合,例如,在超级玛丽游戏中,动作空间包括向左移动(left)、向上跳跃(up)和向右移动(right)。

7. 策略函数

策略函数(Policy),通常用 π 表示,是一种将状态映射到动作概率分布的函数。给定状态 s_t,策略 π 会给出接下来做出每个动作的概率分布,例如,对于状态 s_t,策略 π 可能会给出向左的概率为 0.1,向上的概率为 0.2,向右的概率为 0.7。

$$\pi(\text{left} \mid s_t) = 0.1$$

$$\pi(\text{up} \mid s_t) = 0.2$$

$$\pi(\text{right} \mid s_t) = 0.7$$

在强化学习训练和推理时,通常并不执行概率最高的动作,而是根据概率分布进行采样,这有以下两个主要原因。

(1) 探索性:在训练过程中,通过探索各种动作的可能性,模型能够学习到更优的策略。

(2) 多样性:在推理过程中,输出的多样性同样具有重要价值,例如,在剪刀石头布游戏中,如果每次都选择相同的动作,则容易被对手预测。同样,在大模型聊天时,如果同一个问题的回答每次都相同,则会显得单调乏味。

8. 轨迹

轨迹(Trajectory),通常用 τ 表示,是一系列状态和动作的序列,也称为 Episode 或 Rollout,例如,游戏的初始状态为 s_0,智能体做出动作 a_0,将状态切换到 s_1,然后智能体做出动作 a_1,以此类推,直到游戏结束。

$$\{s_0, a_0, s_1, a_1, \cdots\}$$

轨迹中的下一种状态 s_{t+1} 与前一种状态 s_t 和动作 a_t 有关。有些状态转移是确定的,即在给定 s_t 和 a_t 的情况下,可以确定得到 s_{t+1}。

$$s_{t+1} = f(s_t, a_t)$$

例如,在大语言模型生成过程中,状态是已经生成的 token 序列,当前的动作是生成下一个 token。当前 token 生成后,已生成的序列加上新生成的 token 成为下一种状态。也有一些状态转移是不确定的。

$$s_{t+1} = P(\cdot \mid s_t, a_t)$$

例如在游戏中开宝箱时,宝箱内的物品是随机的。

9. 回报

回报(Return)是指从当前时间点到游戏结束的奖励累积和。回报在强化学习中非常重要,因为希望智能体在每种状态 s_t 下做出动作时,不是追求当前步的奖励最大化,而是追求整个回报最大化,从而具备长远考虑。

10. 期望

复习一下统计中期望值的定义,例如,老师告诉你,小明考试有 20%的概率考 80 分,有 80%的概率考 90 分。那么小明考试得分的期望是多少呢?你一定会说,期望等于 0.2×80+0.8×90=88 分。

当然,还有另一种方法可以计算期望,那就是让小明再考 n 次试,然后统计他的平均成绩。

现在,详细回顾一下期望值的定义:期望值是每个可能结果的概率与其结果值的乘积之和,用公式表示为

$$E(x)_{x \sim p(x)} = \sum_{x} x * P(x) \approx \frac{1}{n} \sum_{i=1}^{n} x \tag{7-1}$$

随机变量 X 的期望值 $E(X)$,其中 X 服从概率分布 $P(X)$。$E(X)$ 等于所有可能的 x 与其对应的概率 $P(x)$ 的乘积之和。这也可以近似为从分布 P 中抽取 n 次样本并计算其平均值。当样本数 n 趋于无穷大时,这种近似值与期望值相等。

7.1.2 策略梯度算法

那么强化学习的目标是什么呢?其目标就是训练一个策略神经网络 π,在所有状态 s 下,给出相应的动作让得到的回报的期望最大。

换一种说法就是训练一个策略神经网络 π，在所有的可能轨迹中，得到回报的期望最大。$R(\tau)$表示 τ 的回报。

$$E(R(\tau))_{\tau \sim P_{\theta}(\tau)} = \sum_{\tau} R(\tau) P_{\theta}(\tau) \tag{7-2}$$

轨道 τ 服从分布 $P(\theta)$，θ 是要训练的策略网络里的参数。游戏的轨道是由决策网络决定的。期望在神经网络参数 θ 的作用下，τ 获得的回报的期望尽可能大。按照期望的定义，它等于所有的 τ 获得的回报乘以 τ 的概率的累加。怎么让这个期望尽可能地大呢？可以用梯度上升的办法。先计算梯度。由于在训练过程中只能改变神经网络的参数，不能改变环境给的奖励，所以需要对 θ 求梯度，过程如下：

$$\begin{aligned}\nabla E(R(\tau))_{\tau \sim P_{\theta}(\tau)} &= \nabla \sum_{\tau} R(\tau) P_{\theta}(\tau) \\ &= \sum_{\tau} R(\tau) \nabla P_{\theta}(\tau) \\ &= \sum_{\tau} R(\tau) \nabla P_{\theta}(\tau) \frac{P_{\theta}(\tau)}{P_{\theta}(\tau)} \\ &= \sum_{\tau} P_{\theta}(\tau) R(\tau) \frac{\nabla P_{\theta}(\tau)}{P_{\theta}(\tau)}\end{aligned}$$

经过推导，发现上式最终是一个数学期望的表示形式。$P_{\theta}(\tau)$是概率，$R(\tau)\frac{\nabla P_{\theta}(\tau)}{P_{\theta}(\tau)}$为统计值。当采样足够大时，期望值就等于采样的均值。用上标 n 来表示每个不同的轨迹 τ。将上式变化为下边的形式：

$$\nabla E(R(\tau))_{\tau \sim P_{\theta}(\tau)} \approx \frac{1}{N} \sum_{n=1}^{N} R(\tau^{n}) \frac{\nabla P_{\theta}(\tau^{n})}{P_{\theta}(\tau^{n})} \tag{7-3}$$

根据 log 函数的求导公式，如式(7-4)所示。

$$\nabla \log f(x) = \frac{\nabla f(x)}{f(x)} \tag{7-4}$$

式(7-4)可以继续变化为式(7-5)。

$$\frac{1}{N} \sum_{n=1}^{N} R(\tau^{n}) \nabla \log P_{\theta}(\tau^{n}) \tag{7-5}$$

每个轨迹 τ 的概率应该怎么表示。这里认为下一种状态是完全由当前状态和动作决定的。那么一个轨迹的概率就是在这个轨迹里所有时间 t 下的状态和这种状态下给出的动作的概率的连乘。可以将式(7-5)变化为式(7-6)。

$$\frac{1}{N} \sum_{n=1}^{N} R(\tau^{n}) \nabla \log \prod_{t=1}^{T_n} P_{\theta}(a_n^t \mid s_n^t) \tag{7-6}$$

因为 log 内的连乘，等于 log 值的连加。继续对式(7-6)进行变化。

$$\frac{1}{N} \sum_{n=1}^{N} R(\tau^{n}) \sum_{t=1}^{T_n} \nabla \log P_{\theta}(a_n^t \mid s_n^t)$$

$$=\frac{1}{N}\sum_{n=1}^{N}\sum_{t=1}^{T_n}R(\tau^n)\nabla\log P_\theta(a_n^t \mid s_n^t)$$

最终得到的这个表达式表示对所有可能的轨迹，期望最大的梯度。用这个梯度乘以学习率去更新神经网络的参数就是策略梯度(Policy Gradient)算法。

去掉对梯度的求导，得到整理后的表达式，也就是让这个表达式尽可能地大的 θ，也就是期望得到的神经网络参数。

$$\frac{1}{N}\sum_{n=1}^{N}\sum_{t=1}^{T_n}R(\tau^n)\log P_\theta(a_n^t \mid s_n^t) \tag{7-7}$$

观察一下这个表达式，它的意义也很直观，它由两部分构成，第一部分是一个轨迹得到的回报。$R(\tau^n)$第二部分是每步根据当前状态做出动作的概率，然后求对数。因为 log 的底为 e，它是单调递增的。让这个表达式取最大值的直观意义是，如果这一个轨迹得到的回报是大于 0 的，就增大这个轨迹里所有状态下采取当前动作的概率。如果这一个轨迹得到的回报是小于 0 的，就减小这个轨迹里所有状态下采取当前动作的概率。

在训练策略网络时，在需要最大化的目标函数前加上负号，使优化器能够将其最小化，得到损失函数为式(7-8)。

$$\text{Loss}=-\frac{1}{N}\sum_{n=1}^{N}\sum_{t=1}^{T_n}R(\tau^n)\log P_\theta(a_n^t \mid s_n^t) \tag{7-8}$$

策略网络结构可以是一个卷积神经网络，其输入为当前的游戏画面(状态 state)，通过多层卷积处理后，网络输出层包含 3 个神经元。这 3 个输出通过 softmax()函数处理，表示 3 种可能动作的概率分布，如图 7-2 所示。

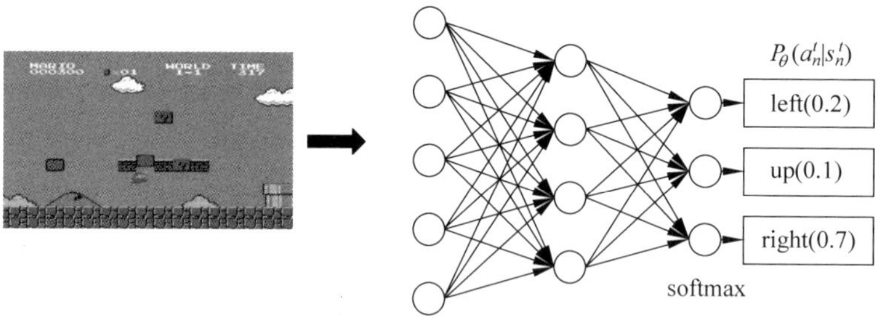

图 7-2　网络结构

在训练过程中，该网络需要连续进行 n 局游戏，从而产生 n 个轨迹，以及对应的 n 个回报值，如图 7-3 所示。

在此过程中，每步动作的选择是基于当前策略输出的概率分布进行随机采样的，而非简单地选择概率最高的动作。这样的设计使网络能在实际应用中探索更多的可能性，而非仅依赖当前看似最优的选择。

网络通过收集足够的数据(一批轨迹和回报值)，便可以进行一次批量更新，以优化策略网络。更新完毕后，网络再次进行游戏以收集新的数据，然后再次进行批量训练。这种循环的更新策略称为 on-policy 更新，意味着用于数据采集的策略与训练中优化的策略是同一个，如图 7-4 所示。

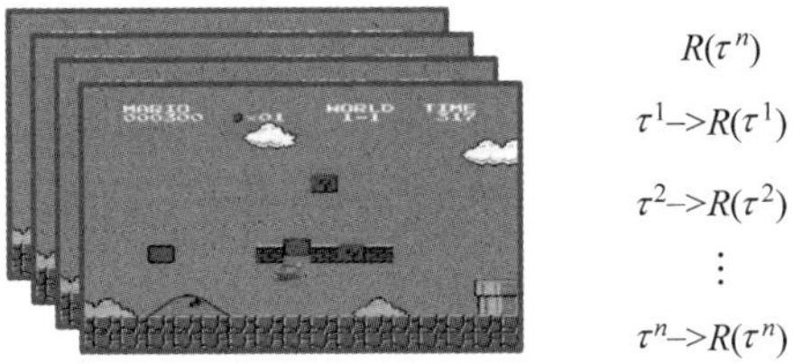

图 7-3　数据采集

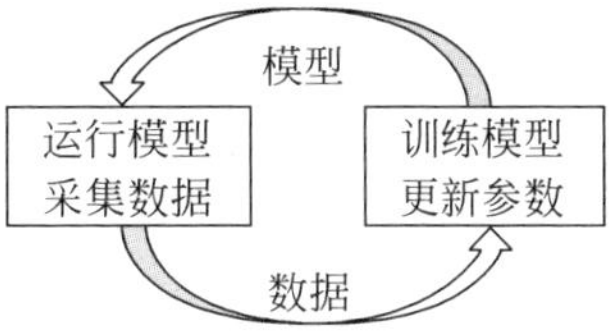

图 7-4　on-policy

尽管这种方法确保了策略更新的一致性，但它也有明显的缺点，即数据采集过程相对耗时，使整个训练过程速度较慢。

7.1.3　Actor-Critic 算法

在讨论轨迹优化时，通常考虑的是整个轨迹累积的回报，然而，这种方法存在改进空间。首先，对于状态 s 下采取动作 a 的概率调整，应基于从执行该动作起至轨迹结束所累积的回报，而非整个轨迹的累积回报。这是因为一个动作仅影响其后的奖励，而对动作之前的奖励没有影响。

进一步地，尽管一个动作确实会影响后续的奖励，但是这种影响可能仅限于接下来的几步，并且随时间逐渐衰减。更远的奖励更多受到当时具体动作的影响。为了反映这一点，可以修改公式，将累积回报的计算起点设为当前步骤 t，并一直累积到轨迹结束。此外，引入衰减因子 γ，其中 γ 小于 1。这意味着距离当前步骤越远，该步骤的动作对奖励的影响越小，呈指数级衰减。具体来讲，下一步的奖励乘以 γ，再下一步的奖励则乘以 γ^2，以此类推，因此距离当前步骤越远的奖励，其受当前步骤动作的影响也越小。这种修改使对动作概率调整更加精确和高效，能够更好地反映动作对未来回报的实际影响。

$$R_t^n = \sum_{t'=t}^{T_n} \gamma^{t'-t} r_{t'}^n \tag{7-9}$$

式(7-9)中对时间步从 t 到当前轨迹结束的 T_n 每步的奖励 $r_{t'}^n$ 进行累加，每步的奖励都乘以 $\gamma^{t'-t}$ 来增加影响的衰减。修改后的回报用 R_t^n 来表示，总的思想是让 R_t^n 尽可能地表现当前动作对整个轨迹回报的影响。可以将式(7-7)优化为式(7-10)。

$$\frac{1}{N}\sum_{n=1}^{N}\sum_{t=1}^{T_n} R_t^n \nabla \log P_\theta(a_n^t \mid s_n^t) \tag{7-10}$$

在设计强化学习算法时，可能会遇到一种情况，即在某个环境状态下，无论执行何种动作，所得的回报可能均为正或均为负，例如，在局势良好的状态下，所有动作均可能获得正回报，这将导致算法在局势良好的状态下增加所有动作的概率。虽然算法会以更大的比例增加获得较高回报动作的概率，然而，这会导致训练过程缓慢，因为算法会尝试增强所有的动作，而不是只强化相对较好的动作并减少相对较差的动作的概率。对于不好局势的状态下，情况也类似，如图 7-5 所示。

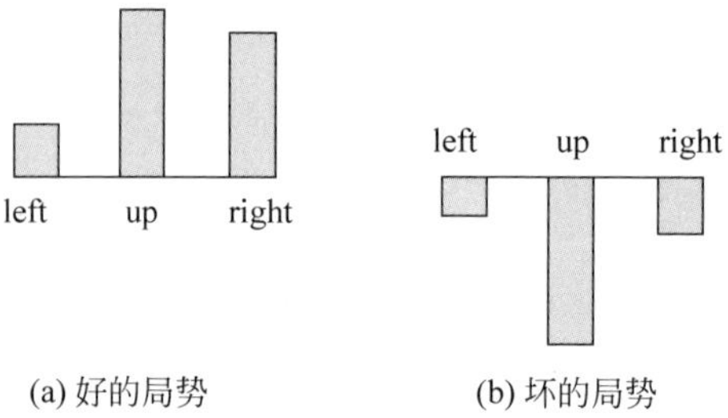

图 7-5　好和坏的局势

为了解决这一问题，可以引入一个基准值(Baseline)，从所有动作的回报中减去这一基准值。这样的调整可以帮助算法辨识每个动作相对于其他动作的价值，从而在即使是好的或坏的状态下也能让动作的效果有正有负，优化训练效率，如图 7-6 所示。

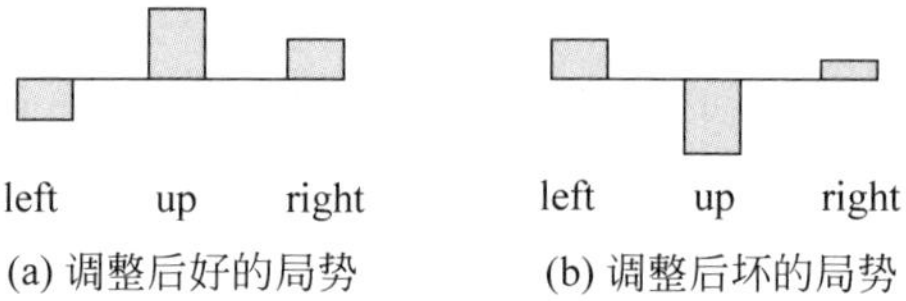

图 7-6　经过 Baseline 调整的回报

具体到算法实现上，这种方法是 Actor-Critic 算法的一个核心组成部分。在这种框架下，执行动作的神经网络被称为 Actor，它负责选择动作，类似于体操运动员在比赛中的表现，而评估这些动作的好坏则是由 Critic 网络负责的，其角色相当于比赛中对运动员表现打分的裁判。Actor-Critic 算法的关键在于如何设定并调整这个 Baseline，通常这也是通过另一个神经网络来估计和优化的。通过这种结构，能更有效地平衡和调整各动作的选择概率，从而优化整个学习过程。用 $B(s_n^t)$ 来表示第 n 个轨迹里第 t 个时间步的状态 s_n^t 的基准值，所以继续将式(7-10)优化为式(7-11)。

$$\frac{1}{N}\sum_{n=1}^{N}\sum_{t=1}^{T_n}(R_t^n - B(s_n^t))\nabla \log P_\theta(a_n^t \mid s_n^t) \tag{7-11}$$

7.1.4　广义优势估计算法

接下来，将继续讨论强化学习里的几个重要的概念。

1. 动作价值函数(Action-Value Function)

在之前的讨论中，我们了解到对于每步的动作，其回报是通过累加其后的奖励，并逐步衰减得到的，然而，这种方法通过具体的采样来完成，存在着一个问题：为了准确反映动作的好坏，需要多次采样，而单一轨迹的采样会导致方差很大，训练不稳定。

为了解决这一问题，引入动作价值函数 $Q_\theta(s,a)$，它的作用是估计在给定状态 s 下，采取动作 a 能够获得回报的期望值。换言之，动作价值函数 $Q_\theta(s,a)$ 反映了特定动作的价值，它提供了一种更稳定和更有效的对动作价值进行评估的方式。

2. 状态价值函数(State-Value Function)

状态价值函数 $V_\theta(s)$ 表示在状态 s 下，无论采取何种动作，所能获得回报的期望值。它直接反映了状态 s 的价值。

3. 优势函数(Advantage Function)

优势函数衡量了在特定状态 s 下，采取动作 a 相对于其他动作能够带来的额外收益。

$$A_\theta(s,a)=Q_\theta(s,a)-V_\theta(s) \tag{7-12}$$

具体而言，优势函数通过动作价值函数减去状态价值函数来计算，准确地量化了每个动作相对于整体状态价值的优势。

实际上，式(7-11)中 $R_t^n-B(s_n^t)$ 表达的就是优势函数的意思。有了优势函数的定义，可以将之前推导的式(7-11)改写为式(7-13)。

$$\frac{1}{N}\sum_{n=1}^{N}\sum_{t=1}^{T_n}A_\theta(s_n^t,a_n^t)\nabla\log P_\theta(a_n^t \mid s_n^t) \tag{7-13}$$

优势函数的定义是动作价值函数减去状态价值函数。那么，这两者之间有什么关系呢？可以通过式(7-14)来理解这一关系。

$$Q_\theta(s_t,a)=r_t+\gamma V_\theta(s_{t+1}) \tag{7-14}$$

在时刻 s_t 选择动作 a 后，期望获得的回报 $Q_\theta(s_t,a)$ 等于该步得到的奖励 r_t 加上折扣因子 γ 乘以下一种状态 s_{t+1} 的状态价值函数 $V_\theta(s_{t+1})$。

将式(7-14)代入优势函数的定义式(7-12)中，可以发现新的优势函数式(7-15)只剩下状态价值函数。这样，由原来需要训练两个神经网络(一个拟合动作价值函数，另一个拟合状态价值函数)，简化为只需训练一个代表状态价值函数的神经网络。

$$A_\theta(s_t,a)=r_t+\gamma V_\theta(s_{t+1})-V_\theta(s_t) \tag{7-15}$$

在上述推导中，对奖励 r_t 进行了单步采样。因为在动作价值函数中，状态和动作都是固定的，所以得到的奖励也是固定的，因此这些公式推导都是精确的。

接下来，对状态价值函数进行动作和奖励采样。对于轨迹中的下一步，可以对 s_{t+1} 的状态价值函数进行采样，其结果约等于奖励 r_{t+1} 加上折扣因子 γ 乘以 s_{t+2} 的状态价值函数。

$$V_\theta(s_{t+1})\approx r_{t+1}+\gamma V_\theta(s_{t+2}) \tag{7-16}$$

以此类推，可以对优势函数进行一步、两步、三步采样，甚至全部采样。

$$A_\theta^1(s_t,a)=r_t+\gamma V_\theta(s_{t+1})-V_\theta(s_t)$$

$$A_\theta^2(s_t,a)=r_t+\gamma r_{t+1}+\gamma^2 V_\theta(s_{t+2})-V_\theta(s_t)$$

$$A_\theta^3(s_t,a)=r_t+\gamma r_{t+1}+\gamma^2 r_{t+2}+\gamma^3 V_\theta(s_{t+3})-V_\theta(s_t)$$

$$A_\theta^T(s_t,a)=r_t+\gamma r_{t+1}+\gamma^2 r_{t+2}+\gamma^3 r_{t+3}+\cdots+\gamma^T r_T-V_\theta(s_t)$$

采样步数越多，优势函数评估方差越大，但偏差越小；采样步数越少，更多部分的回报由状态价值函数估算，越能反映回报的期望，方差越小，但系统偏差越大，因此在实际应用中，需要在采样步数与估计精度之间找到一个平衡点。

为了让式子表示简洁，定义一个中间变量 δ，δ_t 的表示如式(7-17)所示。

$$\delta_t^V = r_t + \gamma V_\theta(s_{t+1}) - V_\theta(s_t) \tag{7-17}$$

式(7-17)表示在第 t 步，执行特定动作带来的优势，则 δ_{t+1} 的表示如式(7-18)所示。

$$\delta_{t+1}^V = r_{t+1} + \gamma V_\theta(s_{t+2}) - V_\theta(s_{t+1}) \tag{7-18}$$

式(7-18)表示在 $t+1$ 步采取特定动作带来的优势。

把优势函数的一步采样、两步采样和三步采样公式用 δ 表达式代入后，便可得到如下简洁的表示：

$$A_\theta^1(s_t, a) = \delta_t^V$$

$$A_\theta^2(s_t, a) = \delta_t^V + \gamma\delta_{t+1}^V$$

$$A_\theta^3(s_t, a) = \delta_t^V + \gamma\delta_{t+1}^V + \gamma^2\delta_{t+2}^V$$

$$A_\theta^T(s_t, a) = \delta_t^V + \gamma\delta_{t+1}^V + \gamma^2\delta_{t+2}^V + \cdots + \gamma^{T-1}\delta_T^V$$

那么在进行优势函数的计算时，应该采样几步呢？采样步数多，方差大，偏差小。采样步数少，方差小，偏差大。能不能把不同步数的采样结果都结合起来？

广义优势估计(Generalized Advantage Estimation，GAE)算法就是通过对优势函数不同步数的采样分配不同的权重，然后将它们加起来表示最终的优势函数。

$$A_\theta^{\mathrm{GAE}}(s_t, a) = (1-\lambda)(A_\theta^1 + \lambda A_\theta^2 + \lambda^2 A_\theta^3 + \cdots)$$

λ 是个超参数，假设取值为 0.9，代入上式。可以观察到给不同步数的采样结果分配了指数衰减的权重。

$$A_\theta^{\mathrm{GAE}}(s_t, a) = 0.1A_\theta^1 + 0.09A_\theta^2 + 0.081A_\theta^3 + \cdots$$

接下来把 δ 表达式代入 GAE 的优势函数表达式，并进行整理。

$$\begin{aligned}
A_\theta^{\mathrm{GAE}}(s_t, a) &= (1-\lambda)(A_\theta^1 + \lambda A_\theta^2 + \lambda^2 A_\theta^3 + \cdots) \\
&= (1-\lambda)(\delta_t^V + \lambda(\delta_t^V + \gamma\delta_{t+1}^V) + \lambda^2(\delta_t^V + \gamma\delta_{t+1}^V + \gamma^2\delta_{t+2}^V) + \cdots) \\
&= (1-\lambda)(\delta_t^V(1 + \lambda + \lambda^2 + \cdots) + \gamma\delta_{t+1}^V(\lambda + \lambda^2 + \cdots) + \cdots) \\
&= (1-\lambda)\left(\delta_t^V \frac{1}{1-\lambda} + \gamma\delta_{t+1}^V \frac{\lambda}{1-\lambda} + \cdots\right) \\
&= \sum_{b=0}^{\infty} (\gamma\lambda)^b \delta_{t+b}^V
\end{aligned}$$

在整理过程中，用到了等比数列的求和公式，最后得到 GAE 优势函数的表达式。它表示在状态 s_t 时做动作 a 的优势，并且平衡了采样不同步带来的方差和偏差问题。将 GAE 优势函数代入之前的策略梯度优化目标函数，目标是让这个函数越大越好，所以继续将式(7-13)优化为式(7-19)。

$$\frac{1}{N}\sum_{n=1}^{N}\sum_{t=1}^{T_n} A_\theta^{\mathrm{GAE}}(s_n^t, a_n^t)\nabla \log P_\theta(a_n^t \mid s_n^t) \tag{7-19}$$

δ 表达式里的状态价值函数用一个神经网络来拟合，它可以和策略函数共用网络参数，只是最后一层不同，状态价值网络的最后一层只要输出一个单一的值来代表当前状态的价值即可。如何训练这种状态价值网络呢？一个简单的办法是统计当前步到这个轨迹结束所有奖励的衰减加合作为 label，衰减系数通过 γ 来控制。让状态价值网络去拟合这个值即可，如图 7-7 所示。

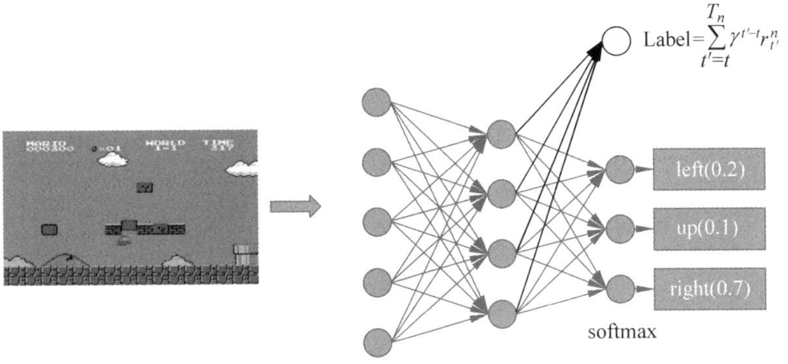

图 7-7 状态价值网络训练

7.2 近端策略优化

在之前的讨论中提到 on-policy 训练模式，其中用于数据采集的策略与训练策略是相同的。这种方法的问题在于，采集到的数据只能使用一次，然后就必须丢弃。需要重新采集数据后再进行下一次训练会导致训练速度非常慢。

相反，如果使用的训练模型与数据采集模型不同，并且采集的数据可以多次用于训练，则训练速度将大大地提高。

看一个具体的例子：

在课堂上，老师根据小明的表现进行表扬或批评。如果表扬小明，小明就会强化被表扬的行为；如果批评小明，小明就会减少导致批评的行为。这是一个 on-policy 训练过程，因为老师的批评和表扬，以及小明的调整行为都是基于小明自己的策略。

那么其他学生呢？他们能否根据老师对小明的表扬或批评来调整自己的行为策略呢？答案是肯定的，其他学生可以参考老师对小明的反馈，来调整各自的行为策略。这种方法就是 off-policy。如果老师批评小明上课玩手机，而你上课玩手机的频率比小明还高，你就更应该相应地减少上课玩手机的行为。如果你的上课玩手机频率比小明低，则你相应地减少的行为也会比小明少。

这种方法使数据可以重复使用，从而显著地提高训练效率，如图 7-8 所示。

为了将 on-policy 训练改为 off-policy 训练，需要解决不同策略在同一状态下做出同一动作的概率不同而导致与最终期望回报不一致的问题。这可以通过一种叫作重要性采样的技术来解决。

假设需要求 $f(x)$的期望，其中变量 x 服从分布 p，但现在只能从服从 q 分布的变量 x

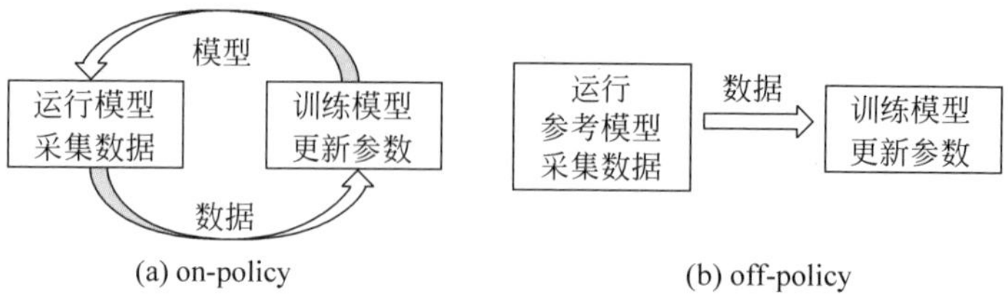

图 7-8　on-policy 和 off-policy

中进行采样。该如何求得 x 服从 p 分布的 $f(x)$的期望呢?

$$
\begin{aligned}
E(f(x))_{x\sim p(x)} &= \sum_x f(x)p(x) \\
&= \sum_x f(x)p(x)\frac{q(x)}{q(x)} \\
&= \sum_x f(x)\frac{p(x)}{q(x)}q(x) \\
&= E\left(f(x)\frac{p(x)}{q(x)}\right)_{x\sim q(x)} \\
&\approx \frac{1}{N}\sum_{n=1}^{N} f(x)\frac{p(x)}{q(x)}_{x\sim q(x)}
\end{aligned}
$$

上面的推导完成了将 x 从 p 分布中采样转换为从 q 分布中采样,并在最后一步将期望约等于对 x 从 q 分布中进行 N 次采样,代入公式计算求均值。

下边用重要性采样公式来更新之前目标函数的梯度公式,从而将 on-policy 训练改为 off-policy 训练,其中 θ 表示正在训练的策略网络,θ'表示参考策略网络。

$$
\begin{aligned}
&\frac{1}{N}\sum_{n=1}^{N}\sum_{t=1}^{T_n} A_{\theta}^{\text{GAE}}(s_n^t,a_n^t)\nabla\log P_\theta(a_n^t \mid s_n^t) \\
&= \frac{1}{N}\sum_{n=1}^{N}\sum_{t=1}^{T_n} A_{\theta'}^{\text{GAE}}(s_n^t,a_n^t)\frac{P_\theta(a_n^t \mid s_n^t)}{P_{\theta'}(a_n^t \mid s_n^t)}\nabla\log P_\theta(a_n^t \mid s_n^t) \\
&= \frac{1}{N}\sum_{n=1}^{N}\sum_{t=1}^{T_n} A_{\theta'}^{\text{GAE}}(s_n^t,a_n^t)\frac{P_\theta(a_n^t \mid s_n^t)}{P_{\theta'}(a_n^t \mid s_n^t)}\frac{\nabla P_\theta(a_n^t \mid s_n^t)}{P_\theta(a_n^t \mid s_n^t)} \\
&= \frac{1}{N}\sum_{n=1}^{N}\sum_{t=1}^{T_n} A_{\theta'}^{\text{GAE}}(s_n^t,a_n^t)\frac{\nabla P_\theta(a_n^t \mid s_n^t)}{P_{\theta'}(a_n^t \mid s_n^t)}
\end{aligned}
$$

上边的公式是梯度公式,去掉求梯度,在前面加上负号就变成了 PPO 算法的 loss()函数,如式(7-20)所示。

$$
\text{loss} = -\frac{1}{N}\sum_{n=1}^{N}\sum_{t=1}^{T_n} A_{\theta'}^{\text{GAE}}(s_n^t,a_n^t)\frac{P_\theta(a_n^t \mid s_n^t)}{P_{\theta'}(a_n^t \mid s_n^t)} \tag{7-20}
$$

得到这样的表达式也很符合直觉,$A_{\theta'}^{\text{GAE}}(s_n^t,a_n^t)$表示在 s_n^t 状态下做出 a_n^t 带来的优

势，$P_\theta(a_n^t|s_n^t)$是当前优化的策略做出动作a_n^t的概率，$P_{\theta'}(a_n^t|s_n^t)$是参考策略做出动作a_n^t的概率。还是采用老师教育学生的例子，$P_{\theta'}$是小明，P_θ是你。$A_{\theta'}^{GAE}$是老师对小明的批评或者表扬。你不能直接用老师对小明的批评或者表扬来更新你的行为准则，例如小明上课玩手机，老师批评小明，小明玩手机的概率是10%，而你玩手机的概率是20%。那么你在纠正自己上课玩手机这个行为的修正值应该是20%除以10%，是小明的两倍才行。

通过参考策略来进行数据采样，计算优势函数，然后用训练策略做某个动作的概率除以参考策略做某个动作的概率来调整优势函数的结果。这样就可以用参考策略来进行数据采样，并且采样的数据可以多次用来训练当前的策略网络。这样就解决了on-policy训练效率太低的问题。

继续以老师教育学生为例，老师对和你差不多的学生的教育和批评对你最有参考意义，如果你是一名优秀的学生，老师对一名坏学生的批评对你就意义不大，例如老师批评坏学生考试交了白卷，这个批评对你行为的提升及改进意义不大，因为你从来就不会交白卷。

这正是近端策略优化(Proximal Policy Optimization，PPO)算法的出发点，参考策略不能和要优化的策略相差太大。

那么如何给loss()函数增加训练的策略不能和参考的策略相差太大的约束呢？一个简单的想法就是加上K-L散度。K-L散度是描述两个概率分布相似程度的量化指标。当两个概率分布完全一致时，K-L散度为0。两个概率分布越不一致，K-L散度的值就越大，然后通过β来调节K-L散度的约束强度。

$$\text{loss}_{\text{ppo}}=-\frac{1}{N}\sum_{n=1}^{N}\sum_{t=1}^{T_n}A_{\theta'}^{\text{GAE}}(s_n^t,a_n^t)\frac{P_\theta(a_n^t\mid s_n^t)}{P_{\theta'}(a_n^t\mid s_n^t)}+\beta\text{KL}(P_\theta,P_{\theta'}) \tag{7-21}$$

PPO2算法里还有一种实现，也就是通过截断函数来替代K-L散度的约束，同样可以起到防止训练的策略和参考的策略偏差过大的作用。

$$\text{loss}_{\text{ppo2}}=-\frac{1}{N}\sum_{n=1}^{N}\sum_{t=1}^{T_n}\min\left(A_{\theta'}^{\text{GAE}}(s_n^t,a_n^t)\frac{P_\theta(a_n^t\mid s_n^t)}{P_{\theta'}(a_n^t\mid s_n^t)},\text{clip\_func}\right) \tag{7-22}$$

$$\text{clip\_func}=\text{clip}\left(\frac{P_\theta(a_n^t\mid s_n^t)}{P_{\theta'}(a_n^t\mid s_n^t)},1-\varepsilon,1+\varepsilon\right)A_{\theta'}^{\text{GAE}}(s_n^t,a_n^t) \tag{7-23}$$

PPO2的loss()函数是一个min()函数，它取两部分中较小的那个作为损失值，第一部分是我们熟悉的原来的公式。第二部分是一个截断函数，截断函数由3部分组成，如果P_θ除以$P_{\theta'}$的值在$1-\varepsilon$和$1+\varepsilon$之间，就返回P_θ除以$P_{\theta'}$的值。如果小于$1-\varepsilon$，则返回$1-\varepsilon$。如果大于$1+\varepsilon$，则返回$1+\varepsilon$。这就限制了P_θ和$P_{\theta'}$的概率值相差不能太大。如果ε的值取0.2。假如优势函数为正值，应当调整P_θ，使其尽可能地大，但当P_θ已经调整到足够大时，例如是$P_{\theta'}$的1.2倍了，就不能再调整了。同样，如果优势函数为负数，就应该让P_θ尽可能地小，但是当它小到$P_{\theta'}$的80%时，就不能再调整了。

7.3 直接偏好优化

14min

在训练 PPO 算法时，首先需要收集大量的用户偏好数据，用来训练一个奖励模型。期望奖励模型学会人类的偏好，然后利用奖励模型来训练大模型，调整大模型的参数，让输出尽可能得到奖励模型更高的得分。

但直接偏好优化(Direct Preference Optimization，DPO)算法大大地简化了这一过程。它可以直接从用户的偏好数据中学习，调整大模型的参数，让大模型的输出更符合人类的偏好。减少了训练奖励模型的步骤。

7.3.1 K-L 散度

K-L 散度用来描述一个分布相对于另一个分布的相似程度，下边的公式为 P 分布相对于 Q 分布的 K-L 散度。

$$\mathrm{KL}(P \parallel Q) = \sum_{x \in X} P(x) \log\left(\frac{P(x)}{Q(x)}\right) \tag{7-24}$$

K-L 散度的值大于或等于 0，如果 P 分布和 Q 分布完全一致，则 $\mathrm{KL}(P \parallel Q)$ 为 0。P 分布和 Q 分布差别越大，P 相对于 Q 的 K-L 散度的值就越大。需要注意的是 $\mathrm{KL}(P \parallel Q)$ 和 $\mathrm{KL}(Q \parallel P)$ 并不保证相等。

7.3.2 Bradley-Terry 模型

Bradley-Terry 模型是对比较关系进行建模的一种方法，例如 A、B、C 这 3 个人的对战情况见表 7-1。

表 7-1 对战表

对战	胜	负
A 对 B	8	4
A 对 C	3	5

对战表里有 A 和 B、A 和 C 的对战记录，B 和 C 并没有直接对战过。是否可以求得 B 战胜 C 的概率有多大。

Bradley-Terry 模型可以解决上边的问题，它假设每个元素都有一个隐含的实力参数，用 α_i 来表示，并且 α_i 大于 0。$P(i>j)$ 表示第 i 个元素战胜第 j 个元素的概率，它的表达式为

$$P(i > j) = \frac{\alpha_i}{\alpha_i + \alpha_j}$$

这个表达式是符合直觉的，如果 i 和 j 实力相等，则 $P(i>j)$ 和 $P(j>i)$ 都等于 0.5。如果 i 的实力大于 j 的实力，则 $P(i>j)$ 大于 0.5，并且随着 i 和 j 实力差距变大而变大。有了这个公式就可以根据实力参数来计算胜率了。根据对战表统计的获胜情况，可以得到

对数最大似然估计表达式如下：

$$\ln L = 8\ln\frac{\alpha_A}{\alpha_A+\alpha_B} + 4\ln\frac{\alpha_B}{\alpha_A+\alpha_B} + 3\ln\frac{\alpha_A}{\alpha_A+\alpha_C} + 5\ln\frac{\alpha_C}{\alpha_A+\alpha_C} \tag{7-25}$$

式(7-25)中第1项表示发生了8次A战胜B的事件，第2项表示发生了4次B战胜A的事件。第3项表示发生了3次A战胜C的事件。第4项表示发生了5次C战胜A的事件。分别对 α_A、α_B、α_C 求导，当导数为0时发生该事件概率最大，假设 α_A 为1：

$$\alpha_A = 1,\quad \alpha_B = \frac{1}{2},\quad \alpha_C = \frac{5}{3}$$

$$P(B > C) = \frac{\alpha_B}{\alpha_B+\alpha_C} \approx 0.23$$

可以求出B战胜C的概率大约为0.23。

更一般地，上边的对数最大似然估计表达式可以表示为下边的数学期望的形式：

$$E_{(\alpha_x,\alpha_y)\sim D}\left(\ln\frac{\alpha_x}{\alpha_x+\alpha_y}\right) \tag{7-26}$$

它表示从参加比赛的所有元素中任取有序的两个，即 x 和 y，其中 x 的隐含实力参数为 α_x，y 的隐含实力参数为 α_y。x 战胜 y 的概率为 $\alpha_x/(\alpha_x+\alpha_y)$。让历史上所有对战结果发生概率最大的对数表达式即为上式。如果参加比赛的元素较多，则可以通过优化器来求解，通过给上式添加负号将求概率最大转换为求loss()函数最小。

$$\text{loss} = -E_{(\alpha_x,\alpha_y)\sim D}\left(\ln\frac{\alpha_x}{\alpha_x+\alpha_y}\right) \tag{7-27}$$

对于大模型输入的提示词是 x，回答是 y。每个回答都有一个隐含的实力参数。在PPO算法里，每个回答的实力参数都可以认为就是奖励模型 r 给出的评价得分 $r(x,y)$。对于同一个提示词，两个不同回答 y_w 和 y_l 人们更倾向于 y_w 的概率，可以用Bradley-Terry模型来表示：

$$P(y_1 > y_2) = \frac{r(x,y_w)}{r(x,y_w)+r(x,y_l)}$$

因为实力参数必须大于0，为了防止reward模型给出的评分小于0，所以加上指数函数。

$$P(y_1 > y_2) = \frac{\exp(r(x,y_w))}{\exp(r(x,y_w))+\exp(r(x,y_l))}$$

将大语言模型两个回答中获胜的概率表达代入之前的loss()函数表达中，可以得到：

$$\begin{aligned}\text{loss} &= -E_{(\alpha_x,\alpha_y)\sim D}\left(\ln\frac{\exp(r(x,y_w))}{\exp(r(x,y_w))+\exp(r(x,y_l))}\right)\\ &= -E_{(\alpha_x,\alpha_y)\sim D}\left(\ln\frac{1}{1+\exp(r(x,y_l)-r(x,y_w))}\right)\\ &= -E_{(\alpha_x,\alpha_y)\sim D}(\ln\sigma(r(x,y_l)-r(x,y_w)))\end{aligned}$$

其中，σ 为 sigmoid 函数，如式(7-28)所示。

$$\sigma(x)=\frac{1}{1+\exp(-x)} \tag{7-28}$$

更新后的 loss 函数现在是以数学期望的表示形式，大数定理保证在采样足够多的情况下，也就是在训练数据充足的情况下，采样的均值就是期望，所以可以简化 loss()函数，如式(7-29)所示。

$$\text{loss}=-\ln\sigma(r(x,y_l)-r(x,y_w)) \tag{7-29}$$

7.3.3 DPO 的训练目标

DPO 的训练目标是让大模型的输出尽可能地得到更多的奖励，并且新的模型输出概率分布不能和原始基准模型相差太大。它主要由以下几部分构成。

(1) 奖励函数：$r(x,y)$其中 x 为用户输入的提示词，y 为模型的回答输出。

(2) 基准模型：$\pi_{\text{ref}}(y|x)$ 基准模型为强化学习前的大模型。它根据用户输入，给出回答。

(3) 训练模型：$\pi(y|x)$ 训练模型是进行强化学习的大模型，通过调整它的参数来获得更多奖励。

$$\text{Obj}=\max_{\pi}E_{x\sim D,y\sim\pi}[r(x,y)]-\beta\text{KL}(\pi(y\mid x)\parallel\pi_{\text{ref}}(y\mid x)) \tag{7-30}$$

其中，β 为调整 K-L 散度影响的超参数。代入 K-L 散度的公式，可以得到：

$$\begin{aligned}\text{Obj}&=\max_{\pi}E_{x\sim D,y\sim\pi}[r(x,y)]-E_{x\sim D,y\sim\pi}\left[\beta\log\frac{\pi(y\mid x)}{\pi_{\text{ref}}(y\mid x)}\right]\\&=\max_{\pi}E_{x\sim D,y\sim\pi}\left[r(x,y)-\beta\log\frac{\pi(y\mid x)}{\pi_{\text{ref}}(y\mid x)}\right]\\&=\min_{\pi}E_{x\sim D,y\sim\pi}\left[\log\frac{\pi(y\mid x)}{\pi_{\text{ref}}(y\mid x)}-\frac{1}{\beta}r(x,y)\right]\\&=\min_{\pi}E_{x\sim D,y\sim\pi}\left[\log\frac{\pi(y\mid x)}{\pi_{\text{ref}}(y\mid x)}-\log\exp\left(\frac{1}{\beta}r(x,y)\right)\right]\\&=\min_{\pi}E_{x\sim D,y\sim\pi}\left[\log\frac{\pi(y\mid x)}{\pi_{\text{ref}}(y\mid x)\exp\left(\frac{1}{\beta}r(x,y)\right)}\right]\end{aligned}$$

设：

$$Z(x)=\sum_{y}\pi_{\text{ref}}(y\mid x)\exp\left(\frac{1}{\beta}r(x,y)\right)$$

则继续化简目标函数：

$$\text{Obj}=\min_{\pi}E_{x\sim D,y\sim\pi}\left[\log\frac{\pi(y\mid x)}{\pi_{\text{ref}}(y\mid x)\exp\left(\frac{1}{\beta}r(x,y)\right)\frac{1}{Z(x)}Z(x)}\right]$$

$$= \min_{\pi} E_{x \sim D, y \sim \pi}\left[\log \frac{\pi(y \mid x)}{\frac{1}{Z(x)}\pi_{\text{ref}}(y \mid x)\exp\left(\frac{1}{\beta}r(x,y)\right)} - \log Z(x)\right]$$

其中，

$$\frac{1}{Z(x)}\pi_{\text{ref}}(y \mid x)\exp\left(\frac{1}{\beta}r(x,y)\right) = \frac{\pi_{\text{ref}}(y \mid x)\exp\left(\frac{1}{\beta}r(x,y)\right)}{\sum_y \pi_{\text{ref}}(y \mid x)\exp\left(\frac{1}{\beta}r(x,y)\right)}$$

通过观察可以发现，这为一个概率表达式，分母为给定提示词 x，基准模型输出任意 y 的情况的表达式，分子为基准模型输出特定 y 的概率表达式。把这个概率表达式用 $\pi^*(y|x)$ 表示，则可继续化简目标函数为

$$\text{Obj} = \min_{\pi} E_{x \sim D, y \sim \pi}\left[\log \frac{\pi(y \mid x)}{\pi^*(y \mid x)} - \log Z(x)\right]$$

目标函数是通过优化大模型 π 来取得最小值的，而 $Z(x)$ 中并不包含 π，所以可以从目标函数中移除。

$$\text{Obj} = \min_{\pi} E_{x \sim D, y \sim \pi}\left[\log \frac{\pi(y \mid x)}{\pi^*(y \mid x)}\right]$$

通过观察可以发现上式是 $\pi(y|x)$ 对 $\pi^*(y|x)$ 的 K-L 散度的表达式。

$$\text{Obj} = \min_{\pi} E_{x \sim D}[\text{KL}(\pi(y \mid x) \parallel \pi^*(y \mid x))]$$

因此优化目标变为让 $\pi(y|x)$ 对 $\pi^*(y|x)$ 的 K-L 散度尽可能地小，而 K-L 散度总是大于或等于 0 的，最小值就是 0。也就是让训练模型 $\pi(y|x)$ 的概率分布和 $\pi^*(y|x)$ 的概率分布一致，因此优化目标变为

$$\pi(y \mid x) = \pi^*(y \mid x)$$

代入 $\pi^*(y|x)$ 的表达式有

$$\pi(y \mid x) = \frac{1}{Z(x)}\pi_{\text{ref}}(y \mid x)\exp\left(\frac{1}{\beta}r(x,y)\right)$$

对等式进行变换有

$$\exp\left(\frac{1}{\beta}r(x,y)\right) = \frac{\pi(y \mid x)}{\pi_{\text{ref}}(y \mid x)}Z(x)$$

继续变化有

$$\begin{aligned} r(x,y) &= \beta\ln\left(\frac{\pi(y \mid x)}{\pi_{\text{ref}}(y \mid x)}Z(x)\right) \\ &= \beta\ln\frac{\pi(y \mid x)}{\pi_{\text{ref}}(y \mid x)} + \beta\ln Z(x) \end{aligned}$$

这样便可得到奖励模型 $r(x,y)$ 的表达式。代入之前得到的对用户偏好数据这种比较关系进行建模的 Bradley-Terry 模型的损失函数(式(7-29))得

$$
\begin{aligned}
\text{loss} &= -\ln\sigma(r(x,y_l)-r(x,y_w)) \\
&= -\ln\sigma\left(\beta\ln\frac{\pi(y_w\mid x)}{\pi_{\text{ref}}(y_w\mid x)}+\beta\ln Z(x)-\beta\ln\frac{\pi(y_l\mid x)}{\pi_{\text{ref}}(y_l\mid x)}-\beta\ln Z(x)\right) \\
&= -\ln\sigma\left(\beta\ln\frac{\pi(y_w\mid x)}{\pi_{\text{ref}}(y_w\mid x)}-\beta\ln\frac{\pi(y_l\mid x)}{\pi_{\text{ref}}(y_l\mid x)}\right)
\end{aligned}
$$

这样,就得到了 DPO 的最终损失函数,如式(7-31)所示。

$$
\text{loss} = -\ln\sigma\left(\beta\ln\frac{\pi(y_w\mid x)}{\pi_{\text{ref}}(y_w\mid x)}-\beta\ln\frac{\pi(y_l\mid x)}{\pi_{\text{ref}}(y_l\mid x)}\right) \tag{7-31}
$$

7.4 利用 TRL 库进行 PPO 训练

24min

本节将探讨如何利用 HuggingFace TRL 库对大模型进行 PPO 强化学习训练。大模型的训练过程通常包括 3 个阶段：预训练、监督微调和强化学习。在强化学习阶段,PPO 算法首先需要训练一个奖励模型,以便对大模型的输出进行评分并提供奖励信号,因此本节将首先讨论奖励模型的训练方法。

7.4.1 奖励模型

训练奖励模型所需的数据主要是偏好数据。这类数据具体表现为对同一问题的两个答案进行比较。高质量的回答被标记为 Chosen,而低质量的回答被标记为 Rejected,例如,对于“什么是数据库”这一问题,大模型可能生成两个回答,选择更优的回答作为 Chosen,而较差的回答则为 Rejected。相较于为不同问题的每个回答提供标准一致的确切评分,偏好数据更易于生成。

下边是训练奖励模型的偏好数据示例：

```
{"question":"Python 中的字典是什么?", "chosen":"Python 中的字典是一种无序的可变容器,允许使用键-值对来存储数据。","rejected":"Python 中的字典用于存储数据。"}
{"question":"什么是回归分析?", "chosen":"回归分析是一种统计方法,用于确定变量之间的关系,通常用于预测和模型拟合。","rejected":"回归分析是一种数据分析方法。"}
{"question":"如何优化机器学习模型?", "chosen":"优化机器学习模型可以通过调节超参数、选择合适的模型和特征工程来实现。","rejected":"优化模型可以提高性能。"}
{"question":"什么是机器学习?", "chosen":"机器学习是一种人工智能方法,通过算法和统计模型使计算机系统能够执行特定任务,而无须明确编程指令。","rejected":"机器学习是计算机科学的一个领域。"}
{"question":"Python 的主要特点是什么?", "chosen":"Python 的主要特点包括简洁的语法、强大的库支持及跨平台的兼容性。","rejected":"Python 是一种编程语言。"}
{"question":"如何进行数据清洗?", "chosen":"数据清洗通常包括处理缺失值、去除重复数据、标准化数据格式等步骤。","rejected":"数据清洗是数据处理的一部分。"}
{"question":"什么是数据库?", "chosen":"数据库是一个有组织的数据集合,允许高效的数据存储、检索和管理。","rejected":"数据库用于存储数据。"}
{"question":"深度学习和机器学习的区别是什么?", "chosen":"深度学习是机器学习的一个子集,主要通过神经网络处理数据,而传统机器学习算法不依赖于神经网络。","rejected":"深度学习是机器学习的一部分。"}
```

```
{"question":"如何使用 Pandas 加载 CSV 文件?", "chosen":"可以使用 Pandas 的`read_csv()`函数来加载 CSV 文件,并将其转换为 DataFrame。","rejected":"使用 Pandas 加载 CSV 文件。"}
{"question":"什么是自然语言处理?", "chosen":"自然语言处理是计算机科学与人工智能的一个子领域,专注于机器与人类语言的交互。","rejected":"自然语言处理是计算机科学的一部分。"}
```

虽然在训练过程中使用的是偏好数据,但对于模型而言,最终目标是能够针对一个问答对给出明确的得分。奖励模型可以是任意架构的模型,甚至是自己定义的一个函数。只要它能够接受问答对并输出得分值。可以选择使用 BERT,或选择其他大型模型。

在强化学习中,奖励信号至关重要,因为它决定了模型改进的方向。可以将奖励模型视为当前大模型的"老师",因此不能使用一个能力远低于当前大模型的模型来指导其改进。通常,在训练奖励模型时会采用与当前大模型能力相近或更强的大模型。为什么和当前大模型能力相近的大模型也可以提供评价信息呢?这是因为,评价一个回答的优劣往往比生成一个优秀回答更容易。举例来讲,评判一篇文章的质量比自己撰写一篇优秀的文章要简单得多。

研究表明,随着模型输出能力的提升,其评价能力也在增强,然而,这是否意味着借助不断提升的模型评价能力可以不断地训练及提升大模型的输出能力呢?并不是如此。大模型能力的极限由其预训练阶段所决定,强化学习的作用只是让模型尽可能地接近这一极限。

要利用大型模型对问答对给出得分,首先需要将问答对拼接在一起,作为输入。对于标准的大型模型,每个 token 在输出层通过语言模型(LM)头进行处理。LM 头的输入维度是 token 的隐藏层大小,输出维度则是词汇表的大小,并且所有 token 位置共享 LM 头的参数,因为每个 token 的位置都需要预测下一个 token,如图 7-9(a)所示。

当将大型模型改造成奖励模型时,需要引入一个评分头(Score Head)。与 LM 头类似,评分头的输入维度依然是 token 的隐藏层大小,但其输出维度仅为一维,并且只对序列的最后一个 token 进行调用。这是因为只有最后一个 token 能够访问前面的所有序列,从而对整个问答对进行评分,最终得到对应的奖励值,如图 7-9(b)所示。

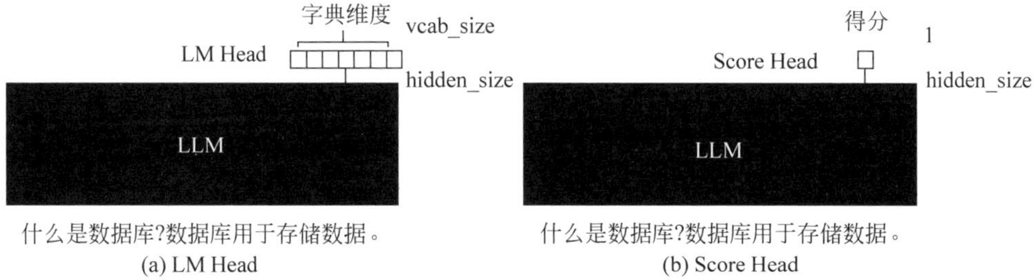

图 7-9 LM Head vs. Score Head

训练的数据集由一对比较数据构成,包含被选中的(Chosen)回答和被拒绝的(Rejected)回答。在训练过程中,需要调用奖励模型两次,分别为 Chosen 和 Rejected 回答打分。接着,用 Chosen 的得分减去 Rejected 的得分,并将差值传入负的 log-sigmoid 函数,以此作为损失值。为什么选择这样的损失函数呢？推导过程可以参考 7.3.2 节。－log_sigmoid 函数图像如图 7-10 所示。

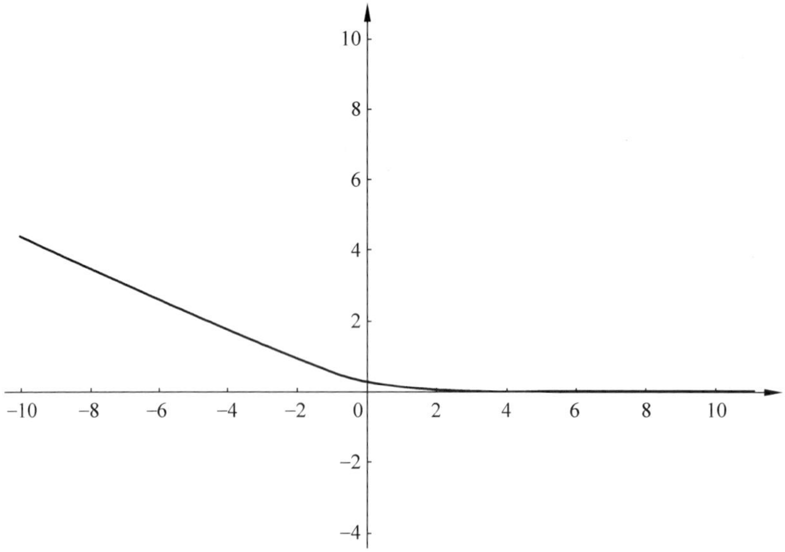

图 7-10　－log_sigmoid

上边损失函数的曲线 x 轴代表 Chosen 减去 Rejected 的值。y 轴是损失值。从损失函数的曲线中可以观察到，当 Chosen 的得分低于 Rejected 的得分时，差值为负，此时损失值随着差值的绝对值变大，呈指数级增长，而当 Chosen 的得分高于 Rejected 的得分时，损失值则会快速下降。这种机制可以有效地引导模型在训练过程中学习到更优的回答。

在 HuggingFace TRL 库里训练一个奖励模型的具体过程如下，首先定义 Tokenizer 和 Model，这里的模型是序列分类的模型，即 AutoModelForSequenceClassification。当将分类数 mum_labels 指定为 1 时，它就为一个回归模型，最终输出的是单个连续值。为了节省显存，以量化模式加载模型，代码如下：

```
//Chapter7/train_reward.py
import torch
from datasets import Dataset
import json

from peft import LoraConfig, TaskType, get_peft_model, prepare_model_for_
kbit_training
from transformers import AutoTokenizer, BitsAndBytesConfig, AutoModelForSequen
ceClassification
from trl import RewardTrainer, RewardConfig

model_path = r'Your_model_path\Meta-Llama-3.1-8B-Instruct'
tokenizer = AutoTokenizer.from_pretrained(model_path, use_fast=False)
tokenizer.padding_side = "right"
```

```
tokenizer.pad_token = tokenizer.eos_token
bnb_config = BitsAndBytesConfig(
    load_in_4bit=True,
    bnb_4bit_use_double_quant=True,
    bnb_4bit_quant_type="nf4",
    bnb_4bit_compute_dtype=torch.float16
)
model = AutoModelForSequenceClassification.from_pretrained(model_path,
                                                           num_labels=1,
quantization_config=bnb_config)
```

接着定义 Lora Config，Config 里需要特别指明训练的任务为 SEQ_CLS，然后为量化模型的训练做准备，接着得到 LoRA 模型，代码如下：

```
model.config.pad_token_id = tokenizer.pad_token_id
peft_config = LoraConfig(
    r=8,
    target_modules= ["q_proj",
                    "v_proj",
                    "k_proj",
                    "o_proj",
                    "gate_proj",
                    "down_proj",
                    "up_proj"
                    ],
    task_type=TaskType.SEQ_CLS,
    lora_alpha=16,
    lora_dropout=0.05
)
model = prepare_model_for_kbit_training(model)
model = get_peft_model(model, peft_config)
model.print_trainable_parameters()
```

接下来需要加载偏好数据，然后对数据进行处理。具体的处理过程包括将问题与回答拼接在一起，涵盖 Chosen 的回答和 Rejected 的回答。之后，分别对这两个问答对进行分词，生成新的数据样本。

每个数据样本必须包含 4 个关键字段：input_ids_chosen、attention_mask_chosen、input_ids_rejected 和 attention_mask_rejected。这些字段确保了模型在后续步骤中能够有效地识别和处理每个问答对的内容，代码如下：

```
items = []
with open("./data/preference.json", "r", encoding="utf8") as f:
    for line in f:
        item = json.loads(line)
        items.append(item)

dataset = Dataset.from_list(items)
```

```
def process_func(example):
    chosen = example["question"] + example["chosen"]
    rejected = example["question"] + example["rejected"]

    tokenized_chosen = tokenizer(chosen)
    tokenized_rejected = tokenizer(rejected)

    new_example = {}
    new_example["input_ids_chosen"] = tokenized_chosen["input_ids"]
    new_example["attention_mask_chosen"] = tokenized_chosen["attention_mask"]
    new_example["input_ids_rejected"] = tokenized_rejected["input_ids"]
    new_example["attention_mask_rejected"] = tokenized_rejected["attention_mask"]
    return new_example


dataset = dataset.map(process_func, remove_columns=['question', 'chosen',
'rejected'])
```

然后定义一个训练奖励模型的 config。这里可以指定模型输出的位置,训练的迭代数,每个 GPU 上的批次大小等,代码如下:

```
config = RewardConfig(output_dir="./reward_model")
config.num_train_epochs = 1
config.per_device_train_batch_size = 1
```

最后需要定义一个 RewardTrainer,传入模型、tokenizer、RewardConfig 和训练数据集。这样就可以调用 trainer.train()进行训练了,代码如下:

```
trainer = RewardTrainer(
    model=model,
    tokenizer=tokenizer,
    args=config,
    train_dataset=dataset
)
trainer.train()
trainer.save_model("./reward_model")
```

7.4.2 PPO 模型

训练 PPO 模型的数据只需要问题,不需要提供回答。回答部分模型在训练过程中会生成。下边是训练 PPO 模型的示例数据:

```
{"query": "请给出保持健康的 3 种方法。"}
{"query": "三原色是什么?"}
{"query": "请描述原子的结构。"}
{"query": "如何减少空气污染?"}
```

```
{"query": "描述一次你不得不做出困难决定的经历。"}
{"query": "天空为什么是蓝色的?"}
{"query": "解释为什么 4/16 等同于 1/4?"}
{"query": "写一个关于主人公必须做出重要职业决定的第三人称叙述的短故事。"}
{"query": "请渲染一座房子的三维模型。"}
{"query": "朱利叶斯·凯撒是如何死亡的?"}
```

在讨论训练 PPO 模型时,实际上涉及了 4 个模型,如图 7-11 所示。

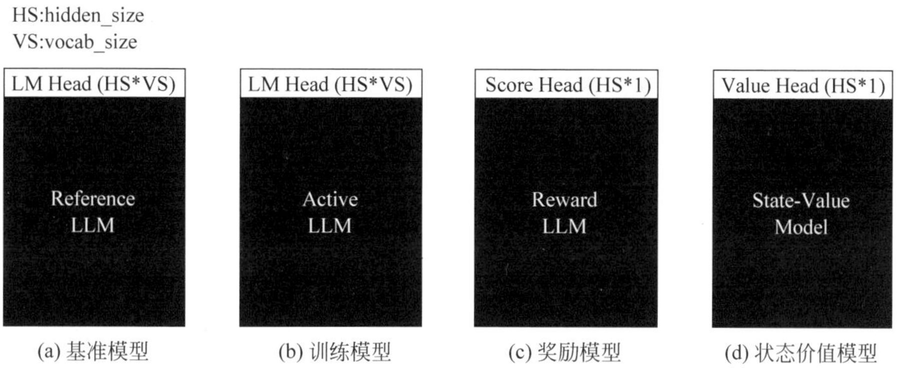

图 7-11 4 个模型

第 1 个是基准模型,此模型通常是在经过监督微调(SFT)后得到的。该模型的输出通过语言模型(LM)头生成,其输入维度为 token 的隐藏层大小,输出维度为词汇表的大小。新训练的模型输出的概率分布不能与基准模型相差太大。

第 2 个模型是训练模型,其结构与基准模型完全一致。PPO 的目标就是优化该训练模型,同时保持输出的概率分布与基准模型的概率分布相似。

第 3 个模型是奖励模型,负责对问答序列进行评分。它的输出通过评分头(Score Head)生成,输入维度为 token 的隐藏层大小,输出维度为 1。通过对序列最后一个 token 的输出的计算,评分头给出该问答序列的得分。

第 4 个模型是状态价值模型,评估每种状态的价值,即根据截至当前 token 的序列预测生成结束时的期望回报,其输出通过价值头(Value Head)获得,输入维度为 token 的隐藏层大小,输出维度为 1。与奖励模型不同,状态价值模型需要对每个 token 输出截至当前 token 的期望回报,并且所有 token 共享同一套价值头的权重。

虽然这 4 个模型的最后一层不同,但底层结构均为大模型。若同时加载这 4 个大模型,将消耗过多显存。为了解决这一问题,可以采用 LoRA 训练技术,该方法不改变原始模型的权重,而是调整少量 LoRA 参数以实现微调。每个 LoRA 模型可视为原始大模型的一个适配器(Adapter)。通过只加载一个大模型和多个适配器,可以显著地降低显存占用。此外,可以将训练模型与状态价值模型合并,使用一套共享的 LoRA 参数,同时具备 LM Head 和 Value Head。这样一来,仅需要在显存中加载一个大模型和两个 LoRA 适配器即可有效地训练 PPO 算法,如图 7-12 所示。

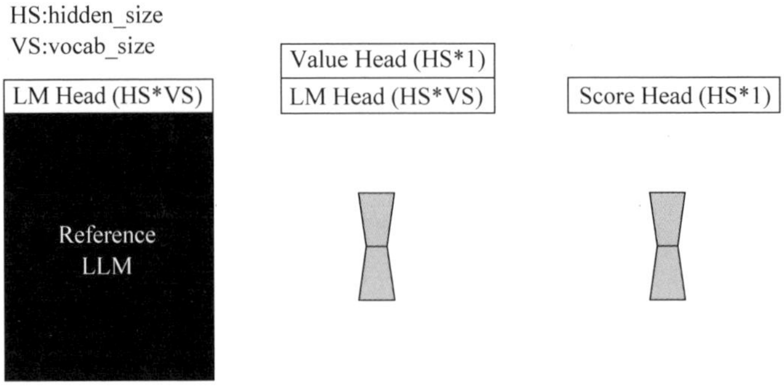

图 7-12　LoRA 加载模型

对于大模型输出的每步，其状态是截至当前的 token 序列，而动作则是接下来输出的 token。大模型充当策略函数，根据当前的状态，即截至当前的 token 序列，决定动作，即输出下一个 token，然而，奖励模型只针对完整的输出给出唯一的一个得分，并不是生成的每个 token 都有得分，因此得分仅针对最后一个 token，其余 token 的得分都是 0。

在强化学习中，奖励可以自行设定，可以为每个 token 增加一个奖惩机制，这个奖惩与其输出的概率分布和基准模型之间的 K-L 散度相关。对于每个输出的 token，训练模型通过 LM 头输出字典中每个 token 的概率分布。在同样的状态下，若训练模型的动作概率分布与基准模型的概率分布不一致，则会受到惩罚，而且分布越不一致，惩罚越大。这里设定一个调整系数，假设为−0.2。

因此，训练模型输出每个 token 的奖励等于其输出概率分布相对于基准模型的概率分布的 K-L 散度，乘以−0.2，加上得分的值，如图 7-13 所示。

Prompt+Response	天空	为什么	是	蓝色	?	因为	光	的	散射	。
训练模型	[0.11,0.02,0.02,0.32,0.04…]	[0.11,0.02,0.02,0.32,0.04…]	[0.11,0.02,0.02,0.32,0.04…]	[0.11,0.02,0.02,0.32,0.04…]	[0.11,0.02,0.02,0.32,0.04…]	[0.11,0.02,0.02,0.32,0.04…]	[0.11,0.02,0.02,0.32,0.04…]	[0.11,0.02,0.02,0.32,0.04…]	[0.11,0.02,0.02,0.32,0.04…]	[0.11,0.02,0.02,0.32,0.04…]
基础模型	[0.12,0.04,0.02,0.57,0.02…]	[0.11,0.07,0.05,0.22,0.04…]	[0.11,0.02,0.02,0.31,0.04…]	[0.11,0.02,0.02,0.12,0.04…]	[0.11,0.03,0.02,0.12,0.04…]	[0.11,0.12,0.02,0.32,0.04…]	[0.11,0.02,0.02,0.12,0.04…]	[0.11,0.02,0.02,0.12,0.04…]	[0.11,0.01,0.02,0.32,0.04…]	[0.13,0.02,0.01,0.32,0.04…]
×(−0.2) K-L散度	1.2	0.5	2.3	3.6	4.8	1.5	4.5	1.0	5.3	2.1
+ 分数	0	0	0	0	0	0	0	0	0	3.8
奖励	−0.24	−0.1	−0.46	−0.72	−0.96	−0.3	−0.9	−0.2	−0.196	3.38

图 7-13　奖励计算过程

HuggingFace 的 TRL 库里 PPO 算法计算奖励值的源代码如下：

```
def compute_rewards(
    self,
    scores: torch.FloatTensor,
    logprobs: torch.FloatTensor,
    ref_logprobs: torch.FloatTensor,
    masks: torch.LongTensor,
):
    """
    Compute per token rewards from scores and K-L penalty.

    Args:
        scores (`torch.FloatTensor`):
            Scores from the reward model, shape (`batch_size`)
        logprobs (`torch.FloatTensor`):
            Log probabilities of the model, shape (`batch_size`, `response_length`)
        ref_logprobs (`torch.FloatTensor`):
             Log probabilities of the reference model, shape (`batch_size`, `
response_length`)

    Returns:
        `torch.FloatTensor`: Per token rewards, shape (`batch_size`, `response_
length`)
        `torch.FloatTensor`: Non score rewards, shape (`batch_size`, `response_
length`)
        `torch.FloatTensor`: K-L penalty, shape (`batch_size`, `response_length`)
    """
    rewards, non_score_rewards, kls = [], [], []
    for score, logprob, ref_logprob, mask in zip(scores, logprobs, ref_logprobs,
masks):
        #compute K-L penalty (from difference in logprobs)
        kl = self._kl_penalty(logprob, ref_logprob)
        kls.append(kl)
        non_score_reward = -self.kl_ctl.value * kl
        non_score_rewards.append(non_score_reward)
        reward = non_score_reward.clone()
        last_non_masked_index = mask.nonzero()[-1]

        #reward is preference model score + K-L penalty
        reward[last_non_masked_index] += score
        rewards.append(reward)
    return torch.stack(rewards), torch.stack(non_score_rewards), torch.stack(kls)
```

接下来讨论 GAE 优势函数的代码实现。

$$\delta_t^V = r_t + \gamma V_\theta(s_{t+1}) - V_\theta(s_t)$$

$$A_\theta^{\text{GAE}}(s_t, a) = \sum_{b=0}^{\infty} (\gamma\lambda)^b \delta_{t+b}^V$$

上边是之前章节讲解 GAE 算法时给出的公式。GAE 的公式还有一种迭代表达方式：

$$A_\theta^{\mathrm{GAE}}(s_t, a) = \delta_t^V + \gamma\lambda A_\theta^{\mathrm{GAE}}(s_{t+1}, a) \tag{7-32}$$

这种迭代表达方式和原始的公式是等价的，但是更适合编程实现。下边就是 HuggingFace TRL 库里计算 GAE 优势函数的代码。可以看到它是从后向前计算的。计算每步的 δ，然后计算当前步的优势函数，它等于当前步的 δ 加上 $\gamma\lambda$ 乘以下一步的 GAE，代码如下：

```
def compute_advantages(
    self,
    values: torch.FloatTensor,
    rewards: torch.FloatTensor,
    mask: torch.FloatTensor,
):
    lastgaelam = 0
    advantages_reversed = []
    gen_len = rewards.shape[-1]

    values = values *mask
    rewards = rewards *mask

    if self.config.whiten_rewards:
        rewards = masked_whiten(rewards, mask, shift_mean=False)

    for t in reversed(range(gen_len)):
        nextvalues = values[:, t + 1] if t < gen_len - 1 else 0.0
        delta = rewards[:, t] + self.config.gamma *nextvalues - values[:, t]
        lastgaelam = delta + self.config.gamma *self.config.lam *lastgaelam
        advantages_reversed.append(lastgaelam)
    advantages = torch.stack(advantages_reversed[::-1]).transpose(0, 1)

    returns = advantages + values
    advantages = masked_whiten(advantages, mask)
    advantages = advantages.detach()
    return values, advantages, returns
```

再来看训练的损失定义，在训练 PPO 模型时，实际上是在同时训练两个模型，一个是用于实现文本输出的大模型，另一个是输出每个 token 状态价值的模型。首先来看状态价值网络的损失。要计算状态价值网络的损失，首先需要知道状态价值的标签是什么。生成每个 token 状态价值的标签有 3 种方法。

第 1 种是蒙特卡洛法，它认为整个问答序列是一次随机采样，然后统计当前 token 后边序列的奖励衰减累积值，并以此作为标签。因为这个序列是由一次随机采样得到的，所以标签值的方差很大。

$$V_{\mathrm{label}}(S_t) = r_t + \gamma r_{t+1} + \gamma^2 r_{t+2} + \cdots + \gamma^{T-t} r_T$$

第 2 种方法是时序差分法，它只采样一步，当前步状态的价值函数，等于采样一步得到的奖励值加上衰减因子乘以下一步的状态价值。因为增加了一步采样的事实部分，所以可以提供监督学习的信号。采样一步的好处是减少了标签的方差，但是依赖于当前状态价值网络的估计会带来大的偏差。

$$V_{\text{label}}(S_t)=r_t+\gamma V(S_{t+1})$$

第 3 种方法就是广义优势法，它就是之前在讨论 PPO 算法时讲到的 GAE 优势函数加上当前步的状态价值估计值。GAE 优势函数表示每步状态做出当前动作的期望回报减去当前状态的期望回报，所以 GAE 加上当前步的状态价值就等于当前步采样当前动作的期望回报。因为 GAE 在计算当前动作的期望回报时考虑了一步采样，由两步采样到多步采样，所以它平衡了方差和偏差。

$$V_{\text{label}}(S_t)=A_t^{\text{GAE}}+V(S_t) \tag{7-33}$$

HuggingFace TRL 库里对于状态价值网络的 label 值计算采用的就是广义优势法。

RTL 库里计算状态价值网络的损失值的具体实现代码如下：

```
returns = advantages + values
vpredclipped = clip_by_value(
    vpreds,
    values - self.config.cliprange_value,
    values + self.config.cliprange_value,
)

vf_losses1 = (vpreds - returns) **2
vf_losses2 = (vpredclipped - returns) **2
vf_loss = 0.5 *masked_mean(torch.max(vf_losses1, vf_losses2), mask)
```

首先计算每步的期望回报，等于优势值加上状态价值。用它作为每步状态价值的标签值。vf_loss1 是状态价值网络的预测值与标签之间的误差的平方。

另外为了让训练稳定，引入了一个截断操作，也就是预测的状态价值不能和重要性采样网络预测的状态价值变化太大，变动必须在一个范围内。超过这个范围就截断，然后计算出 vf_loss2。

最终状态价值网络的损失值也就是在 loss1 和 loss2 里按位取最大值，计算均值，再乘以 0.5。这里乘以 0.5 是为了求导时和平方项的 2 约掉。

接下来讨论 PPO 的损失值计算。

$$\text{loss}_{\text{ppo}}=-\frac{1}{N}\sum_{n=1}^{N}\sum_{t=1}^{T_n}A_{\theta'}^{\text{GAE}}(s_n^t,a_n^t)\frac{P_\theta(a_n^t\mid s_n^t)}{P_{\theta'}(a_n^t\mid s_n^t)}+\beta\text{KL}(P_\theta,P_{\theta'})$$

上边是之前章节讲解 PPO 算法时给出的损失计算公式，但在代码实现时有两点不同。第一点是进行重要性采样的模型可以和参考模型不一样。第二点是 K-L 散度已经在奖励值里体现了，由于它已经通过奖励值进入了损失函数，所以可以去掉 PPO 损失函数里 K-L 这一项。最终的损失函数如式(7-34)所示。

$$\text{loss}_{\text{ppo}}=-\frac{1}{N}\sum_{n=1}^{N}\sum_{t=1}^{T_n}A_{\theta''}^{\text{GAE}}(s_n^t,a_n^t)\frac{P_\theta(a_n^t\mid s_n^t)}{P_{\theta''}(a_n^t\mid s_n^t)} \tag{7-34}$$

这里需要注意几个网络，θ 表示正在训练的模型。θ'是基准模型，训练的模型输出概率分布不能和基准模型输出概率分布相差太大。θ''是进行重要性采样的模型，它会在训练过程中逐步更新，一直保持和训练模型相差不大。这样才能更有效地训练模型。之前讲 PPO 算法时讲过重要性采样模型不能和训练模型相差太大，否则当前训练网络就无法有效地进行学习。

TRL 库里计算 PPO 损失的代码如下：

```
ratio = torch.exp(logprobs - old_logprobs)

pg_losses = -advantages *ratio
pg_losses2 = -advantages *torch.clamp(ratio, 1.0 - self.config.cliprange, 1.0 +
self.config.cliprange)

pg_loss = masked_mean(torch.max(pg_losses, pg_losses2), mask)
```

在代码中首先计算训练网络与重要性采样网络输出概率的比值，然后乘以负的优势值。这就是 PPO loss 的值，同样为了训练的稳定，训练网络和重要性采样网络输出的概率比值不能相差太大，否则就进行裁剪，作为 pg_losses2。最后按位取 pg_losses 和 pg_losses2 中较大的值，计算均值作为最后的 PPO 损失值。

最终总的损失值为 PPO 损失值加上状态价值网络的损失值乘以一个调节系数，代码如下：

```
loss = pg_loss + self.config.vf_coef *vf_loss
```

最后通过一个 PPO 的训练循环的伪代码再梳理一下思路。为了让伪代码看起来简单，对损失函数部分进行了简化，代码如下：

```
#从 prompt 数据集里取出一个 batch 的 prompt 数据
for batch_prompt in prompt_dataset:
    #利用重要性采样网络也就是当前训练网络进行回答的生成
    batch_response = active_model.generate(batch_prompt)
    #把问题和回答合并，生成训练文本
    batch_data = concat(batch_prompt,batch_response)
    #利用 reward 模型对训练文本生成打分
    batch_score = reward_model(batch_data)

    #用重要性采样网络计算针对每个 token 输出的针对整个字典所有 token 的概率分布：
# all_probs。还有作为输出 token 的概率:probs，以及每个 token 的状态价值
    batch_all_probs, batch_probs, batch_all_values = active_model.forward_pass
(batch_data)

    #同样计算基准模型的 all_probs、probs 和 all_values
    ref_all_probs, ref_probs, ref_all_values = ref_model.forward_pass(batch_data)

    #计算 K-L 散度 rewards、advantages 和 returns
```

```
    kls = compute_KL(batch_all_probs,ref_all_probs)
    rewards = compute_rewards(batch_scores, kls)
    advantages = compute_advantages(batch_all_values, rewards)
    returns = advantages + batch_all_values

    #对一个 batch 的数据训练 epoch 次
    for i in range(epoch):
        #生成训练网络的 all_probs、probs 和 all_values
    active_all_probs, active_probs, active_all_values = active_model.forward_
pass(batch_data)

    #计算状态价值网络的 loss
    loss_state_value = torch.mean((returns - active_all_values)**2)
    #计算重要性比值
    ratio = active_probs / batch_probs
    #计算 PPO loss
    loss_ppo = torch.mean(-advantage *ratio)

    #网络的总体 loss
    loss_= loss_ppo + value_loss_rate *loss_state_value
    loss.backward()
    optimizer.step()
    optimizer.zero_grad()
```

通过伪代码可以看到取 batch 数据是外循环，训练 epoch 次是内循环。每次都用当前训练的模型作为重要性采样的模型先计算 advantage，然后用这个 advantage 训练 epoch 次的模型。

TRL 库里的 PPO Trainer 大大地简化了训练 PPO 模型的过程，代码如下：

```
//Chapter7/train_ppo.py
import torch
from peft import LoraConfig, TaskType
from transformers import AutoTokenizer, BitsAndBytesConfig
from trl import AutoModelForCausalLMWithValueHead, PPOConfig, PPOTrainer
from datasets import Dataset
import json

model_path = r'Your_model_path\Meta-Llama-3.1-8B-Instruct'
tokenizer = AutoTokenizer.from_pretrained(model_path, use_fast=False)
tokenizer.padding_side = "right"
tokenizer.pad_token = tokenizer.eos_token
bnb_config = BitsAndBytesConfig(
    load_in_4bit=True,
    bnb_4bit_use_double_quant=True,
    bnb_4bit_quant_type="nf4",
    bnb_4bit_compute_dtype=torch.bfloat16
)
```

```
peft_config = LoraConfig(
    r=8,
    target_modules=["q_proj",
                    "v_proj",
                    "k_proj",
                    "o_proj",
                    "gate_proj",
                    "down_proj",
                    "up_proj"
                    ],
    task_type=TaskType.CAUSAL_LM,
    lora_alpha=16,
    lora_dropout=0.05
)

model = AutoModelForCausalLMWithValueHead.from_pretrained(model_path,
reward_adapter="./reward_model",peft_config=peft_config, quantization_config=bnb_
config)
```

需要注意的是,加载模型为可以同时训练大模型和状态价值的网络的模型,它的类为AutoModelForCausalLMWithValueHead。在这个类的构造函数里需要指定模型路径会用这个路径的模型作为基准模型,基准模型的参数在整个训练过程中都会被冻结。另外指定了奖励模型的路径,它会共享基准模型的参数权重,额外加载自己的 LoRA 参数和 Score Head。奖励模型的权重在训练 PPO 模型的过程中也会被冻结,然后指定了 peft 的配置,这里是 LoRA Config。根据这个 LoRA Config 和基准模型会生成一个可以训练的 LoRA 模型,这个 LoRA 模型训练时会更新参数,同时为大模型生成和状态价值估计优化。最后还有量化加载模型的配置。

接下来需要加载数据和定义 Collator,代码如下:

```
items = []
with open("./data/queries.json", "r", encoding="utf8") as f:
    for line in f:
        items.append(json.loads(line))
queries_dataset = Dataset.from_list(items)


def collator(data):
    queries = []
    for item in data:
        queries.append(tokenizer(item["query"],
return_tensors="pt")["input_ids"].squeeze().to("cuda"))
    return queries
```

然后需要定义 PPOTrainer,它需要指定 PPOConfig、训练的模型、参考的模型。如果不指定参考模型,同时训练模型为 peft 模型,则会自动取 peft 的基准模型作为参考模型。另外还需要指定 tokenizer、dataset、data_collator，代码如下：

```
ppo_config = PPOConfig(kl_penalty="full", ppo_epochs=3, batch_size=2, mini_
batch_size=1)
ppo_trainer = PPOTrainer(config=ppo_config, model=model, ref_model=None,
tokenizer=tokenizer, dataset=queries_dataset,
                        data_collator=collator)
```

接下来需要指定大模型的生成参数，这里的参数设置很重要，因为训练时要在模型输出的所有概率空间进行采样，所以将 top_k 设置为 0，并且将 top_p 设置为 1，将 do_sample 设置为 True，代码如下：

```
generation_kwargs = {
    "min_length": -1,
    "top_k": 0.0,
    "top_p": 1.0,
    "do_sample": True,
    "pad_token_id": tokenizer.pad_token_id,
    "max_new_tokens": 32,
}
```

然后就可以进入训练流程，首先取一个批次的数据，批次数据里只有问题，没有回答。用 ppo_trainer 来生成回答。接着用奖励模型对问答对进行打分。最重要的一步，调用 ppo_trainer 的 step 方法。传入问题、回答、得分，这样便可进行一步训练，代码如下：

```
for batch in ppo_trainer.dataloader:
    query_tensors = batch

    response_tensors = ppo_trainer.generate(
        query_tensors, return_prompt=False, **generation_kwargs)
    scores = []
    for query, response in zip(query_tensors, response_tensors):
        input_ids = torch.concat([query, response], dim=0)
        input_ids = torch.unsqueeze(input_ids, dim=0)
        score = ppo_trainer.model.compute_reward_score(input_ids=input_ids)
[0, -1, 0]
        scores.append(score)
    stats = ppo_trainer.step(query_tensors, response_tensors, scores)
ppo_trainer.save_pretrained("./rl_model")
```

第 8 章

大模型的评估

与传统的模型相比，对生成式的大语言模型进行评估更难。大模型生成内容的事实准确性、逻辑一致性、内容完整性、语句通顺性等各方面都会影响用户对生成内容的评价。很难用一个指标来衡量一个大模型生成内容的质量。本章介绍一些常见的对大语言模型进行评估的方法。

8.1 困惑度

困惑度(Perplexity/PPL)是一种常用于衡量语言模型性能的指标，尤其是在自然语言处理任务中。它主要用于评估模型对一段文本出现的概率预测能力，直观地理解，困惑度可以视为模型对给定文本的"困惑"程度。

困惑度越低，表示模型对文本的预测越准确，即模型越不"困惑"。具体来讲，困惑度是基于语言模型预测下一个单词的概率计算的，用来衡量模型对整段文本的预测质量。

低困惑度：意味着模型对数据的预测非常接近实际分布，即它能够很好地预测下一个单词。

高困惑度：表明模型的预测能力较弱，它对下一个单词的预测不太准确。

困惑度的具体计算公式如下：

$$\mathrm{PPL}(X)=\exp\left\{-\frac{1}{t}\sum_{i}^{t}\log p_{\theta}(x_i \mid x_{<i})\right\} \tag{8-1}$$

用困惑度来评估大模型的问题是，困惑度只能反映模型输出是否类似于测试文本。如果训练一个写作模型，测试的文本都是网络小说，但是模型写作水平已经和顶尖作家一样了，则分布肯定和网络小说是不同的。这会出现模型性能实际很好，但是评估困惑度的值却很高的情况，所以在利用困惑度对模型性能进行评估时，对测试数据集的选取就很重要了。要保证测试数据集和希望模型生成的内容要尽可能一致。

8.2 人工评估

第 2 种对大模型进行评估的方法就是进行人工评估，对同一个问题，同时让不同的大模型给出回答。在不告知回答和大模型的对应关系的情况下，让人工评估哪个大模型的回答更好，如图 8-1 所示。

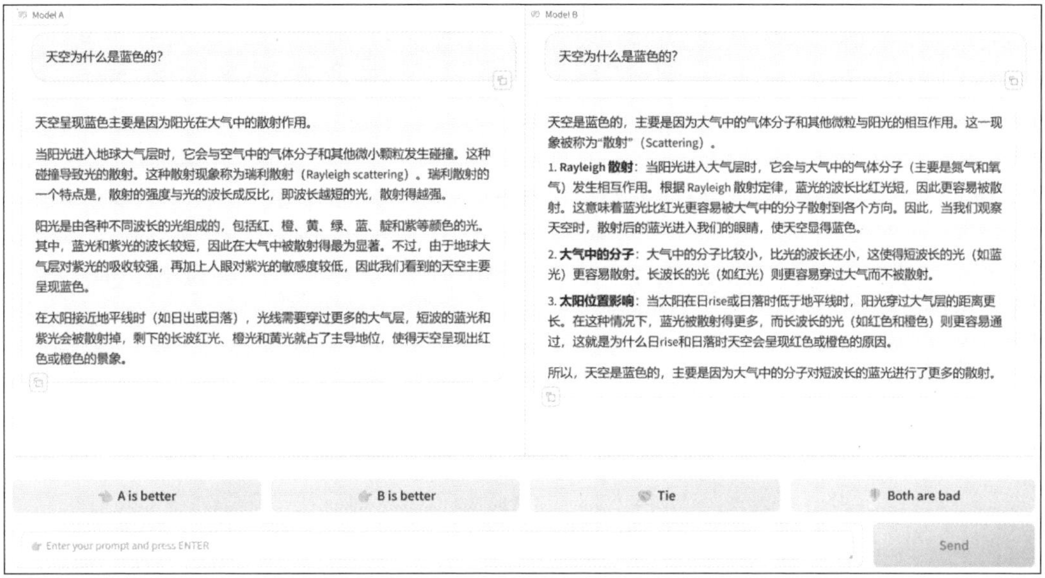

图 8-1　人工测评大模型界面

人工评估可以综合考虑多种因素，例如回答的事实准确性、逻辑一致性、语法、语气等，但是它的缺点就是人力成本太高。

8.3 可解析的测评集

大模型评估的第 3 种方法是制定可解析的评测集。以选择题为例，首先要求模型只能输出 A、B、C、D 这 4 个选项中的一个，然后根据模型给出的答案对其能力进行评估。除了选择题，其他要求明确答案格式的题型也适用于这种方法，例如，提出“鲁迅的原名叫什么?”这一问题，要求模型的回答必须是一个人名，并且以 JSON 格式输出。通过程序解析模型的输出，能够对模型的表现进行定量分析。

目前，针对通用模型能力的可解析的公开评测集有很多种，以下介绍几种常用的评测集。这些评测集通常是各大厂商在宣传其模型能力时常引用的重要指标。

8.3.1 MMLU

MMLU(Massive Multitask Language Understanding)测试集包含了人文、社会科学、自然科学等 57 种不同领域的选择题。

下边给出了其中 4 道不同领域的选择题。

```
当你从静止状态扔下一个球时,它的加速度向下为 9.8 m/s²。如果你假设没有空气阻力,将其向下扔出,则它离开你手后的立即加速度是。

(A) 9.8 m/s²
(B) 大于 9.8 m/s²
(C) 小于 9.8 m/s²
(D) 除非给出扔的速度,否则无法确定。

一位 63 岁男性:他因为左腿疼痛和小腿肿胀而被送往急诊科。他还有一个月的体重减轻史,尽管食欲没有变化。他没有重大医疗病史,唯一的药物是他为轻微背痛服用的布洛芬。在此期间,他的体重减轻了 9kg(20 磅),并且有上背部疼痛。他唯一的重大疾病是 25 岁时的胰腺炎。他的体征在检查时都在正常范围内,除了 BMI 为 25 kg/m²。他身高 180cm(5 英尺 11 英寸),体重 82kg(180 磅);脉搏双侧可触及,其余的体格检查没有异常。胸椎的 X 光片显示没有异常。腹部 CT 扫描显示胰腺体部有一个 3cm 的肿块;存在肝转移和肠系膜上动脉的包裹。左下肢超声显示股腘静脉血栓。以下哪一项是最可能会导致该患者症状的原因?

(A) 类癌综合症
(B) 晚期恶性肿瘤引起的高凝状态
(C) 多发性内分泌疾病
(D) 脾动脉瘤和左下肢栓塞性疾病

Krete 是一位未婚纳税人,其收入完全来自工资。到第一年的 12 月 31 日,Krete 的雇主已经代扣了 16 000 美元的联邦所得税。在第二年的 4 月 15 日,Krete 及时提交了延期申请,以提交她的个人纳税申报表,并支付了额外的 300 美元税款。当她在第二年的 4 月 30 日及时提交纳税申报表并支付剩余税款时,Krete 第一年的税收责任是 16 500 美元。哪个金额将受到估计税欠缴罚款的处罚?

(A) $ 0
(B) $ 500
(C) $ 1 650
(D) $ 16 500
```

8.3.2 MMLU-PRO

MMLU-PRO 是 MMLU 的增强版数据集,旨在通过整合更具挑战性、注重推理的问题来对大模型进行评估。选项数从 4 个扩展到 10 个。

测试题示例如下:

```
当暴乱发生时,Mr. Winter 的汽车被推翻,造成了 346.50 美元的损失。Mr. Winter 拥有 50 美元的免赔额碰撞保险,但没有综合保险。保险公司将支付给 Mr. Winter 多少钱呢?

[ "$ 296.50", "$ 50", "三分之二的损失", "$ 150", "0", "$ 200", "$ 346.50", "$ 246.50", "所有损失", "一半损失" ]
```

8.3.3 IF-EVAL

大模型在解决实际问题时,是否能遵从提示词里的指令是一个重要的能力。IF-EVAL

(Instruction Following-Eval)通过“可验证”的指令测试模型指令遵从能力。

测试题示例如下：

```
用不带逗号的短句写一首 30 行诗。
每行应该只包含一个句子。
确保在每行的末尾使用正确的标点符号。
你的整个回答应该只包含这首诗。
```

8.3.4 BBH

BBH(BIG-Bench Hard)测试集里包含 23 种具有挑战性的任务，这些任务都是之前的大模型评估没有超越人类平均得分的任务。测试题示例如下：

```
由于他患有罕见的皮肤病，患者被转介给专家。选项：
(A) 患者患有皮肤病
(B) 专家患有皮肤病
(C) 不确定

补全下边的括号，让括号完整。
Input: ( { ( )
Output: })

谁是桑德拉的同学就不是普里西拉的同父异母的姐妹，因此谁不是普里西拉的同父异母的姐妹就
是桑德拉的同学。这个推理有效还是无效？选项：- 有效 - 无效
Output：无效
```

8.3.5 MATH

MATH 测试集中包含 12 500 个具有挑战性的竞赛数学问题。MATH 中的每个问题都有详细的逐步解决方案，可以用来教导模型生成答案的推导和解释。测试题示例如下：

```
{
    "problem": "What is the greatest prime factor of $ 12! + 14!$ ?(Reminder: If
$ n$  is a positive integer, then $ n!$  stands for the product $ 1\\cdot 2\\cdot 3
\\cdot \\cdots \\cdot (n-1)\\cdot n$ .)",
    "level": "Level 5",
    "type": "Number Theory",
    "solution": "Factor out $ 12!$  from both terms: $ 12!+14!=12!(1+13\\cdot 14)=12!
\\cdot 183$ . Factor $ 183=3\\cdot 61$ . Since $ 12!$  has no prime factors greater
than 11, $ \\boxed{61}$  is the greatest prime factor of $ 12!+14!$ ."
}
```

8.3.6 GPQA

GPQA 测试集是一个由生物学、物理学和化学领域的专家编写的具有挑战性的数据集，包含 448 道多项选择题。这些问题的质量高且极具难度：在相应领域拥有或正在攻读

博士学位的专家达到了65%的准确率(如果排除专家事后识别出的明显错误,则为74%),而高技能的非专家验证者在平均超过30min的时间内,并且可以使用互联网,仅达到34%的准确率(这些问题具有“防谷歌”特性)。

GPQA测试集的作者呼吁大家不要将GPQA内的测试题以图片或者明文的方式放到互联网上,以防止测试题进入大模型的训练数据集,所以在这里也不放出GPQA的测试题示例。

表8-1是Qwen2 72B和Llama 3 70B模型在上述测试集上的表现。可以看到在指令遵从上还是目前大模型做得比较好。数学能力都还比较差,对于最难的GPQA测试集,分数就非常低。

表8-1 模型评分表

模　　型	平均分	IFEval	BBH	MATH	GPQA	MMLU-PRO
Qwen2 72B Instruct	43.02	79.89	57.48	35.12	16.33	48.92
Llama3 70B Instruct	36.67	80.99	50.19	23.34	4.92	46.74

在做实际项目时,也可以根据情况来定义自己的可解析测试集。

8.4 利用大模型评估

最后一种方法,也就是让大模型来扮演测评人员的角色。对于不好定义可解析测试集的情况下可以尝试这种方法。

在一般情况下,会有测试集的标准答案,但是训练的大模型输出和标准答案并不完全相同,这样很难量化来评估。这时就可以采用大模型来比较回答和标准答案的差距,具体来讲,大模型可以用二分类的方式直接判断其输出是否与标准答案一致,用0和1表示对错。这种方式的优点在于其简单直接,特别适用于那些目标明确、结果单一的任务。

此外,在一些复杂场景下,简单的对错判断可能无法完全反映模型性能的细微差异。此时,可以让大模型对其输出与标准答案之间的匹配程度更细化地进行量化,例如,模型可以为每个输出分配一个从0到5的分值,这样便能够更精确地衡量模型的输出质量。这种评分机制不仅能反映出输出与标准答案之间的匹配程度,还可以捕捉到输出中的细微差别,有助于更全面地评估模型的性能。

当需要比较两个不同模型的输出质量时,这种评估方法同样可以应用。为了避免评估过程中的潜在偏见,建议在测试集中随机打乱两个模型输出的顺序。这意味着有时将模型A的输出放在前面,有时则将模型B的输出放在前面。这样可以减少大模型对输出顺序的倾向性问题,确保评估结果的公正性和客观性。

通过以上方法,利用大模型自评估不仅能在难以定义标准答案的情况下提供一种有效的解决方案,还能提升模型评估的精度和全面性,帮助开发者更好地理解和优化模型的性能。这种方法已经逐渐成为大模型性能评估中的重要工具,为复杂的自然语言处理任务提供新的评估方法。

第9章 构建大模型应用

大语言模型作为人工智能领域的一项重要突破，赋予了计算机前所未有的自然语言理解能力、推理规划能力和语言生成能力。这些能力使我们能够以一种前所未有的方式与计算机进行交互，从而为智能应用开发带来了无限的可能性。

首先，大语言模型具备强大的自然语言理解能力。通过对海量文本数据的学习，这些模型能够准确地理解人类语言中的复杂语义和语境，从而能够对用户输入进行精确解析。这种能力使计算机不仅能理解简单的指令，还能够处理更加复杂和模糊的语言表达，极大地提升了人机交互的自然性。

其次，大语言模型的推理规划能力使它们在处理复杂任务时表现出色。这种能力不仅限于简单的逻辑推理，还包括在多步推理过程中保持一致性的能力。通过对文本信息的深入理解，模型能够推导出用户意图，并生成相应的计划和解决方案。这对于自动化决策系统和智能助手等应用来讲，具有极高的实用价值。

此外，大语言模型的语言生成能力也非常突出。它们不仅能生成流畅自然的文本，还能够根据不同的语境和需求，灵活调整输出内容。这使它们在内容创作、文本摘要、机器翻译等领域得到了广泛应用。通过这些能力，智能应用的表现得到了显著提升，能够为用户提供更加个性化和高效的服务。

然而，尽管大语言模型具有诸多优势，但它们也存在一些挑战。最为突出的问题之一是模型的“幻觉”现象，即模型在生成文本时可能会输出不准确或不符合实际的内容。这种输出不可预测性对智能应用的可靠性提出了挑战。为了应对这一问题，开发者需要设计更加复杂的系统架构和控制机制，以确保模型输出的稳定性和准确性。

正是由于上述挑战，像 LangChain 这样的开发框架应运而生。LangChain 为开发者提供了一套工具和组件，使他们能够更方便地构建基于大语言模型的应用。通过这些框架，开发者可以更好地控制模型的行为，从而开发出更加智能、可靠的应用。

在接下来的章节中，我们将讨论如何利用大模型来构建智能的应用。

9.1 提示词工程

提示词是用户或者开发人员与大模型交互的唯一接口，可以说所有与大模型应用相关的工作都是在设计一个优秀的提示词。本节介绍优秀的提示词所应该具备的一般特征。好的提示词需要经过不断调试,观察模型的输出,直到得到满意的输出为止。

9.1.1 明确的任务指示

使用大模型完成生成任务,一个清晰明确的任务指示非常关键。假如某人正在写一篇关于个人环保方面的文章,给大模型输入不同的提示词会得到不同的回答。以 ChatGPT 为例,如果输入"告诉我一些关于环境保护的事情。",则得到的输出如下:

我:告诉我一些关于环境保护的事情。
ChatGPT:环境保护涉及多个层面,涵盖了从个人行为到全球政策的广泛领域。以下是一些关键的方面:
1. 减少碳排放:温室气体排放是气候变化的主要驱动因素之一。减少碳排放的方法包括推广可再生能源(如太阳能、风能)、提高能效、推广电动汽车及减少化石燃料的使用。
2. 保护生物多样性:生物多样性对于维持生态系统的健康至关重要。保护濒危物种、维护自然栖息地、减少森林砍伐和防止非法捕猎是保护生物多样性的关键措施。
3. 减少污染:空气、水和土壤污染对环境和人类健康构成重大威胁。减少工业排放、推广可降解材料、减少化学肥料和农药的使用,以及处理和回收废物是减少污染的有效途径。
4. 可持续发展:可持续发展旨在平衡环境保护、经济增长和社会福祉。推广绿色建筑、可持续农业和节水技术,以及鼓励循环经济和减少浪费,有助于实现可持续发展目标。
5. 个人行为每个人都可以通过改变日常行为来促进环境保护,例如,减少一次性塑料的使用、节约用水和能源、支持环保产品及减少食物浪费都是有效的个人行动。
6. 环境保护需要全球合作和个人努力的结合,才能应对当前的环境挑战并为未来创造一个可持续的地球。

如果将提示词改为"请简要说明三种个人可以在日常生活中减少碳足迹的方法。",则可以看到,ChatGPT 将输出更为详细的关于个人在环保方面可以做的事情,输出如下:

我:请简要说明三种个人可以在日常生活中减少碳足迹的方法。
ChatGPT:个人可以通过以下 3 种方法在日常生活中减少碳足迹:
1. 减少车辆使用:尽量选择步行、骑自行车或使用公共交通工具,减少个人车辆的使用,尤其是燃油车。这可以显著地减少温室气体排放。
2. 节约能源:在家中和工作场所使用节能电器,减少不必要的电力消耗,例如随手关闭灯具和电器,优化取暖和制冷系统的使用效率。
3. 饮食调整:减少肉类和乳制品的摄入,特别是牛肉的消费,因为畜牧业是温室气体的重要来源。多选择本地和季节性食物,也能降低食品运输所带来的碳排放。

9.1.2 提供上下文信息

通过给大模型提供更多的上下文信息,将帮助大模型生成更符合需求的输出,例如想让大模型提供一个关于健康饮食的建议,对话如下:

我:给我一些关于健康饮食的建议。
ChatGPT:以下是一些关于健康饮食的建议,帮助你维持均衡的饮食习惯和良好的健康状态:
1. 多样化食物摄入:确保你的饮食包括各种食物,以获得不同的营养素。每天摄入足够的水果、蔬菜、全谷物、蛋白质和健康脂肪。

2. 控制分量：注意食物的分量，避免过量摄入。适量的食物摄入可以帮助你维持健康体重和预防慢性疾病。
3. 选择健康的脂肪：多食用富含不饱和脂肪的食物，如橄榄油、坚果、鱼类和鳄梨，减少饱和脂肪和反式脂肪的摄入。
4. 减少糖分摄入：尽量避免含糖饮料、甜点和加工食品中的添加糖。选择天然甜味的水果作为替代。
保持水分：每天饮用足够的水，保持身体的水分平衡。水是最佳的饮品，避免过多摄入含糖饮料和咖啡因。
5. 合理分配餐次：尽量保持规律的饮食习惯，不要跳过早餐。选择营养丰富的早餐、午餐和晚餐，并在两餐之间食用健康的零食。
6. 多吃蔬菜和水果：蔬菜和水果富含维生素、矿物质和纤维。每天至少摄入五份不同种类的蔬菜和水果。
7. 减少盐的摄入：控制盐的摄入量，减少高盐食品如加工食品和快餐的消费。使用香草和香料代替部分盐来调味。
8. 适量蛋白质摄入：选择健康的蛋白质来源，如鱼、豆类、坚果、瘦肉和乳制品。适量摄入可以帮助身体修复和维持肌肉。
9. 限制加工食品：加工食品通常含有高糖、高盐和不健康的脂肪，尽量选择新鲜、天然的食材来烹饪。
通过这些建议，可以建立更健康的饮食习惯，有助于长期保持良好的身体状态。

如果可以提供更多上下文信息，则大模型将会输出更有针对性的建议，对话如下：

我：我是一名 40 岁的男性，生活在北方城市，是一名程序员，经常加班，请给我一些关于健康饮食的建议。
ChatGPT：根据你的生活情况，以下是一些针对 40 岁、生活在北方城市、经常加班的程序员的健康饮食建议：
1. 保持稳定的能量水平：作为程序员，经常长时间面对计算机，需要持续的脑力劳动。选择复合碳水化合物如全谷物、燕麦和糙米，这些食物能提供稳定的能量，避免血糖快速升降导致的疲劳感。
2. 增加蛋白质摄入：高强度工作需要充足的蛋白质来修复和维持身体的肌肉和组织。可以选择瘦肉（如鸡胸肉、鱼类）、豆类、鸡蛋和乳制品。这些食物不仅能满足蛋白质需求，还能让你在加班时更有饱腹感，减少不必要的零食摄入。
3. 多摄入蔬菜和水果：北方冬季天气寒冷，室内活动时间较长，增加蔬菜和水果的摄入能帮助你获得足够的维生素和矿物质，增强免疫力。可以选择富含维生素 C 的水果（如橙子、柚子）和富含抗氧化物质的蔬菜（如西兰花、菠菜）。
4. 适量饮水：长时间加班时，容易忽视饮水，但保持身体的水分平衡对维持大脑的清醒和集中注意力非常重要。建议每天喝 8 杯水（约 2 升），尤其是在空调房内久坐时。可以在桌上备一瓶水，随时补充。
5. 健康零食选择：加班期间难免会感到饥饿，选择健康的零食可以避免吃高糖、高盐的垃圾食品。建议准备一些坚果、酸奶、全麦饼干或水果，这些零食不仅营养丰富，还能提供适当的能量补充。
6. 减少外卖频率：频繁加班可能会让你依赖外卖，但外卖食品通常含有较多的盐、油和糖分。尽量自己准备一些简单且健康的便当，例如蒸蔬菜、鸡胸肉和糙米饭，既节省时间又更健康。
7. 控制咖啡摄入量：程序员常常依赖咖啡来提神，但过量摄入咖啡因可能会影响睡眠质量。建议控制在每天 1-2 杯，下午和晚上尽量避免饮用咖啡，可以选择绿茶或其他低咖啡因饮品来替代。
8. 定期用餐：即使加班，也要尽量保持规律的用餐时间，避免长时间不吃饭然后暴饮暴食。规律的用餐不仅能帮助你维持稳定的血糖水平，还有助于消化系统的健康。
9. 关注骨骼健康：随着年龄增长，骨骼健康变得越来越重要。确保摄入足够的钙和维生素 D，特别是在冬季阳光较少的北方城市。可以通过乳制品、深绿色蔬菜和适量的补充剂来满足这些需求。
10. 适量的健康脂肪：摄入适量的健康脂肪，如鱼油、橄榄油和坚果，有助于心血管健康，并提供持久的能量。避免摄入过多的饱和脂肪和反式脂肪，尽量选择天然、未加工的食物。

这些建议能帮助你在高强度工作的同时,保持身体健康和精力充沛,有助于长远的职业和个人生活质量。

在开发智能应用时,如果可以增加用户信息的上下文,则将可以让大模型生成更有针对性且对用户更有用的内容。

9.1.3 赋予大模型角色

实验发现,如果给大模型提供角色信息,让大模型有身份认知,则可以给出更加专业的回答,例如下边的例子中,让大模型扮演一个资深的医生角色。它会给出更加专业的建议,输出如下:

我:你是一名资深的医生,主要从事针对不同人群的健康饮食方面的研究。我是一名 40 岁的男性,生活在北方城市,是一名程序员,经常加班,请给我一些关于健康饮食的建议。
ChatGPT:作为一名 40 岁的程序员,你的工作性质和生活习惯会对健康产生一定的影响。由于你经常加班,长时间坐着工作,健康饮食对于维持你的身体健康尤为重要。以下是一些针对你的健康饮食建议:

1. 均衡饮食
主食选择:选择全谷类食物,如全麦面包、糙米、燕麦等。这些食物含有丰富的纤维,有助于维持血糖平稳,提供持续的能量。
蛋白质摄入:摄入适量的优质蛋白质,如鱼、鸡肉、瘦牛肉、豆类、豆腐和鸡蛋。这有助于保持肌肉质量和免疫功能。
多吃蔬菜和水果:每天至少摄入五份蔬菜和水果。它们富含维生素、矿物质和抗氧化剂,有助于提高免疫力,预防慢性疾病。
2. 控制饮食中的脂肪
健康脂肪:多摄入富含不饱和脂肪的食物,如橄榄油、坚果、鳄梨和鱼类。这些脂肪对心脏健康有益。
减少饱和脂肪和反式脂肪:尽量减少摄入红肉、加工食品和油炸食品。过多的饱和脂肪和反式脂肪会增加心血管疾病的风险。
3. 限制糖分和盐分
少吃高糖食物:减少糖果、甜饮料和含糖零食的摄入。高糖食物容易导致血糖波动,增加体重和糖尿病的风险。
控制盐的摄入:尽量减少食用含盐量高的加工食品,如方便面、腌制食品和快餐。过多的盐摄入会增加高血压的风险。
4. 合理的餐间零食
健康零食选择:选择坚果、水果、酸奶或全谷类饼干作为加班时的零食。这些食物不仅提供能量,还能帮助你保持饱腹感,避免暴饮暴食。
5. 保持水分充足
多喝水:保持每天至少喝 2 升水的习惯,尤其是在长时间坐着工作的情况下。水对维持身体各项功能至关重要。
减少含糖饮料的摄入:尽量选择白开水、茶或不加糖的咖啡,避免饮用含糖饮料和能量饮料。
6. 规律用餐
定时用餐:尽量保持每天三餐的规律性,避免不规律饮食和暴饮暴食。
注意晚餐时间:尽量避免太晚进食,晚餐后尽量不再吃宵夜,以减少消化系统的负担。
7. 应对加班压力
选择适当的饮食舒缓压力:多摄入富含镁的食物(如深绿色蔬菜、香蕉、坚果)和含有 Omega-3 脂肪酸的食物(如鱼类、亚麻籽),这些食物有助于缓解压力。

避免高热量、高脂肪食物应对压力：许多人在压力下容易选择高热量食物来“安慰”自己，但这可能会导致体重增加和其他健康问题。
8. 适量补充维生素
维生素 D：北方城市的冬季阳光较少，容易缺乏维生素 D。考虑通过食物(如鱼类、蛋黄)或补充剂适量补充维生素 D。
B 族维生素：长时间工作和压力可能会消耗更多的 B 族维生素，适量补充可以帮助提高能量水平和精神状态。
通过这些饮食习惯的调整，可以帮助你在繁忙的工作中维持良好的身体状况，提高工作效率和生活质量。

9.1.4 给模型思考时间

首先看一个例子：

我：比 2 大 5 的数乘以 3 等于几？
Llama3.1 - 8B：答案是 15。
我：比 2 大 5 的数乘以 3 等于几？请一步步计算，并给出答案。
Llama3.1 - 8B：“比 2 大 5”等同于“2 + 5”，等于“7”。
现在，需要将这个数字乘以 3。
7 乘以 3 等于 21。
因此，比 2 大 5 的数乘以 3 等于 21。

可以看到，同样的问题，通过让大模型输出更多的过程信息，可以加长大模型的思考时间，有助于解决复杂的需要多步思考的问题。这实际上和人类在解决复杂问题时的方法是类似的。

9.1.5 给模型参考示例

让大模型完成一个语义识别的任务，对话如下：

我：从用户对电影的评价里提取电影名和评价，然后给出一个 json 输出。如果评价是正面的，则输出 1，如果是负面的，则输出 0，json 包含两个元素：电影名和评价。
用户评价：《肖申克的救赎》是一部非常难得的电影佳作。
Llama3.1 - 8B：{"肖申克的救赎":1}

可以看到虽然大模型提取到了正确的信息，但是输出格式并不是我们期望的，可以通过在提示词中增加示例来让大模型给出正确格式的输出，对话如下：

我：从用户对电影的评价里提取电影名和评价，然后给出一个 json 输出。如果评价是正面的，则输出 1，如果是负面的，则输出 0。json 包含两个元素：电影名和评价。
例如
用户评价：《美丽心灵》是一部发人深省且激励人心的杰作。
输出：{"电影":"美丽心灵","评价":1}
用户评价：《肖申克的救赎》是一部非常难得的电影佳作。
Llama3.1 - 8B：{ "电影":"肖申克的救赎","评价":1}

9.2 LangChain 介绍

LangChain 的核心思想是将大语言模型与外部数据源和工具结合，使其不仅能生成自然语言文本，还能完成其他复杂任务，例如与数据库交互、进行搜索、读取文档等。

LangChain 由多个模块化组件组成，开发者可以根据需求组合这些模块，灵活构建应用。以下是几个核心组件。

聊天模型(Chat Models)：聊天模型是一种使用消息序列作为输入并返回输出的语言模型。LangChain 支持多种大型语言模型作为聊天模型，例如 OpenAI GPT-3、GPT-4 和自定义模型，此外 LangChain 还支持为不同消息分配角色。LangChain 允许这些模型接受字符串输入并将其转换为 HumanMessage 传递给模型。LangChain 本身不托管聊天模型，依赖第三方集成。它封装了与这些模型的交互方式，使调用变得更加简便。在构建聊天模型时可以指定一些标准参数，例如模型名称、温度、超时时间等。

消息(Messages)：消息是语言模型的输入/输出，包含角色、内容和元数据。标准角色包括"用户""助手""系统"和"工具"。HumanMessage 代表用户消息，AIMessage 代表助手消息，并包含工具调用决策。SystemMessage 用于指导模型行为，ToolMessage 用于传递工具调用结果。

提示词模板(Prompt Template)：提示词模板用于将用户输入转换为语言模型的指令，可输出为字符串或消息列表。提示词模板接受一个字典作为输入，其中每个键表示需要填充的变量。输出为一个 PromptValue，可以传递给 ChatModel。提示词模板的主要类型包括字符串提示模板(用于简单输入)、聊天提示模板(用于格式化消息列表)和 MessagesPlaceholder(用于插入消息列表)。

示例选择器(Example Selectors)：在调用大模型时，一种常见的提示技巧是通过在提示词中加入示例来提升模型的表现，这种方法称为少样本提示(Few-shot Prompting)。它为语言模型提供了具体的示例，帮助模型更好地生成回应。在某些情况下，这些示例会直接写入提示词中，而在更复杂的场景下，动态选择示例会更灵活。示例选择器主要负责挑选适合的示例，并将其格式化为提示内容。

输出解析器(Output Parsers)：输出解析器将模型的文本转换为结构化格式，适用于生成结构化数据或规范化输出。LangChain 支持多种解析器，例如 JSON、XML、CSV、YAML 等格式的解析器。

聊天记录(Chat History)：聊天记录会跟踪并记录底层调用流程的输入和输出，并将其作为消息添加到消息数据库中。未来的交互会加载这些消息，并将其作为输入的一部分传递给调用流程。

文档(Document)：LangChain 中的文档数据目前仅支持字符串，并且允许为文档数据指定元数据信息。

文档加载器(Document Loaders)：LangChain 中集成了上百种不同的文档加载器，可以从不同的数据源加载数据。所有的文档加载器都可以通过统一的接口方法来加载数据。

文本分割器(Text Splitters)：在调用大模型时需要将长文档分割为适合模型上下文窗口的小块。LangChain 提供了多种内置的文档转换器，便于分割、组合、过滤和操作文档。文本分割器将长文本分割为小块并保持语义相关性，LangChain 提供了多种分割方法，用户可自定义分割方式和块大小。

嵌入模型(Embedding Models)：嵌入模型将文本转换为向量，用于语义搜索和上下文检索。LangChain 的 Embeddings 类支持多种嵌入模型，提供文档和查询两种嵌入方法。LangChain 支持嵌入模型提供商(例如 OpenAI、Cohere、HuggingFace 等)及加载本地的嵌入模型。

向量存储(Vector Stores)：为了对文本数据进行语义检索，一般通过嵌入模型将文本片段编码为向量，然后进行存储。检索时对问题同样通过嵌入模型进行编码并转换为向量，在向量存储里进行向量检索。查找到与问题相关的文本片段。

检索器(Retrievers)：检索器是一种更通用的抽象，它可以根据字符串的查询返回文档。它既可以从向量存储来创建，也可以从维基百科或者搜索引擎来创建。检索器接受字符串查询作为输入，并返回一个文档列表作为输出。

键值存储(Key-Value Stores)：LangChain 提供了 BaseStore[str，bytes]格式的键-值对存储，满足了用户的存储需求。

工具(Tools)：LangChain 里模型可以调用工具。模型生成工具的输入，然后调用工具，并将工具的输出返回给模型。当需要模型来控制外部世界或者获取外部世界的帮助时，工具非常有用。

工具包(Toolkits)：工具包是为特定任务使用的一组工具。它们可以一起使用，并且有更便捷的加载方法。

智能体(Agent)：LangChain 的主要作用是创建智能体。智能体基于大模型作为推理和分析引擎，根据环境做出规划和决策，执行动作，并根据动作的结果判断是继续执行更多的动作还是结束。

回调(Callbacks)：LangChain 提供了一个回调系统，让我们可以在 LLM 应用的各个阶段进行干预。这对于日志记录、监控、流式处理等任务非常有用。

9.3 第 1 个 LangChain 程序

本节将使用 LangChain 构建一个简单的基于大模型的应用。它将实现利用大模型将中文翻译为英文的功能。

如果之前没有安装 LangChain，则安装命令如下：

```
pip install langchain
pip install langchain-openai
```

vLLM 支持将一个本地模型部署成兼容 OpenAI 接口风格的服务。这里将 Llama-3.1 的 8B-Instruct 模型利用 vLLM 进行部署，然后利用 OpenAI 的接口风格来调用大模型。接下来的代码将在 Jupyter Notebook 中运行，代码如下：

```
//Chapter9/hello_world.ipynb
from langchain_openai import ChatOpenAI
model = ChatOpenAI(
            streaming=False,
            openai_api_key="EMPTY",
            openai_api_base='http://172.21.131.185:8000/v1',
            model_name='Your_model_path/Meta-Llama-3.1-8B-Instruct',
            temperature=0.5,
            max_tokens=300
        )
```

然后定义消息列表，其中 SystemMessage 为系统消息，HumanMessage 为用户消息。通过模型的 invoke 方法来调用模型，代码如下：

```
from langchain_core.messages import HumanMessage, SystemMessage
messages = [
    SystemMessage(content="把下边这句话翻译为英语."),
    HumanMessage(content="今天天气不错!"),
]

model.invoke(messages)
```

得到的输出如下：

```
AIMessage(content='The weather is nice today!',
additional_kwargs={'refusal': None}, response_metadata={'token_usage':
{'completion_tokens': 7, 'prompt_tokens': 31, 'total_tokens': 38},
'model_name': '/mnt/d/work/models/Meta-Llama-3.1-8B-Instruct',
'system_fingerprint': None, 'finish_reason': 'stop', 'logprobs': None},
id='run-bd5197ce-8c2b-4291-bce1-9d8747f810d0-0',
usage_metadata={'input_tokens': 31, 'output_tokens': 7, 'total_tokens': 38})
```

可以看到模型返回的类型为一个 AIMessage，它代表模型返回的消息。可以通过 LangChain 提供的输出解析器来解析输出，代码如下：

```
from langchain_core.output_parsers import StrOutputParser
parser = StrOutputParser()
result = model.invoke(messages)
parser.invoke(result)
```

得到的输出如下：

```
'The weather is nice today!'
```

在 LangChain 里更常用的是用“|”将多个模块连接起来，代码如下：

```
chain = model | parser
chain.invoke(messages)
```

同样会得到如下的输出：

```
'The weather is nice today!'
```

上边的例子只能将固定的一句中文翻译为英语，但实际情况可能更复杂，需要将不同的句子翻译为不同的语言。每次重新定义消息列表很麻烦，是否有办法可以只更改其中变化的部分呢？那就是提示词模板的功能，代码如下：

```
from langchain_core.prompts import ChatPromptTemplate
system_template = "将下边翻译为{language}:"
prompt_template = ChatPromptTemplate.from_messages(
    [("system", system_template), ("user", "{text}")]
)
result = prompt_template.invoke({"language": "日语", "text": "人工智能技术很酷!"})
result
```

可以看到结果如下：

```
ChatPromptValue(messages=[SystemMessage(content='将下边翻译为日语:'),
HumanMessage(content='人工智能技术很酷!')])
```

接着把各个模块像下边这样连接起来，然后整体调用，代码如下：

```
chain = prompt_template | model | parser
chain.invoke({"language": "韩语", "text": "人工智能技术很酷!"})
```

得到的输出如下：

```
'인공지능 기술이 정말 멋져요!'
```

有了这个 chain 的对象，只需传入想翻译到的目标语言和中文句子，就可以得到翻译结果。调用非常方便，代码如下：

```
chain.invoke({"language": "法语", "text": "这个电影很精彩!"})
```

得到的输出如下：

```
'Ce film est très intéressant!'
```

9.4 构建一个聊天机器人

首先在一个新的 Jupyter Notebook 里创建模型，然后跟大模型打招呼，告诉大模型你的名字，代码如下：

```
//Chapter9/Chatbot.ipynb
from langchain_openai import ChatOpenAI
model = ChatOpenAI(
            streaming=False,
            openai_api_key="EMPTY",
            openai_api_base='http://172.21.131.185:8000/v1',
            model_name='Your_model_path/Meta-Llama-3.1-8B-Instruct',
            temperature=0.5,
            max_tokens=300
        )

from langchain_core.messages import HumanMessage
from langchain_core.output_parsers import StrOutputParser
parser = StrOutputParser()

chain = model | parser
chain.invoke([HumanMessage(content="你好，我是小明。")])
```

得到大模型的回应如下：

```
'你好，小明！很高兴认识你！'
```

接着询问大模型你的名字，代码如下：

```
chain.invoke([HumanMessage(content="你知道我叫什么名字吗？")])
```

但是得到回答如下：

```
'你好，我不确定你的名字是不是我可以知道的信息。'
```

作为一个聊天机器人，需要能记住之前的对话信息。之所以大模型没有记住用户之前的信息，这是因为再次调用大模型时，没有给它传入之前的对话信息。为了让大模型可以得到之前的对话信息，需要在每次请求大模型时，传入之前的历史对话信息，代码如下：

```
from langchain_core.messages import AIMessage
messages=[
    HumanMessage(content="你好，我是小明。"),
    AIMessage(content="你好，小明！很高兴认识你！从哪里来？"),
    HumanMessage(content="你知道我叫什么名字吗？")
]
model.invoke(messages)
```

这时，大模型的回复如下：

```
'是的，我知道，你叫小明！你刚刚告诉我的。'
```

每次都要手动加载聊天记录，显然太麻烦。LangChain 提供了历史消息功能。它会自动记录模型的输入和输出并存储，并且在下次和模型交互时，自动将历史消息加入模型的输入里。在使用这个功能之前，首先需要安装必要的包，安装命令如下：

```
pip install langchain-community
```

下边需要给每个对话一个唯一的标识，即 session_id。它用于区分不同的对话，代码如下：

```
from langchain_core.chat_history import (
    BaseChatMessageHistory,
    InMemoryChatMessageHistory,
)
from langchain_core.runnables.history import RunnableWithMessageHistory

store = {}


def get_session_history(session_id: str) -> BaseChatMessageHistory:
    if session_id not in store:
        store[session_id] = InMemoryChatMessageHistory()
    return store[session_id]


with_message_history = RunnableWithMessageHistory(model, get_session_history)
```

接着创建一个 config，在里边配置 session_id，代码如下：

```
config = {"configurable": {"session_id": "123"}}
response = with_message_history.invoke(
    [HumanMessage(content="你好，我是小明。")],
    config=config,
)

response.content
```

输出如下：

```
'你好，小明！你今天过得好吗？'
```

接着问大模型我叫什么名字，并不需要传入之前的历史对话信息。LangChain 会自动把之前的历史对话信息传入大模型，代码如下：

```
response = with_message_history.invoke(
    [HumanMessage(content="你知道我叫什么名字吗？")],
    config=config,
)

response.content
```

输出如下：

```
'当然了!你刚才告诉我的,名字是小明!'
```

接着，创建一个新的对话，代码如下：

```
config2={"configurable": {"session_id": "234"}}
response = with_message_history.invoke(
    [HumanMessage(content="你好，我是小红。")],
    config=config2,
)

response.content
```

大模型的输出如下：

```
'你好，小红!很高兴认识你!你想和我说些什么呢？'
```

然后用不同的 session_id，分别问大模型。首先用 config 来访问大模型，代码如下：

```
response = with_message_history.invoke(
    [HumanMessage(content="你知道我叫什么名字吗？")],
    config=config,
)

response.content
```

大模型的输出如下：

```
'你刚刚告诉我的!你叫小明!'
```

接着用 config2 来访问大模型，代码如下：

```
response = with_message_history.invoke(
    [HumanMessage(content="你知道我叫什么名字吗？")],
    config=config2,
)

response.content
```

大模型的输出如下：

```
'你刚才告诉我的！你的名字是小红！'
```

可以看到通过不同的 session_id 可以很好地管理多个对话。有一种需求是在对话过程中可以修改系统设置，例如改变回答的风格，或者回答的语言。这时，可以考虑用聊天模板加变量来实现。

LangChain 里有一个 MessagesPlaceholder 类，它可以作为一组 Messages 的占位符，在调用时，可以传入一组 Messages 来填充，代码如下：

```
from langchain_core.prompts import ChatPromptTemplate, MessagesPlaceholder

prompt = ChatPromptTemplate.from_messages(
    [
        (
            "system",
            "你是一个会多种语言的聊天机器人，请用{language}和我对话。",
        ),
        MessagesPlaceholder(variable_name="messages"),
    ]
)

chain = prompt | model
```

接着调用这个链，并给参数赋值，代码如下：

```
response = chain.invoke({"messages": [HumanMessage(content="你好，我是小明。")],
"language":"英语"})

response.content
```

可以得到如下的输出：

```
'Hello! Nice to meet you, Xiao Ming! How are you today?'
```

接着，可以通过上边讲过的方法，让 LangChain 来管理聊天记录。需要注意，因为有多个参数，所以需要在初始化 RunnableWithMessageHistory 时指定哪个参数是指定消息列表的，代码如下：

```
with_message_history = RunnableWithMessageHistory(
    chain,
    get_session_history,
    input_messages_key="messages"
)
config3 = {"configurable": {"session_id": "456"}}
response = with_message_history.invoke(
    {"messages": [HumanMessage(content="你好，我是小红。")], "language": "英语"},
```

```
    config=config3,
)

response.content
```

得到的输出如下：

```
"Hello, I'm a chatbot capable of communicating in multiple languages. How can I
assist you today?"
```

接着，检查大模型是否记得之前告诉它的信息，代码如下：

```
response = with_message_history.invoke(
    {"messages": [HumanMessage(content="你知道我叫什么名字吗?")], "language":
"英语"},
    config=config3,
)

response.content
```

得到的输出如下：

```
' Yes, you told me your name is Xiaohong. How can I assist you today, Xiaohong?'
```

大模型在和用户聊天的过程中，通过历史消息来作为自己的记忆。随着聊天的进行会不断积累历史聊天消息。如果不加控制，则历史聊天消息的长度会变得越来越长，甚至超过模型支持的最大长度。

LangChain 对此提供了几种支持。第 1 种策略是只保留最近的历史消息。可以设置需要保留的 token 数，然后自定义一个对 token 进行计数的方法，代码如下：

```
from langchain_core.messages import SystemMessage, trim_messages
from transformers import AutoTokenizer
from typing import List
from langchain_core.messages import BaseMessage, ToolMessage
tokenizer = AutoTokenizer.from_pretrained("Your_model_path/Yi-1.5-34B-Chat")
def str_token_counter(text: str) -> int:
    return len(tokenizer.encode(text))

def token_counter(messages: List[BaseMessage]) -> int:
    num_tokens = 3          #每个回复都带有 <|start|>assistant<|message|>
    tokens_per_message = 3
    tokens_per_name = 1
    for msg in messages:
        if isinstance(msg, HumanMessage):
            role = "user"
        elif isinstance(msg, AIMessage):
            role = "assistant"
```

```
        elif isinstance(msg, ToolMessage):
            role = "tool"
        elif isinstance(msg, SystemMessage):
            role = "system"
        else:
            raise ValueError(f"Unsupported messages type {msg.__class__}")
        num_tokens += (
            tokens_per_message
            + str_token_counter(role)
            + str_token_counter(msg.content)
        )
        if msg.name:
            num_tokens += tokens_per_name + str_token_counter(msg.name)
    return num_tokens

trimmer = trim_messages(
    max_tokens=50,
    strategy="last",
    token_counter=token_counter,
    include_system=True,
    allow_partial=False,
    start_on="human",
)

messages = [
    SystemMessage(content="你是一个会多种语言的聊天机器人，请用{language}和我
对话。"),
    HumanMessage(content="你好，我是小明。"),
    AIMessage(content="你好，小明。"),
    HumanMessage(content="今天天气不错。"),
    AIMessage(content="是啊，你今天有什么计划吗?"),
    HumanMessage(content="我想去公园散步。"),
    AIMessage(content="真是一个好主意!有什么我可以帮助你的吗?"),
    HumanMessage(content="我想知道西安有什么适合散步的公园，你知道吗?"),
    AIMessage(content="当然，可以去劳动公园或者七夕公园。"),
    HumanMessage(content="好的，那我今天去劳动公园散步。"),
    AIMessage(content="好的，祝你玩得愉快。"),
]

trimmer.invoke(messages)
```

得到简化后的消息列表如下：

```
[SystemMessage(content='你是一个会多种语言的聊天机器人，请用{language}和我对话。'),
HumanMessage(content='好的，那我今天去劳动公园散步。'),
AIMessage(content='好的，祝你玩得愉快。')]
```

接下来可以将定义的 trimmer 加入之前定义的链中，加入的位置是在将消息列表传入提示词模板之前，代码如下：

```
from operator import itemgetter

from langchain_core.runnables import RunnablePassthrough

chain = (
    RunnablePassthrough.assign(messages=itemgetter("messages") | trimmer)
    | prompt
    | model
)

response = chain.invoke(
    {
        "messages": messages + [HumanMessage(content="我叫什么名字?")],
        "language": "中文",
    }
)
response.content
```

因为之前关于用户姓名部分的对话已经被删除,因此大模型的回答如下:

```
'很抱歉,由于隐私保护的原因,我无法知道你的名字。如果你愿意告诉我你的名字,我会很乐意记住它。'
```

同样,可以让 LangChain 管理历史聊天消息,代码如下:

```
with_message_history = RunnableWithMessageHistory(
    chain,
    get_session_history,
    input_messages_key="messages",
)

config = {"configurable": {"session_id": "789"}}
```

第 1 次调用时,加上历史消息列表,但是关于用户名字的信息会被删除,调用代码如下:

```
response = with_message_history.invoke(
    {
        "messages": messages + [HumanMessage(content="我叫什么名字?")],
        "language": "中文",
    },
    config=config3
)
response.content
```

大模型的回答如下:

```
'对不起,我不知道你的名字。'
```

再一次调用时,不传入历史消息,因为 LangChain 已经自动管理了历史消息,问一个大

模型可以从历史消息中找到答案的问题,代码如下:

```
response = with_message_history.invoke(
    {
        "messages": [HumanMessage(content="我今天要去哪里?")],
        "language": "中文",
    },
    config=config3
)
response.content
```

大模型回答如下:

```
'你今天要去劳动公园散步。'
```

为了提高用户体验,可以让大模型以流的方式输出,代码如下:

```
for r in with_message_history.stream(
    {
        "messages": [HumanMessage(content="今天去公园有什么需要准备的?")],
        "language": "中文",
    },
    config=config3
):
    print(r.content,end="")
```

可以得到逐个 token,流式的输出如下:

```
去公园游玩时,以下是一些需要准备的事项:
1. 防晒用品:防晒霜、太阳帽、太阳镜等,以防止长时间在户外受到紫外线伤害。
2. 防蚊虫用品:如防蚊液、花露水等,因为公园里可能会有蚊虫。
3. 舒适的服装:穿着透气、舒适的服装,适合户外活动的鞋子。
4. 食物和水:带上足够的食物和水,以防公园内没有合适的餐饮设施。
5. 遮阳用品:如遮阳伞、遮阳帽,或者准备一块野餐布,以便在阳光下休息。
6. 垃圾袋:带上垃圾袋,保持环境卫生,将产生的垃圾带走。
7. 个人用品:如相机、手机充电器、充电宝等,以便记录美好时刻或保持通信畅通。
8. 急救用品:创可贴、消毒液、止痛药等,以备不时之需。
9. 了解天气预报:提前查看天气预报,如果预报有雨或恶劣天气,则可能需要调整行程或准备
雨具。
10. 了解公园规则:有些公园可能有特定的规定或开放时间,提前了解并遵守这些规则。
根据你计划的活动内容,可能还需要准备其他物品,例如运动装备、钓鱼用具、野餐用品等。总之,
做好充分的准备。
```

9.5 LangChain 的进阶功能

为了方便利用大模型来开发智能应用,LangChain 还提供了其他一些功能,例如对大模型的输出进行解析,或者为大模型在解决问题时提供一些示例。

9.5.1 对输出进行解析

大模型只能输出文本，但在有些情况下，需要从大模型的输出里获取结构化的信息，方便进行下一步处理。LangChain 提供了一组 OutputParser 来帮助实现对大模型的输出进行解析。

例如，想要让大模型生成一个谜语。谜语包含谜面和谜底两部分。如果大模型以字符串的方式输出，则从中解析出谜面和谜底比较麻烦。最好大模型输出的格式就是谜语对象，它包含了谜面和谜底的属性，这样在访问时就会方便很多。下边就演示如何使用 LangChain 里的 PydanticOutputParser 来实现这一功能。

引入相关的包，并生成大模型，代码如下：

```
//Chapter9/langchain_others.ipynb
from langchain_core.output_parsers import PydanticOutputParser
from langchain_core.prompts import PromptTemplate
from langchain_openai import OpenAI
from pydantic import BaseModel, Field, model_validator
import getpass
import os
os.environ["OPENAI_API_KEY"] = getpass.getpass()
from langchain_openai import ChatOpenAI
model = ChatOpenAI(model="gpt-4o-mini",temperature=0)
```

接下来定义 Riddle 类，它继承自 BaseModel，可以方便地利用 Pydantic 进行自定义的规则校验，代码如下：

```
#定义输出数据的结构
class Riddle(BaseModel):
    statement: str = Field(description="谜面，对谜语的描述。")
    answer: str = Field(description="谜底，谜语的答案。")

    #自定义检查，谜面必须以问号结尾
    @model_validator(mode="before")
    @classmethod
    def question_ends_with_question_mark(cls, values: dict) -> dict:
        setup = values["statement"]
        if setup[-1] != "?":
            raise ValueError("谜语必须以问号结束。")
        return values
```

可以查看利用 Riddle 类生成的 PydanticOutputParser，它会生成描述，告诉大模型如何生成规范的输出，代码如下：

```
parser = PydanticOutputParser(pydantic_object=Riddle)
parser.get_format_instructions()
```

输出如下：

```
'The output should be formatted as a JSON instance that conforms to the JSON schema below.\n\nAs an example, for the schema {"properties": {"foo": {"title": "Foo","description": "a list of strings", "type": "array", "items": {"type": "string"}}}, "required": ["foo"]}\nthe object {"foo": ["bar", "baz"]} is a well-formatted instance of the schema. The object {"properties": {"foo": ["bar", "baz"]}} is not well-formatted.\n\nHere is the output schema:\n```\n{"properties": {"statement": {"description": "谜面，对谜语的描述。", "title": "Statement","type": "string"}, "answer": {"description": "谜底，谜语的答案。", "title":"Answer", "type": "string"}}, "required": ["statement", "answer"]}\n```'
```

接下来将这个对大模型输出要求的描述也加入调用大模型的提示词中，并调用大模型，看是否可以生成要求的输出，代码如下：

```
#在 prompt 里设置用户的请求和对结果的要求
parser = PydanticOutputParser(pydantic_object=Riddle)

prompt = PromptTemplate(
    template="回答用户的请求。\n{format_instructions}\n{query}\n",
    input_variables=["query"],
    partial_variables={"format_instructions": parser.get_format_instructions()},
)

#用于提示大模型填充数据结构的查询
prompt_and_model = prompt | model
output = prompt_and_model.invoke({"query": "给我讲一个谜语。"})
riddle=parser.invoke(output)
print(riddle.statement)
print(riddle.answer)
```

可以看到大模型按照要求的格式生成了输出：

```
有面无口，有脚无手，走路不发声，谁能猜得出？
鞋子
```

9.5.2 为提示词增加样例

在通过提示词指示大模型完成一项任务时，增加一些实际的例子，让大模型知道期望的处理逻辑和输出形式，这样便可以提升大模型的表现。

LangChain 也提供了为提示词增加样例的功能。首先是 LengthBasedExampleSelector。它会根据设定的提示词的长度，自动选择适当数量的样例添加到提示词里。这在担心提示词长度超过模型可处理序列长度时非常有效。

这个例子是希望大模型可以把一句口语描述，改写成书面语的表述方式。首先需要定义一些例子，以供大模型来参考，代码如下：

```
examples = [
  {
    "Oral": "我今天很累，想早点睡。",
    "Written": "我今天感觉十分疲惫，打算早些休息。"
  },
  {
    "Oral": "我不太明白你在说什么。",
    "Written": "我对您说的话感到有些困惑。"
  },
  {
    "Oral": "他总是迟到，真让人生气。",
    "Written": "他频繁迟到，实在令人感到恼火。"
  },
  {
    "Oral": "这个问题真的挺难的。",
    "Written": "此问题确实具有相当的难度。"
  },
  {
    "Oral": "我不喜欢这个计划。",
    "Written": "我对此方案并不认同。"
  },
  {
    "Oral": "我们得赶紧走了，不然要迟到了。",
    "Written": "我们应尽快动身，否则将会迟到。"
  },
  {
    "Oral": "我们一会儿再聊吧。",
    "Written": "我们稍后再继续讨论。"
  }
]
```

接着定义生成样本的提示词模板和样本选择器。可以看到 LengthBasedExampleSelector 里有两个关键的参数，一个是提示词的最大长度，另一个是文本长度的计算方式。可以自定义文本长度的计算方式。这里直接用字符串的长度来计数，代码如下：

```
from langchain_core.example_selectors import LengthBasedExampleSelector
from langchain_core.prompts import FewShotPromptTemplate, PromptTemplate

example_prompt = PromptTemplate(
    input_variables=["Oral", "Written"],
    template="口语: {Oral}\n 书面语: {Written}",
)
example_selector = LengthBasedExampleSelector(
    examples=examples,
    example_prompt=example_prompt,
    max_length=200,
    get_text_length=len,
)
```

最后定义一个 FewShotPromptTemplate，代码如下：

```
dynamic_prompt = FewShotPromptTemplate(
    #用 ExampleSelector 来代替具体的例子
    example_selector=example_selector,
    example_prompt=example_prompt,
    prefix="请把输入的这句口语转换为书面语。",
    suffix="口语：{oral}\n 书面语：",
    input_variables=["oral"],
)
```

然后试一下利用 FewShotPromptTemplate 生成的提示词是如何的，代码如下：

```
print(dynamic_prompt.format(oral="今天天气不错！"))
```

得到的提示词输出如下：

```
请把输入的这句口语转换为书面语。

口语：我今天很累，想早点睡。
书面语：我今天感觉十分疲惫，打算早些休息。

口语：我不太明白你在说什么。
书面语：我对您说的话感到有些困惑。

口语：他总是迟到，真让人生气。
书面语：他频繁迟到，实在令人感到恼火。

口语：这个问题真的挺难的。
书面语：此问题确实具有相当的难度。

口语：我不喜欢这个计划。
书面语：我对此方案并不认同。

口语：今天天气不错！
书面语：
```

可以看到，提示词里包含了 5 个样例。接着，再试另一个长一些的句子，看一看生成的提示词有何不同，代码如下：

```
print(dynamic_prompt.format(oral="今天天气太热了……太热了……太热了……真的让人受不了……什么时候才能凉快些啊????????"))
```

可以看到，提示词里只包含了 3 个样例。这是因为之前设置的提示词的总长度的限制起了作用，结果如下：

```
请把输入的这句口语转换为书面语。

口语：我今天很累，想早点睡。
```

```
书面语：我今天感觉十分疲惫，打算早些休息。

口语：我不太明白你在说什么。
书面语：我对您说的话感到有些困惑。

口语：他总是迟到，真让人生气。
书面语：他频繁迟到，实在令人感到恼火。

口语：今天天气太热了……太热了……太热了……真的让人受不了……什么时候才能凉快些啊????????
书面语：
```

同时，LangChain 还提供了一个可以根据语义相似度来进行样本选择的类，它会从样本集里找到和用户当前输入语义最接近的样本放入提示词中，代码如下：

```
from langchain_chroma import Chroma
from langchain_core.example_selectors import SemanticSimilarityExampleSelector
from langchain_openai import OpenAIEmbeddings
import os
os.environ["OPENAI_API_KEY"] = getpass.getpass()

example_selector = SemanticSimilarityExampleSelector.from_examples(
    #样本集
    examples,
    #生成向量的模型。生成的向量用来做相似度比较
    OpenAIEmbeddings(),
    #向量存储类，用来存储向量和进行相似度检索
    Chroma,
    #生成的样本数
    k=1,
)
similar_prompt = FewShotPromptTemplate(
    #用 ExampleSelector 来替代具体的例子
    example_selector=example_selector,
    example_prompt=example_prompt,
    prefix="请把输入的这句口语转换为书面语。",
    suffix="口语: {oral}\n 书面语:",
    input_variables=["oral"],
)
```

然后进行测试，代码如下：

```
print(similar_prompt.format(oral="我不看好你的计划。"))
```

生成的带样本的提示词如下：

```
请把输入的这句口语转换为书面语。

口语：我不喜欢这个计划。
书面语：我对此方案并不认同。
```

9.6 检索增强生成

到目前为止，大模型应用最广泛，最成功的领域就是检索增强生成（Retrieval Augmented Generation，RAG）。它将大模型技术与信息检索技术相结合，以此来弥补大模型的一些不足。大模型虽然有着强大的理解能力、推理能力和生成能力，但是对于一些细节事实、行业特定知识或者模型训练之后新产生的知识却无能为力。RAG 技术通过检索与问题相关的文本片段，并将这些文本片段通过提示词输入大模型，让大模型回答出正确的答案。下边看一个具体的例子，对话如下：

```
我：朱自清哪一年留学英国？
ChatGPT：朱自清于 1929 年赴英国留学，前往伦敦大学进行研究和学习。他主要研究英国文学，期间对西方文学有了更深的理解。
```

通过查询百度百科，可以得到以下关于朱自清的介绍（仅部分截取），输出如下：

```
朱自清(1898 年 11 月 22 日—1948 年 8 月 12 日)，原名朱自华，号实秋，后改名自清，字佩弦。原籍浙江绍兴，出生于江苏省东海县(今连云港市东海县平明镇)，后随父定居扬州。中国现代散文家、诗人、学者、民主战士。1916 年中学毕业后成功考入北京大学预科。1930 年，代理清华大学中文系主任。次年，留学英国，并漫游欧洲数国，著有《欧游杂记》《伦敦杂记》。
```

然后换一种问法来提问 ChatGPT：

```
我：朱自清(1898 年 11 月 22 日—1948 年 8 月 12 日)，原名朱自华，号实秋，后改名自清，字佩弦。原籍浙江绍兴，出生于江苏省东海县(今连云港市东海县平明镇)，后随父定居扬州。中国现代散文家、诗人、学者、民主战士。1916 年中学毕业后成功考入北京大学预科。1930 年，代理清华大学中文系主任。次年，留学英国，并漫游欧洲数国，著有《欧游杂记》《伦敦杂记》。
需要根据以上信息回答朱自清哪一年留学英国？
ChatGPT：根据你提供的信息，朱自清是在 1931 年留学英国。
```

可以看到通过 RAG 技术，ChatGPT 给出了正确答案。RAG 技术相当于大模型回答问题的难度从闭卷考试降低到了开卷考试的难度，把原来依靠大模型不擅长的记忆能力转换为依靠大模型擅长的理解能力来给出答案。

9.6.1 RAG 流程

RAG 的具体流程分为两步，第 1 步是索引，它是离线的。具体过程如图 9-1 所示。

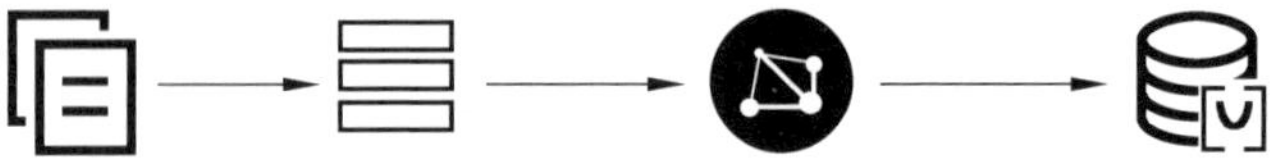

图 9-1 为文档建立索引

首先对文档进行切片,分成很多文本片段,然后将文本片段编码为语义向量,语义向量是通过 Embedding 模型生成的。最后将文本片段和它对应的语义向量存入向量数据库。

RAG 的第 2 步是在线的,它的具体过程如图 9-2 所示。

图 9-2 检索增强生成

首先将用户的问题编码为语义向量。在向量数据库里进行语义相似度计算,首先从文档库里找到相关的文档片段,然后将文本片段连同用户的问题一起加入对大模型调用的提示词中。最终由大模型生成答案,并返给用户。

9.6.2 文档分片

为了提高对文本编码的准确性,同时考虑到大模型输入 token 的长度限制,需要对原始待检索的文档进行分片。LangChain 在文本分片方面也提供了很好的支持,例如,有以下一个原始文档,它包含了一些科技新闻。

```
近年来,具有高科技、高效能、高质量等新质生产力特征的低空经济成为热词。9 月 6 日至 8 日,第
十四届智慧城市与智能经济博览会在浙江宁波举行,2024 宁波低空经济产业高质量发展专题研讨
会在博览会期间召开。
据悉,低空经济涉及无人机、通用航空、低空旅游、低空物流等多个领域,具有发展前景和市场潜力。
党的二十届三中全会审议通过了《中共中央关于进一步全面深化改革、推进中国式现代化的决定》,
“发展通用航空和低空经济”被明确写入。
近日,中国船舶设计大师、中国船舶集团有限公司旗下第七〇八研究所首席专家吴刚介绍:我国首
艘重型破冰船的研究设计工作正由七〇八所牵头稳步推进,一旦投入使用,该船能在北极和南极执
行长期任务,可以抵达以前去不了的地方。我国正全面加强极地科考、航运、保障和治理能力建设,
未来将聚焦破冰船的“轻中重”体系化发展。
据介绍,与现有型号相比,重型破冰船的破冰和抵御极寒的能力将更强,它可破厚度 2m 以上的冰;
该船还将是高度智能的、对环境友好的,将使用绿色燃料,在极地作业期间不会留下污染物;该重型
破冰船包括发动机在内的主要部件,将由我国企业制造。
参考消息网 9 月 8 日报道据香港《南华早报》网站 9 月 6 日报道,中国预计于 2028 年前后向火星发
射天问三号探测器,该任务比原计划提前了两年,而美国的火星取样任务因重大延误和预算大增而
一直悬而未决。
天问三号任务总设计师刘继忠 5 日在安徽省黄山市举行的第二届深空探测(天都)国际会议上表
示,该团队的目标是实现火星样品返回地球。
就在外滩大会开幕当天,支付宝发布国内首个服务型的 AI 独立 App:支小宝。它可通过对话快速
订票、点餐、打车、查询附近“吃喝玩乐”好去处,同时,还拥有场景感知系统,能根据用户的生活习惯
和使用场景,智能推荐专属的服务。
```

```
紧随其后,支付宝又在会中宣布面向行业启动智能体生态开放计划,并推出智能体开发平台"百宝箱",商家机构可 0 代码、最快 1min 创建专属智能体。
9 月 4 日,由航天科技集团一院抓总研制的新型火箭长征八号甲运载火箭合练箭在海南商业航天发射场一号发射工位顺利完成发射场合练任务,计划今年年底首飞。
本次合练于 8 月中旬正式开始,9 月 3 日完成合练加注工作,9 月 4 日合练箭下塔,由发射区转回总装测试厂房,合练任务圆满完成。据介绍,此次合练,采用了新的测发模式——改进型三垂测发模式,即将箭体以芯一级助推组合体、芯二级、星罩组合体三个模块分段垂直的状态从海南总装测试厂房转至发射区,再在发射区完成各模块的吊装对接。
```

首先尝试用 RecursiveCharacterTextSplitter 对文档进行分片,它默认用来分割的字符列表为["\n\n","\n"," ",""],并按顺序尝试使用这些字符对文档进行拆分,直到块足够小。它可以设置分割块的大小,以及相邻两个块之间重叠部分的长度,代码如下:

```
//Chapter9/RAG.ipynb
from langchain_text_splitters import RecursiveCharacterTextSplitter

text_splitter = RecursiveCharacterTextSplitter(
    #为了演示,设置一个比较小的 size
    chunk_size=150,
    chunk_overlap=10,
    length_function=len,
    is_separator_regex=False,
)
splits = text_splitter.split_documents(docs)
for split in splits:
    print(split)
```

输出如下:

```
page_content='近年来,具有高科技、高效能、高质量等新质生产力特征的低空经济成为热词。9月 6 日至 8 日,第十四届智慧城市与智能经济博览会在浙江宁波举行,2024 宁波低空经济产业高质量发展专题研讨会在博览会期间召开。' metadata={'source': 'D:\\work\\大模型实战\\代码\\data\\RAG_data.txt'}
page_content='据悉,低空经济涉及无人机、通用航空、低空旅游、低空物流等多个领域,具有发展前景和市场潜力。党的二十届三中全会审议通过了《中共中央关于进一步全面深化改革、推进中国式现代化的决定》,"发展通用航空和低空经济"被明确写入。' metadata={'source': 'D:\\work\\大模型实战\\代码\\data\\RAG_data.txt'}
page_content='近日,中国船舶设计大师、中国船舶集团有限公司旗下第七〇八研究所首席专家吴刚介绍:我国首艘重型破冰船的研究设计工作正由七〇八所牵头稳步推进,一旦投入使用,该船能在北极和南极执行长期任务,可以抵达以前去不了的地方。我国正全面加强极地科考、航运、保障和治理能力建设,未来将聚焦破冰船的"轻中重"体系化' metadata={'source': 'D:\\work\\大模型实战\\代码\\data\\RAG_data.txt'}
page_content='"轻中重"体系化发展。' metadata={'source': 'D:\\work\\大模型实战\\代码\\data\\RAG_data.txt'}
page_content='据介绍,与现有型号相比,重型破冰船的破冰和抵御极寒的能力将更强,它可破厚度 2m 以上的冰;该船还将是高度智能的、对环境友好的,将使用绿色燃料,在极地作业期间不会留下污染物;该重型破冰船包括发动机在内的主要部件,将由我国企业制造。'metadata={'source': 'D:\\work\\大模型实战\\代码\\data\\RAG_data.txt'}
```

```
page_content='参考消息网 9月 8日报道据香港《南华早报》网站 9月 6日报道,中国预计于2028年前后向火星发射天问三号探测器,该任务比原计划提前了两年,而美国的火星取样任务因重大延误和预算大增而一直悬而未决。' metadata={'source': 'D:\\work\\大模型实战\\代码\\data\\RAG_data.txt'}
page_content='天问三号任务总设计师刘继忠 5 日在安徽省黄山市举行的第二届深空探测(天都)国际会议上表示,该团队的目标是实现火星样品返回地球。' metadata={'source': 'D:\\work\\大模型实战\\代码\\data\\RAG_data.txt'}
page_content='就在外滩大会开幕当天,支付宝发布国内首个服务型的 AI 独立 App:支小宝。它可通过对话快速订票、点餐、打车、查询附近"吃喝玩乐"好去处,同时,还拥有场景感知系统,能根据用户的生活习惯和使用场景,智能推荐专属的服务。' metadata={'source': 'D:\\work\\大模型实战\\代码\\data\\RAG_data.txt'}
page_content='紧随其后,支付宝又在会中宣布面向行业启动智能体生态开放计划,并推出智能体开发平台"百宝箱",商家机构可 0 代码、最快 1min 创建专属智能体。
9月 4日,由航天科技集团一院抓总研制的新型火箭长征八号甲运载火箭合练箭在海南商业航天发射场一号发射工位顺利完成发射场合练任务,计划今年年底首飞。' metadata={'source': 'D:\\work\\大模型实战\\代码\\data\\RAG_data.txt'}
page_content='本次合练于 8月中旬正式开始,9月 3日完成合练加注工作,9月 4日合练箭下塔,由发射区转回总装测试厂房,合练任务圆满完成。据介绍,此次合练,采用了新的测发模式——改进型三垂测发模式,即将箭体以芯一级助推组合体、芯二级、星罩组合体三个模块分段垂直的状态从海南总装测试厂房转至发射区,再在发射区完成各模块的' metadata={'source': 'D:\\work\\大模型实战\\代码\\data\\RAG_data.txt'}
page_content='在发射区完成各模块的吊装对接。' metadata={'source': 'D:\\work\\大模型实战\\代码\\data\\RAG_data.txt'}
```

可以看到文本被很好地进行了切分。针对不同的文本格式,LangChain 提供了不同的文本分割类,例如针对 HTML 的 HTMLHeaderTextSplitter 和针对 MarkDown 的 MarkdownHeaderTextSplitter。

另外还有一种基于语义文本分割类 SemanticChunker。它可以根据文本的语义变化来对文本进行切分。

9.6.3 向量嵌入模型

在基于检索增强生成技术的系统中,向量嵌入模型扮演着至关重要的角色。它不仅决定了系统能否高效、准确地检索到与查询相关的文档,还负责将文本和查询映射到同一向量空间,从而便于进行相似度计算。向量嵌入模型通过将离散的文本信息转换为连续的向量表示,使查询和文档的语义关联能够在向量空间中体现出来,从而实现高效的文档检索和信息召回。

向量嵌入模型通常可以分为两大类:对称向量嵌入模型(Symmetric Embedding Model)和非对称向量嵌入模型(Asymmetric Embedding Model)。对称向量嵌入模型在处理查询和文档时使用同一个模型生成它们的向量嵌入,即同一套参数和架构被同时应用于查询和文档的向量化过程。这种对称设置简化了模型的结构,使训练和部署更加一致,也减少了模型在运行时的计算资源消耗和维护成本。由于查询和文档共享具有相同的表示空间,系统可以直接利用标准的相似度度量方法(例如余弦相似度)来评估它们的相似性,因此对称向量嵌入模型在处理查询和文档语义特征相对一致的场景下，表现优异且更具可扩展性。

然而，非对称向量嵌入模型则采用了不同的策略：在生成查询和文档向量嵌入时，分别使用了两个不同的模型或两套独立的参数。这种设计考虑到查询和文档在本质上的特征差异，例如，用户查询通常短小、简洁，表达需求直接，而文档则往往较长、复杂，包含更多细节和背景信息。非对称向量嵌入模型可以针对查询和文档的这些差异，分别优化其向量表示，从而提升匹配的精度和效果。这类模型在一些特定场景下尤为有效，尤其是在查询与文档的语义结构差异较大的情况下，例如在电商搜索中，用户的简短查询需要与长篇的商品描述进行匹配。

因此，是否选择对称向量嵌入模型或非对称向量嵌入模型，取决于具体的应用场景和需求。如果查询和文档的特征相似，则对称模型通常是更高效的选择，但在查询和文档差异较大的场景中，非对称模型可能会取得更优的检索效果。最终的决策需要综合考虑模型的性能、复杂度、训练成本及特定场景中的语义需求。由于对称的向量嵌入模型在训练和部署上的优势，一般优先考虑使用对称的向量嵌入模型。

在 LangChain 里调用向量嵌入模型，既可以通过调用在线向量嵌入服务来实现，例如调用 OpendAIEmbeddings，也可以调用本地部署的向量嵌入模型。

调用 OpenAIEmbeddings 对文档进行向量嵌入的方法 embed_documents()，代码如下：

```
import getpass
import os
from langchain_openai.embeddings import OpenAIEmbeddings

os.environ["OPENAI_API_KEY"] = getpass.getpass()
embedding_model = OpenAIEmbeddings()
embeddings = embedding_model.embed_documents(
    [
        "朱自清(1898年11月22日—1948年8月12日)，原名朱自华，号实秋，后改名自清，字佩弦。",
        "朱自清，原籍浙江绍兴，出生于江苏省东海县(今连云港市东海县平明镇)，后随父定居扬州。",
        "朱自清，中国现代散文家、诗人、学者、民主战士。",
        "朱自清，1930年，代理清华大学中文系主任。次年，留学英国，并漫游欧洲数国，著有《欧游杂记》《伦敦杂记》。",
        "朱自清，1932年归国，继任清华大学中文系教授兼系主任。"
    ]
)
print(len(embeddings),len(embeddings[0]))
print(embeddings[0])
```

输出如下：

```
5 1536
[-0.028176777064800262, -0.009131363593041897, 0.022717049345374107,
```

```
-0.007419630419462919, -0.018886331468820572, 0.020897140726447105,
-0.014610180631279945, 0.012771181762218475, -0.005062020383775234,
-0.003014622488990426, 0.017473675310611725, 0.020833507180213928,
-0.005246556829661131, 0.01942085102200508, -0.005007932428270578,
-0.019408123567700386, 0.010995815508067608, -0.015539226122200489,
 0.02503329887986183, -0.0007866653613746166, 0.00971042551100254, …]
```

可以看到,输出的形状为(5,1536)。表示将5个字符串,分别编码为1536维度的向量。虽然OpenAIEmbedding模型是一个对称的向量嵌入模型,但是为了接口兼容非对称模型,在对查询进行向量嵌入时,需要调用embed_query()方法,代码如下:

```
embedding_model.embed_query("朱自清(1898年11月22日—1948年8月12日),原名朱自华,号实秋,后改名自清,字佩弦。")
```

如果想利用HuggingFace的向量嵌入模型,则非常方便,只需创建HuggingFaceEmbeddings类,并传入模型名,或者本地的模型路径,代码如下:

```
from langchain_huggingface import HuggingFaceEmbeddings

embedding_model = HuggingFaceEmbeddings(model_name=r"D:\work\models\bge-large-zh-v1.5")
embedding_model.embed_query("朱自清(1898年11月22日—1948年8月12日),原名朱自华,号实秋,后改名自清,字佩弦。")
```

在实际项目中,针对特定的领域,可能需要训练自己的向量嵌入模型来提升检索相关文档的准确率。

9.6.4 向量存储

向量存储的作用是保存文本片段通过向量嵌入模型生成的向量,并且提供向量相似度检索的能力。当用查询的向量来检索时,它将返回与此查询相关的文本片段。

以Chroma向量数据库为例,首先创建一个向量数据库,然后将之前章节生成的关于科技新闻的文本片段存入向量数据库,代码如下:

```
from langchain_chroma import Chroma

db = Chroma.from_documents(splits, HuggingFaceEmbeddings(model_name=r"Your_model_path\bge-large-zh-v1.5"))
```

接着在这个向量数据库里进行语义相似度查询,以此来找到相关文档,代码如下:

```
query = "支付宝推出什么基于AI的应用?"
docs = db.similarity_search(query)
print(docs[0].page_content)
```

输出如下：

```
就在外滩大会开幕当天，支付宝发布国内首个服务型的 AI 独立 App：支小宝。它可通过对话快速订票、点餐、打车、查询附近"吃喝玩乐"好去处，同时，还拥有场景感知系统，能根据用户的生活习惯和使用场景，智能推荐专属的服务。
```

同时，向量数据库也支持基于向量的检索，代码如下：

```
embedding_model = HuggingFaceEmbeddings(model_name=r"Your_model_path\bge-large-zh-v1.5")
embedding_vector = embedding_model.embed_query("我国在火星探索方面有什么规划?")
docs = db.similarity_search_by_vector(embedding_vector)
print(docs[0].page_content)
```

返回结果如下：

```
参考消息网 9月 8日报道据香港《南华早报》网站 9月 6日报道，中国预计于 2028 年前后向火星发射天问三号探测器，该任务比原计划提前了两年，而美国的火星取样任务因重大延误和预算大增而一直悬而未决。
```

在大部分情况下，向量存储是一个独立的服务部署，它涉及大量的 I/O 开销，为了系统性能，向量存储支持异步调用，代码如下：

```
query = "我国在破冰船研发方面有何进展?"
docs = await db.asimilarity_search(query)
print(docs[0].page_content)
```

输出的结果如下：

```
近日，中国船舶设计大师、中国船舶集团有限公司旗下第七〇八研究所首席专家吴刚介绍：我国首艘重型破冰船的研究设计工作正由七〇八所牵头稳步推进，一旦投入使用，该船能在北极和南极执行长期任务，可以抵达以前去不了的地方。我国正全面加强极地科考、航运、保障和治理能力建设，未来将聚焦破冰船的"轻中重"体系化
```

9.6.5 Retriever

Retriever 的作用是通过一个查询来获取一组相关文档。一般情况下，可以将向量存储转换为一个 Retriever 来使用，代码如下：

```
retriever = db.as_retriever(search_type="similarity", search_kwargs={"k": 2})
retrieved_docs = retriever.invoke("有什么关于低空经济的新闻?")

for doc in retrieved_docs:
    print(doc.page_content)
```

Retriever 会根据相似度获取两条相关的文本片段，具体得到的输出如下：

据悉,低空经济涉及无人机、通用航空、低空旅游、低空物流等多个领域,具有发展前景和市场潜力。党的二十届三中全会审议通过了《中共中央关于进一步全面深化改革、推进中国式现代化的决定》,"发展通用航空和低空经济"被明确写入。
近年来,具有高科技、高效能、高质量等新质生产力特征的低空经济成为热词。9月6日至8日,第十四届智慧城市与智能经济博览会在浙江宁波举行,2024宁波低空经济产业高质量发展专题研讨会在博览会期间召开。

9.6.6 生成回答

最后,加上大模型的能力,这样就可以根据相关文档来回答用户提出的问题,代码如下:

```
from langchain_core.prompts import ChatPromptTemplate
from langchain_core.output_parsers import StrOutputParser
from langchain_core.runnables import RunnablePassthrough
from langchain_openai import ChatOpenAI


def format_docs(docs):
    return "\n\n".join(doc.page_content for doc in docs)



model = ChatOpenAI(model="gpt-4")
system_template = "需要根据提供的信息来回答用户提出的问题,注意要严格按照提供的信息
来回答。\n提供的信息:{context}"
prompt_template = ChatPromptTemplate.from_messages(
    [
        ("system", system_template),
        ("user", "用户的问题:{question}")
    ]
)

rag_chain = (
    {"context": retriever | format_docs, "question": RunnablePassthrough()}
    | prompt_template
    | model
    | StrOutputParser()
)

for chunk in rag_chain.stream("中国在破冰船研发方面有什么进展?"):
    print(chunk, end="", flush=True)
```

大模型的回答如下:

中国正在进行首艘重型破冰船的研究设计工作,这项工作由中国船舶集团有限公司旗下第七〇八研究所牵头推进。这艘破冰船能在北极和南极执行长期任务,能抵达以前去不了的地方。与现有型号相比,它的破冰能力和抵御极寒的能力将更强,可破厚度2m以上的冰。此外,这艘船将是高度

智能的、环保的，使用绿色燃料，在极地作业期间不会留下污染物。船上包括发动机在内的主要部件，将由我国企业制造。

9.7 RAG 进阶

9.6 节讨论了一个 RAG 程序的基本流程。在实际应用中，还有很多技巧可以提升 RAG 的效果。这一节就来具体讨论。

9.7.1 问题转化

用户在使用一个 RAG 应用时会输入不同的问题，这些问题的质量有好有坏。好的问题关注点单一，而且清晰明确，但有的问题可能包含多个子问题，或者含糊不清。问题转化背后的核心思想就是通过大模型来对用户的原始问题进行改写，让问题变得清晰而且明确，这样更可能检索到相关的文档。

对问题进行转化的第 1 种方法是生成多个问题。

大模型可以先根据用户的原始问题生成多个问题，然后对问题逐个进行相关文档检索。最后合并所有文档，放入大模型的提示词，进行回答，从而提高大模型回答的质量。

LangChain 里提供了 MultiQueryRetriever 来实现这个功能。首先需要加载文本，然后进行拆分，代码如下：

```
//Chapter9/RAG2.ipynb
from langchain_community.document_loaders import TextLoader

loader = TextLoader("\代码\data\RAG_data.txt",autodetect_encoding=True)
docs = loader.load()

from langchain_text_splitters import RecursiveCharacterTextSplitter

text_splitter = RecursiveCharacterTextSplitter(
    chunk_size=150,
    chunk_overlap=10,
    length_function=len,
    is_separator_regex=False,
)
splits = text_splitter.split_documents(docs)
```

接下来创建 Embedding 模型，代码如下：

```
import getpass
import os
from langchain_openai.embeddings import OpenAIEmbeddings
```

```
os.environ["OPENAI_API_KEY"] = getpass.getpass()
embedding_model = OpenAIEmbeddings()
```

创建向量存储，代码如下：

```
from langchain_chroma import Chroma
vectordb = Chroma.from_documents(documents=splits, embedding=embedding_model)
```

创建一个 MultiQueryRetriever，代码如下：

```
from langchain.retrievers.multi_query import MultiQueryRetriever
from langchain_openai import ChatOpenAI

question = "我国在 AI 领域有什么进展?"
llm = ChatOpenAI(temperature=0)
retriever_from_llm = MultiQueryRetriever.from_llm(
    retriever=vectordb.as_retriever(), llm=llm
)
```

查看改写的问题，代码如下：

```
import logging

logging.basicConfig()
logging.getLogger("langchain.retrievers.multi_query").setLevel(logging.INFO)
unique_docs = retriever_from_llm.invoke(question)
```

得到的输出如下：

```
INFO:langchain.retrievers.multi_query:Generated queries: ['1. 人工智能领域我国取得了哪些进展？', '2. 我国在人工智能方面有哪些新的发展？', '3. AI 领域我国有哪些值得关注的进步？']
```

可以看到大模型对用户原始的输入进行了改写，生成了新的问题。这样就可以从多个问题的角度来检索文档片段，增加了大模型回答的准确率。

让大模型对原始问题进行改写，这是通过 LangChain 系统默认的提示词来实现的，也可以自定义这个提示词，以此来达到所要求的特定的修改策略，代码如下：

```
from typing import List

from langchain_core.output_parsers import BaseOutputParser
from langchain_core.prompts import PromptTemplate
from langchain_core.pydantic_v1 import BaseModel, Field


#输出解析器会把大模型的输出拆解为一个查询的列表。class LineListOutputParser
(BaseOutputParser[List[str]]):
```

```
    """Output parser for a list of lines."""

    def parse(self, text: str) -> List[str]:
        lines = text.strip().split("\n")
        return list(filter(None, lines)) #Remove empty lines


output_parser = LineListOutputParser()

QUERY_PROMPT = PromptTemplate(
    input_variables=["question"],
    template="""请把原始问题进行多个改写,让改写后的问题更加清晰明确。每个新的问题放
到新的一行。
    原始问题: {question}""",
)
llm = ChatOpenAI(temperature=0)

#链接
llm_chain = QUERY_PROMPT | llm | output_parser

#问题
question = "航空领域有何发展?"

#运行
retriever = MultiQueryRetriever(
    retriever=vectordb.as_retriever(), llm_chain=llm_chain, parser_key="lines"
) #"lines" 用于解析出来结果里的属性名
#结果
unique_docs = retriever.invoke(question)
```

可以看到分解的问题如下：

```
INFO:langchain.retrievers.multi_query:Generated queries: ['航空领域目前的发展状
况如何? ', '航空领域未来的发展趋势是什么? ', '航空领域的技术创新有哪些? ', '航空领域
的市场竞争格局是怎样的? ', '航空领域的发展对环境有何影响? ']
```

这样生成多个问题后,对每个问题都进行文档片段的相关性检索,增加了检索到相关文档的概率。

对问题进行转换的第 2 种方法是对问题进行分解,代码如下：

```
from langchain.prompts import ChatPromptTemplate

#拆解
template = """你是一个乐于助人的助手,请把用户提出的问题分解成多个子问题。让每个子问
题的关注点尽量单一。\n
每个子问题独立一行。\n
用户提出的问题为: {question}:"""
prompt_decomposition = ChatPromptTemplate.from_template(template)
```

```
from langchain_openai import ChatOpenAI
from langchain_core.output_parsers import StrOutputParser

#大模型
llm = ChatOpenAI(temperature=0)

#链接
generate_queries_decomposition = ( prompt_decomposition
                                   | llm
                                   | StrOutputParser()
                                   | (lambda x: x.split("\n")))

#运行
question = "我国在航天和低空经济方面何有发展和未来规划？"
questions = generate_queries_decomposition.invoke({"question":question})
questions
```

大模型将原始问题拆分成 4 个关注点更单一的子问题，结果如下：

```
['1. 我国目前在航天领域的发展现状是什么？',
 '2. 我国在低空经济方面的现状如何？',
 '3. 我国在航天领域的未来规划是什么？',
 '4. 我国在低空经济方面的未来规划是什么？']
```

如何将多个子问题的回答组合成对用户原始问题的回答，主要有两种办法，一种是迭代式，另一种是并行式。

迭代式具体来讲是先用第 1 个子问题与这个子问题相关的文本片段生成针对第 1 个子问题的回答，接着把这个回答加上第 2 个问题和第 2 个问题相关的文档片段来生成第 2 个子问题的回答，以此类推，直到生成最终答案。具体流程如图 9-3 所示。

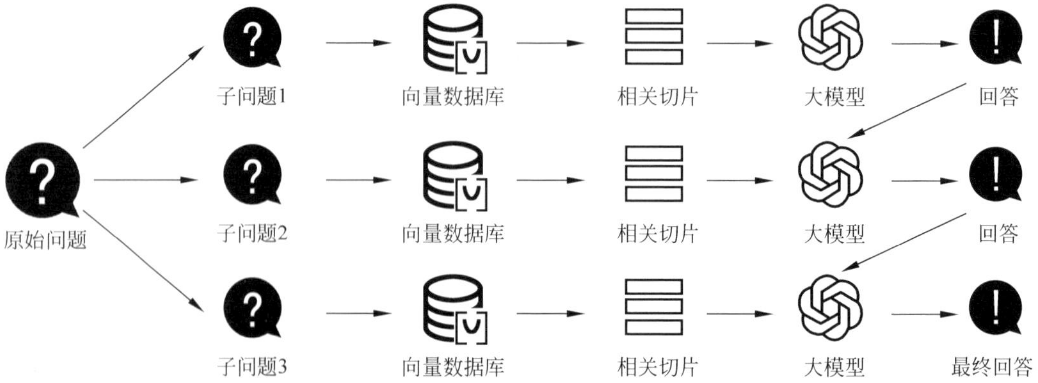

图 9-3 迭代式

迭代式回答示例代码如下：

```
template = """你需要回答下边这个问题：
{question}
和这个问题相关的问题和回答如下：
{q_a_pairs}
还有和这个问题相关的内容如下：
{context}
利用相关问题和答案，以及相关内容，回答下边这个问题：\n {question}
"""

decomposition_prompt = ChatPromptTemplate.from_template(template)
from operator import itemgetter
from langchain_core.output_parsers import StrOutputParser

def format_qa_pair(question, answer):
    """Format Q and A pair"""

    formatted_string = ""
    formatted_string += f"Question: {question}\nAnswer: {answer}\n\n"
    return formatted_string.strip()

#大模型
llm = ChatOpenAI(model_name="gpt-3.5-turbo", temperature=0)

retriever=vectordb.as_retriever()

q_a_pairs = ""
for q in questions:

    rag_chain = (
    {"context": itemgetter("question") | retriever,
     "question": itemgetter("question"),
     "q_a_pairs": itemgetter("q_a_pairs")}
    | decomposition_prompt
    | llm
    | StrOutputParser())

    answer = rag_chain.invoke({"question":q,"q_a_pairs":q_a_pairs})
    q_a_pair = format_qa_pair(q,answer)
    q_a_pairs = q_a_pairs + "\n---\n"+ q_a_pair
print(answer)
```

可以得到如下的回答：

```
我国在低空经济方面的未来规划包括发展无人机、通用航空、低空旅游、低空物流等多个领域，以实现高质量发展和市场拓展。党的二十届三中全会明确提出了发展通用航空和低空经济的目标，显示了我国在这一领域的重视和规划。同时，我国航天科技集团一院正在研制新型火箭，计划今年年底首飞，展示了我国在火箭技术领域的进步和发展。整体来看，我国在低空经济方面的未来规划是不断推进技术创新、提升产业水平，实现低空经济的可持续发展和国际竞争力的目标。
```

并行式回答的方式是让大模型分别回答每个子问题，最终将子问题的答案汇总成对用户原始问题的答案。具体流程如图 9-4 所示。

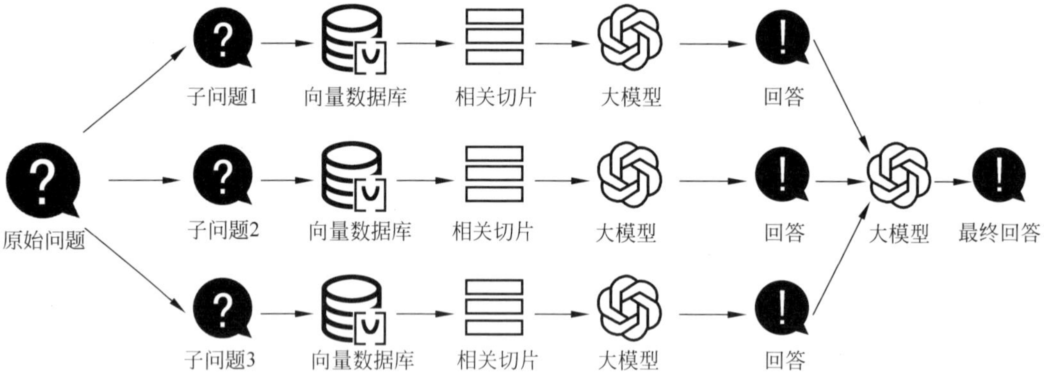

图 9-4 并行式

实现代码如下：

```
template = '''需要根据如下的相关知识来回答用户问题，注意要严格按照提供的相关知识来
回答。:
{context}
用户问题:
{question}
'''
prompt_rag = ChatPromptTemplate.from_template(template)
def retrieve_and_rag(question,prompt_rag,sub_question_generator_chain):
    """RAG on each sub-question"""

    #问题拆解
    sub_questions = sub_question_generator_chain.invoke({"question":question})

    #初始化列表保存 RAG 结果
    rag_results = []

    for sub_question in sub_questions:

        #为每个子问题获取文档
        retrieved_docs = retriever.get_relevant_documents(sub_question)

        #根据子问题和获取的文档生成答案
         answer = (prompt _rag | llm | StrOutputParser ()) . invoke ({ " context":
retrieved_docs, "question": sub_question})
        rag_results.append(answer)

    return rag_results,sub_questions

#把查询和 RAG 流程包装成可运行的 Lambda 表达式，嵌入 chain
```

```
answers, questions = retrieve_and_rag(question, prompt_rag, generate_queries_
decomposition)
def format_qa_pairs(questions, answers):
    """Format Q and A pairs"""

    formatted_string = ""
    for i, (question, answer) in enumerate(zip(questions, answers), start=1):
        formatted_string += f"Question {i}: {question}\nAnswer {i}: {answer}\n\n"
    return formatted_string.strip()

context = format_qa_pairs(questions, answers)

#提示词
template = """下边是一些相关问题和对应的回答:
{context}
利用上边相关问题和答案来回答下边这个问题:
{question}
"""

prompt = ChatPromptTemplate.from_template(template)

final_rag_chain = (
    prompt
    | llm
    | StrOutputParser()
)

final_rag_chain.invoke({"context":context,"question":question})
```

最终得到大模型回答如下：

```
'我国在航天和低空经济领域都表现出积极向上的发展态势。在航天领域,我国计划于 2028 年前后向火星发射天问三号探测器,并实现火星样品返回地球的目标。同时,我国在火箭技术领域也取得了进步,例如新型火箭长征八号甲运载火箭计划在今年年底首飞。在低空经济领域,我国也具有发展前景和市场潜力,党的二十届三中全会明确提出了发展通用航空和低空经济的重要性。未来,我国在航天领域将继续推进火星探测任务,并在低空经济领域致力于高质量发展,以实现更大的发展目标和成就。'
```

对问题进行转换的第 3 种方法是提出抽象的问题。有时用户问出的问题太具体，反而在文档库里找不到相关文档，需要将用户的问题转换为更抽象的问题，或者转换为用户所提问题背后的问题。这种方法叫作 Step-back prompting。

具体实现代码如下：

```
template = '''请改写用户的问题,将用户问题改写得更加抽象,或者找出用户问题背后的问题。
例如
用户问题:朱自清 1931 年在哪里上学?
改写问题:朱自清的求学经历是什么?
请改写下边这个用户问题,只输出改写问题即可:
```

```
{question}
'''
prompt = ChatPromptTemplate.from_template(template)
question="2024 年中国会向火星发射天问三吗?"
generate _ queries _ step _ back = prompt | ChatOpenAI ( temperature = 0) |
StrOutputParser()
step_back_question = generate_queries_step_back.invoke({"question": question})
step_back_question
```

输出的结果如下：

```
'中国未来的太空探索计划包括哪些内容?'
```

然后可以利用原始问题和改写后的抽象问题一起查询相关文本片段，提供给大模型来回答，代码如下：

```
from langchain_core.runnables import RunnableLambda
response_prompt_template = """需要根据如下提供信息来回答用户提出的问题，如果如下提供的信息对回答用户问题没有帮助，就忽略它们。
#{normal_context}
#{step_back_context}

#用户问题: {question}
#请给出答案:"""
response_prompt = ChatPromptTemplate.from_template(response_prompt_template)
chain = (
    {
        "normal_context": RunnableLambda(lambda x: x["question"]) | retriever,
        #用退一步的问题来获取信息
        "step_back_context": RunnableLambda(lambda x: x["step_back_question"])
| retriever,
        "question": lambda x: x["question"],
    }
    | response_prompt
    | ChatOpenAI(temperature=0)
    | StrOutputParser()
)

chain.invoke({"question": question,"step_back_question":step_back_question})
```

得到大模型的回答如下：

```
'不是，根据提供的信息，中国预计于 2028 年前后向火星发射天问三号探测器。'
```

对问题进行转换的第 4 种方法是让大模型生成可以回答用户问题的一个假想的文档，然后利用假想的文档去生成语义向量，接着用这个语义向量去向量存储里查找相关文档。这样就把一个问题和文档相似性比较的问题转换成一个文档和文档的相似性比较问题。在有些情况下会更精确地查找到相关文本片段。

实现代码如下：

```
template = """请写一段话可以科学严谨地回答下边这个用户提出的问题。可以编造事实部分，
但一定要正面回答这个问题。
用户问题：{question}
请直接给出可以回答问题的一段话："""
prompt_hyde = ChatPromptTemplate.from_template(template)

from langchain_core.output_parsers import StrOutputParser
from langchain_openai import ChatOpenAI

generate_docs_for_retrieval = (
    prompt_hyde | ChatOpenAI(temperature=0) | StrOutputParser()
)

#运行
question = "我国什么时候会向火星发射天问三号探测器?"
passage = generate_docs_for_retrieval.invoke({"question":question})
passage
```

可以看到，大模型给出的文档片段如下：

```
'根据我国国家航天局的计划，天问三号探测器将于 2022 年发射，这将是我国继天问一号和天问二
号之后的第 3 次火星探测任务。天问三号将继续探索火星表面和大气环境，为人类更深入地了解
火星提供重要数据和信息。'
```

虽然给出的信息是错误的，但是不影响用它来查找和它表述类似的真实文档片段，具体的代码如下：

```
retrieval_chain = generate_docs_for_retrieval | retriever
retireved_docs = retrieval_chain.invoke({"question":question})
retireved_docs
```

查找到的文档片段如下：

```
[Document(metadata={'source': 'D:\\work\\大模型实战\\代码\\data\\RAG_data.txt'},
page_content='参考消息网 9 月 8 日报道据香港《南华早报》网站 9 月 6 日报道，中国预计于
2028 年前后向火星发射天问三号探测器，该任务比原计划提前了两年，而美国的火星取样任务因重
大延误和预算大增而一直悬而未决。'),
Document(metadata={'source': 'D:\\work\\大模型实战\\代码\\data\\RAG_data.txt'},
page_content='天问三号任务总设计师刘继忠 5 日在安徽省黄山市举行的第二届深空探测(天
都)国际会议上表示，该团队的目标是实现火星样品返回地球。')]
```

然后基于查找到的文档片段来回答用户的原始问题，代码如下：

```
#RAG
template = """基于下边给定的信息来回答用户问题：
```

```
{context}

用户问题:{question}
"""

prompt = ChatPromptTemplate.from_template(template)

final_rag_chain = (
    prompt
    | llm
    | StrOutputParser()
)

final_rag_chain.invoke({"context":retireved_docs,"question":question})
```

大模型回答如下:

```
'我国预计于 2028 年前后向火星发射天问三号探测器。'
```

9.7.2 混合检索

在前面的章节中,介绍了通过语义向量进行检索的方法。语义向量检索利用了模型对文本语义的理解能力,通过将查询转换为语义向量,能够在海量文档中找到与查询语义相关的内容,然而,在某些特定场景下,传统的关键字检索仍然能够发挥很好的作用。关键字检索直接匹配文本中的显式词汇,特别适用于一些对词汇精确匹配要求较高的情况,例如查找某些特定术语、名称或技术关键词。

因此,为了充分发挥两种检索方式的优势,混合检索应运而生。混合检索的基本思想是,将语义检索和关键字检索结合起来使用。具体而言,系统首先分别通过语义向量和关键词匹配检索出相关的文档,然后对这两种方式检索到的结果进行去重,以避免重复的文档出现。接下来,将去重后的文档集合一起输入大语言模型中,作为提示词的一部分,利用大模型的生成能力给出更加全面和准确的答案。

这种混合检索方法结合了语义理解和关键词匹配的优势,能够在多种场景下提升检索效果。语义检索擅长处理复杂、含义丰富的查询,而关键字检索则在处理精确匹配时更高效。通过将两者结合,既可以保证广泛的语义覆盖,又能确保对关键字的精准捕捉,从而为大模型回答用户问题提供更全面、更准确的相关信息。

9.7.3 索引增强

在前边的例子中,在对原始文档进行处理时,首先对文档进行分片,然后通过Embedding模型生成文档片段的语义向量,也就是索引。在之前的例子里,生成索引的文档片段和最终送入大模型的文档片段是相同的。对索引增强的核心思想是把用来生成索引的文档和传入大模型的文档分开考虑,例如生成索引的文档可以是原始文档的摘要,送入大模型的文档是原始文档。再例如生成索引的文档是原始文档的一部分，送入大模型的文档是原始文档的全部。下边就来讨论几种常见的索引增强技术。

第1种索引增强技术是父文档(Parent Document)。它通过把较大的文档拆分为多个片段进行独立索引，但是在生成回答时会把较大的文档送入大模型。因为较大的文档会有更多的上下文相关信息，可以帮助大模型生成更好的答案。

父文档技术可以平衡以下矛盾：

在生成语义向量时，希望文本片段尽可能地短，这样语义描述越精确。放入大模型提示词时，希望文本片段尽可能长，包含更多的相关信息。

LangChain 提供了 ParentDocumentRetriever 来实现了这个功能，它在生成语义向量时，用拆分的较小的文本片段来保证文本语义精确。检索时，返回文本片段的父文档的 ID，利用父文档 ID 获取较长的父文档。父文档既可以是一个完整的原始文档，也可以是一个较长的文本片段。

父文档为一个完整的原始文档的示例代码如下：

```
//Chapter9/RAG_indexing.ipynb
from langchain.retrievers import ParentDocumentRetriever
from langchain.storage import InMemoryStore
from langchain_chroma import Chroma
from langchain_community.document_loaders import TextLoader
from langchain_openai import OpenAIEmbeddings
from langchain_text_splitters import RecursiveCharacterTextSplitter

loaders = [
    TextLoader(r"\代码\data\luxun.txt",autodetect_encoding=True),
    TextLoader(r"\代码\data\zhuziqing.txt",autodetect_encoding=True),
]
docs = []
for loader in loaders:
    docs.extend(loader.load())
docs
```

可以看到加载了介绍鲁迅和朱自清的两个单独文档，输出如下：

```
[Document(metadata={'source': 'D:\\work\\大模型实战\\代码\\data\\luxun.txt'},
page_content='鲁迅(1881年9月25日—1936年10月19日),原名周樟寿,后改名周树人,字豫山,后改字豫才,浙江绍兴人。中国著名文学家、思想家、革命家、教育家、美术家、书法家、民主战士,新文化运动的重要参与者,中国现代文学的奠基人之一。鲁迅怀着现实关切,创造性地从中华优秀传统文化中汲取营养,创作出具有中国作风、中国气派的文学作品。\n他早年与厉绥之和钱均夫同赴日本公费留学,于日本仙台医科专门学校肄业。"鲁迅",是他在1918年发表《狂人日记》时所用的笔名,也是最为广泛的笔名。\n鲁迅一生在文学创作、文学批评、思想研究、文学史研究、翻译、美术理论引进、基础科学介绍和古籍校勘与研究等多个领域具有重大贡献。他对于五四运动以后的中国社会思想文化发展具有重大影响,蜚声世界文坛,尤其在韩国、日本思想文化领域有极其重要的地位和影响,被誉为"20世纪东亚文化地图上占最大领土的作家"。\n毛泽东曾评价:"鲁迅的方向,也就是中华民族新文化的方向。"'),
```

```
Document(metadata={'source': 'D:\\work\\大模型实战\\代码\\data\\zhuziqing.txt'},
page_content='朱自清(1898 年 11 月 22 日—1948 年 8 月 12 日),原名朱自华,号实秋,后改名自清,字佩弦。原籍浙江绍兴,出生于江苏省东海县(今连云港市东海县平明镇),后随父定居扬州。中国现代散文家、诗人、学者、民主战士。\n 朱自清 1916 年中学毕业后成功考入北京大学预科。1919 年开始发表诗歌。1921 年,加入文学研究会,成为"为人生"代表作家。1922 年,朱自清与叶圣陶等创办了我国新文学史上第 1 个诗刊——《诗》月刊,倡导新诗。次年,朱自清发表长诗《毁灭》,引起当时诗坛广泛注意,继而写《桨声灯影里的秦淮河》,被誉为"白话美术文的模范"。1924 年,诗文集《踪迹》出版。1925 年,朱自清应清华大学之聘,任中文系教授。创作由诗歌转向散文,同时致力于古典文学研究。"三·一八"惨案后,他撰写《执政府大屠杀记》等文章,声讨军阀政府暴行。1928 年,第一部散文集《背影》出版。1930 年,朱自清代理清华大学中文系主任。次年,留学英国,并漫游欧洲数国,著有《欧游杂记》《伦敦杂记》。朱自清 1932 年归国,继任清华大学中文系教授兼系主任。"一二·九"运动中,朱自清同学生一道上街游行。抗日战争爆发后,随校南迁,任国立西南联合大学教授。1946 年 10 月返北平,受校方委托主编《闻一多全集》。同时,积极参加各项民主活动。1948 年 8 月 12 日朱自清因胃穿孔病逝于北平,年仅 50 岁。\n 朱自清所作《背影》《荷塘月色》等篇,为中国现代散文早期代表作,有《朱自清全集》出版。')]
```

接着定义文档片段的分割器,并定义一个内存存储器来存储两个完整的文档,代码如下:

```
import getpass
import os
os.environ["OPENAI_API_KEY"] = getpass.getpass()
embedding_model = OpenAIEmbeddings()
#创建子文档的 splitter
child_splitter = RecursiveCharacterTextSplitter(chunk_size=200)
#创建向量存储
vectorstore = Chroma(
    collection_name="full_documents", embedding_function=embedding_model
)
#父文档的存储层
store = InMemoryStore()
retriever = ParentDocumentRetriever(
    vectorstore=vectorstore,
    docstore=store,
    child_splitter=child_splitter,
)
retriever.add_documents(docs, ids=None)
list(store.yield_keys())
```

输出为两个父文档的 ID,输出如下:

```
['7dba162d-75f2-4e45-84ca-43d12a76c2a2',
'70fa669a-10b8-47fa-af2f-fc8b5c3908d7']
```

接着生成一个问题,以便对向量存储直接进行查询,它会返回文档片段,代码如下:

```
sub_docs = vectorstore.similarity_search("鲁迅有哪些贡献?")
print(sub_docs[0].page_content)
```

返回的文档片段结果如下：

```
鲁迅一生在文学创作、文学批评、思想研究、文学史研究、翻译、美术理论引进、基础科学介绍和古籍校勘与研究等多个领域具有重大贡献。他对于五四运动以后的中国社会思想文化发展具有重大影响，蜚声世界文坛，尤其在韩国、日本思想文化领域有极其重要的地位和影响，被誉为"20世纪东亚文化地图上占最大领土的作家"。
毛泽东曾评价："鲁迅的方向，也就是中华民族新文化的方向。"
```

如果用ParentDocumentRetriever来获取文档，则将返回整个完整的文档，代码如下：

```
retrieved_docs = retriever.invoke("鲁迅有哪些贡献?")
retrieved_docs[0].page_content
```

可以看到返回的完整文档如下：

```
'鲁迅(1881年9月25日—1936年10月19日)，原名周樟寿，后改名周树人，字豫山，后改字豫才，浙江绍兴人。中国著名文学家、思想家、革命家、教育家、美术家、书法家、民主战士，新文化运动的重要参与者，中国现代文学的奠基人之一。鲁迅怀着现实关切，创造性地从中华优秀传统文化中汲取营养，创作出具有中国作风、中国气派的文学作品。\n他早年与厉绥之和钱均夫同赴日本公费留学，于日本仙台医科专门学校肄业。"鲁迅"，是他在1918年发表《狂人日记》时所用的笔名，也是最为广泛的笔名。\n鲁迅一生在文学创作、文学批评、思想研究、文学史研究、翻译、美术理论引进、基础科学介绍和古籍校勘与研究等多个领域具有重大贡献。他对于五四运动以后的中国社会思想文化发展具有重大影响，蜚声世界文坛，尤其在韩国、日本思想文化领域有极其重要的地位和影响，被誉为"20世纪东亚文化地图上占最大领土的作家"。\n毛泽东曾评价："鲁迅的方向，也就是中华民族新文化的方向。"'
```

第2种索引增强技术是多向量技术(Multi Vector)。这种技术的核心思想是可以给每个文档创建多个向量，既可以是这个文档的摘要的向量，也可以是大模型生成的可以针对这个文档的假设问题的向量等。总之为一个文档，创建多个可以去和问题向量进行匹配的文档向量。至于如何为文档创建多个向量，完全可以发挥自己的想象力。

首先演示如何通过把文档切成多个小的块来生成多个向量。它本质上和父文档是一致的，代码如下：

```
import uuid
from langchain.storage import InMemoryByteStore
from langchain.retrievers.multi_vector import MultiVectorRetriever


vectorstore = Chroma(
    collection_name="small_chunks", embedding_function=OpenAIEmbeddings()
)
#父文档的存储层
store = InMemoryByteStore()
id_key = "doc_id"

retriever = MultiVectorRetriever(
    vectorstore=vectorstore,
```

```
    byte_store=store,
    id_key=id_key,
)

doc_ids = [str(uuid.uuid4()) for _ in docs]

#创建小的块的 splitter
child_text_splitter = RecursiveCharacterTextSplitter(chunk_size=200)

sub_docs = []
for i, doc in enumerate(docs):
    _id = doc_ids[i]
    _sub_docs = child_text_splitter.split_documents([doc])
    for _doc in _sub_docs:
        _doc.metadata[id_key] = _id
    sub_docs.extend(_sub_docs)
retriever.vectorstore.add_documents(sub_docs)
retriever.docstore.mset(list(zip(doc_ids, docs)))
retriever.vectorstore.similarity_search("朱自清有哪些爱国行为?")[0]
```

查询到的文档切片如下：

```
Document(metadata={'doc_id': '026ab1b2-3fb1-469f-9ae7-ba900605ec46', 'source':
'D:\\work\\大模型实战\\代码\\data\\zhuziqing.txt'}, page_content='1930年,朱自清代理清华大学中文系主任。次年,留学英国,并漫游欧洲数国,著有《欧游杂记》《伦敦杂记》。朱自清1932年归国,继任清华大学中文系教授兼系主任。"一二·九"运动中,朱自清同学生一道上街游行。抗日战争爆发后,随校南迁,任国立西南联合大学教授。1946年10月返北平,受校方委托主编《闻一多全集》。同时,积极参加各项民主活动。1948年8月12日朱自清因胃穿孔病逝于北平,年仅50岁。')
```

打印查找到的原始文档,代码如下：

```
retriever.invoke("朱自清有哪些爱国行为?")[0].page_content
```

结果如下：

```
'朱自清(1898年11月22日—1948年8月12日),原名朱自华,号实秋,后改名自清,字佩弦。原籍浙江绍兴,出生于江苏省东海县(今连云港市东海县平明镇),后随父定居扬州。中国现代散文家、诗人、学者、民主战士。\n朱自清1916年中学毕业后成功考入北京大学预科。1919年开始发表诗歌。1921年,加入文学研究会,成为"为人生"代表作家。1922年,朱自清与叶圣陶等创办了我国新文学史上第1个诗刊——《诗》月刊,倡导新诗。次年,朱自清发表长诗《毁灭》,引起当时诗坛广泛注意,继而写《桨声灯影里的秦淮河》,被誉为"白话美术文的模范"。1924年,诗文集《踪迹》出版。1925年,朱自清应清华大学之聘,任中文系教授。创作由诗歌转向散文,同时致力于古典文学研究。"三·一八"惨案后,他撰写《执政府大屠杀记》等文章,声讨军阀政府暴行。1928年,第一部散文集《背影》出版。1930年,朱自清代理清华大学中文系主任。次年,留学英国,并漫游欧洲数国,著有《欧游杂记》《伦敦杂记》。朱自清1932年归国,继任清华大学中文系教授兼系主任。"一二·九"运动中,朱自清同学生一道上街游行。抗日战争爆发后,随校南迁,任国立西南联合大学教授。1946年10月返北平,受校方委托主编《闻一多全集》。同时,积极参加各项民主活动。1948年8月12日朱自清因胃穿孔病逝于北平,年仅50岁。\n朱自清所作《背影》《荷塘月色》等篇,为中国现代散文早期代表作,有《朱自清全集》出版。'
```

接着演示如何为文档生成摘要，并建立索引，代码如下：

```
from langchain_openai import ChatOpenAI

llm = ChatOpenAI(model="gpt-4o-mini")
import uuid

from langchain_core.documents import Document
from langchain_core.output_parsers import StrOutputParser
from langchain_core.prompts import ChatPromptTemplate

chain = (
    {"doc": lambda x: x.page_content}
    | ChatPromptTemplate.from_template("对下边的文档生成 100 字以内的摘要:\n\n
{doc}")
    | llm
    | StrOutputParser()
)
summaries = chain.batch(docs, {"max_concurrency": 2})
summaries
```

可以看到，对原始文档生成的摘要如下：

```
['鲁迅(1881—1936)，原名周树人，是中国著名的文学家、思想家和革命家。他是新文化运动的重要参与者和中国现代文学的奠基人之一。他在日本留学期间开始创作，1918 年发表《狂人日记》后广为人知。鲁迅的作品融合中华优秀传统文化，影响深远，尤其在五四运动后对中国社会思想文化发展产生重大影响，被誉为"20 世纪东亚文化地图上占最大领土的作家"。毛泽东曾称其为中华民族新文化的方向。',
'朱自清(1898—1948)，原名朱自华，是中国现代著名散文家、诗人和学者。1916 年考入北京大学，1919 年开始发表诗歌，并于 1921 年加入文学研究会。朱自清创办了新文学史上第 1 个诗刊《诗》月刊，倡导新诗，创作包括《背影》《荷塘月色》等散文作品。他积极参与民主活动，曾任清华大学中文系教授，抗日战争期间在西南联合大学任教。1948 年因病去世，享年 50 岁。']
```

将生成的摘要加入向量存储里，代码如下：

```
#创建摘要的向量存储
vectorstore = Chroma(collection_name="summaries", embedding_function=
OpenAIEmbeddings())
#创建父文档的存储
store = InMemoryByteStore()
id_key = "doc_id"
#创建 retriever
retriever = MultiVectorRetriever(
    vectorstore=vectorstore,
    byte_store=store,
    id_key=id_key,
)
doc_ids = [str(uuid.uuid4()) for _ in docs]
```

```
summary_docs = [
    Document(page_content=s, metadata={id_key: doc_ids[i]})
    for i, s in enumerate(summaries)
]

retriever.vectorstore.add_documents(summary_docs)
retriever.docstore.mset(list(zip(doc_ids, docs)))
sub_docs = retriever.vectorstore.similarity_search("朱自清有哪些爱国行为?")

sub_docs[0]
```

然后对原始的向量存储进行查询，查找到的摘要如下：

```
Document(metadata={'doc_id': '19766c29-9e59-4f32-a52d-9017caa39501'}, page_
content='朱自清(1898—1948),原名朱自华,是中国现代著名散文家、诗人和学者。1916年考入
北京大学,1919年开始发表诗歌,并于1921年加入文学研究会。朱自清创办了新文学史上第1个
诗刊《诗》月刊,倡导新诗,创作包括《背影》《荷塘月色》等散文作品。他积极参与民主活动,曾任清
华大学中文系教授,抗日战争期间在西南联合大学任教。1948年因病去世,享年50岁。')
```

接着调用 MultiVectorRetriever 来进行检索，代码如下：

```
retrieved_docs = retriever.invoke("朱自清有哪些爱国行为?")
retrieved_docs[0].page_content
```

可以得到的结果如下：

```
'朱自清(1898年11月22日—1948年8月12日),原名朱自华,号实秋,后改名自清,字佩弦。原
籍浙江绍兴,出生于江苏省东海县(今连云港市东海县平明镇),后随父定居扬州。中国现代散文
家、诗人、学者、民主战士。\n朱自清1916年中学毕业后成功考入北京大学预科。1919年开始发
表诗歌。1921年,加入文学研究会,成为"为人生"代表作家。1922年,朱自清与叶圣陶等创办了我
国新文学史上第1个诗刊——《诗》月刊,倡导新诗。次年,朱自清发表长诗《毁灭》,引起当时诗坛
广泛注意,继而写《桨声灯影里的秦淮河》,被誉为"白话美术文的模范"。1924年,诗文集《踪迹》出
版。1925年,朱自清应清华大学之聘,任中文系教授。创作由诗歌转向散文,同时致力于古典文学
研究。"三·一八"惨案后,他撰写《执政府大屠杀记》等文章,声讨军阀政府暴行。1928年,第一部
散文集《背影》出版。1930年,朱自清代理清华大学中文系主任。次年,留学英国,并漫游欧洲数国,
著有《欧游杂记》《伦敦杂记》。朱自清1932年归国,继任清华大学中文系教授兼系主任。"一二·
九"运动中,朱自清同学生一道上街游行。抗日战争爆发后,随校南迁,任国立西南联合大学教授。
1946年10月返北平,受校方委托主编《闻一多全集》。同时,积极参加各项民主活动。1948年8月
12日朱自清因胃穿孔病逝于北平,年仅50岁。\n朱自清所作《背影》《荷塘月色》等篇,为中国现代
散文早期代表作,有《朱自清全集》出版。'
```

还有一种方法，首先对文档生成假设的问题列表，然后对所有假设问题生成向量，并存储。当用户提出问题时，对用户问题生成的向量和所有文档的假设问题的向量进行相似性比较。找到相似度最高的几个假设问题后，再将假设问题对应的文档找出来，作为回答用户的相关文档，代码如下：

```
from typing import List
from langchain_core.pydantic_v1 import BaseModel, Field


class HypotheticalQuestions(BaseModel):
    """生成假设的问题"""

    questions: List[str] = Field(..., description="List of questions")


chain = (
    {"doc": lambda x: x.page_content}
    | ChatPromptTemplate.from_template(
        "生成一个列表,其中包含 5 个可以用下边文档回答的问题:\n\n{doc}"
    )
    | ChatOpenAI(max_retries=0, model="gpt-4o-mini", temperature=0).with_
structured_output(
        HypotheticalQuestions
    )
    | (lambda x: x.questions)
)
chain.invoke(docs[0])
```

可以看到针对鲁迅介绍的这篇文档,生成的假设问题如下:

```
['鲁迅的原名是什么?',
 '鲁迅在哪个国家留学?',
 '鲁迅的笔名是什么?',
 '鲁迅对中国社会思想文化发展的影响是什么?',
 '毛泽东对鲁迅的评价是什么?']
```

接着对所有文档进行处理,生成假设问题,生成向量并存储,代码如下:

```
#对文档进行批量调用,生成假设问题
hypothetical_questions = chain.batch(docs, {"max_concurrency": 5})


#向量存储,用来存储假设的问题
vectorstore = Chroma(
    collection_name="hypo-questions", embedding_function=OpenAIEmbeddings()
)
#用来存储原始文档
store = InMemoryByteStore()
id_key = "doc_id"

retriever = MultiVectorRetriever(
    vectorstore= vectorstore,
    byte_store= store,
    id_key=id_key,
```

```
)
doc_ids = [str(uuid.uuid4()) for _ in docs]


#生成问题列表
question_docs = []
for i, question_list in enumerate(hypothetical_questions):
    question_docs.extend(
        [Document(page_content=s, metadata={id_key: doc_ids[i]}) for s in question_list]
    )


retriever.vectorstore.add_documents(question_docs)
retriever.docstore.mset(list(zip(doc_ids, docs)))
```

首先直接用向量存储查找和用户问题最接近的假设问题,代码如下:

```
sub_docs = retriever.vectorstore.similarity_search("鲁迅对中国文化有何影响?")
sub_docs
```

输出如下:

```
[Document(metadata={'doc_id': 'e2e2063b-567e-42c9-a9e3-7f21546573f1'}, page_content='鲁迅对中国社会思想文化发展的影响是什么? '),
Document(metadata={'doc_id': 'e2e2063b-567e-42c9-a9e3-7f21546573f1'}, page_content='毛泽东对鲁迅的评价是什么? '),
Document(metadata={'doc_id': 'e2e2063b-567e-42c9-a9e3-7f21546573f1'}, page_content='鲁迅的原名是什么? '),
Document(metadata={'doc_id': 'e2e2063b-567e-42c9-a9e3-7f21546573f1'}, page_content='鲁迅在哪个国家留学? ')]
```

接着用 MultiVectorRetriever 来调用,代码如下:

```
retrieved_docs = retriever.invoke("鲁迅对中国文化有何影响?")
retrieved_docs[0].page_content
```

可以看到获取了鲁迅介绍的全文如下:

```
'鲁迅(1881 年 9 月 25 日—1936 年 10 月 19 日),原名周樟寿,后改名周树人,字豫山,后改字豫才,浙江绍兴人。中国著名文学家、思想家、革命家、教育家、美术家、书法家、民主战士,新文化运动的重要参与者,中国现代文学的奠基人之一。鲁迅怀着现实关切,创造性地从中华优秀传统文化中汲取营养,创作出具有中国作风、中国气派的文学作品。\n 他早年与厉绥之和钱均夫同赴日本公费留学,于日本仙台医科专门学校肄业。"鲁迅",是他在 1918 年发表《狂人日记》时所用的笔名,也是最为广泛的笔名。\n 鲁迅一生在文学创作、文学批评、思想研究、文学史研究、翻译、美术理论引进、基础科学介绍和古籍校勘与研究等多个领域具有重大贡献。他对于五四运动以后的中国社会思想文化发展具有重大影响,蜚声世界文坛,尤其在韩国、日本思想文化领域有极其重要的地位和影响,被誉为"20 世纪东亚文化地图上占最大领土的作家"。\n 毛泽东曾评价:"鲁迅的方向,也就是中华民族新文化的方向。"'
```

第 3 种索引增强技术是时间加权的向量存储技术(Time-Weighted Vector Store)。时间加权的向量存储在计算相似度时,遵循式(9-1)。

$$\text{semantic\_similarity} \times (1.0 - \text{decay\_rate})^{\text{hours\_passed}} \tag{9-1}$$

这里的 hours_passed 指的是距离上一次对该对象的访问时间,而不是距离该对象创建的时间。这意味着频繁访问的对象可以保持不过期。可以通过调整 decay_rate 来控制遗忘的强度。decay_rate 的取值范围为 0～1,取值越大遗忘越快。

首先需要安装 faiss,命令如下:

```
pip install faiss-cpu
```

下边演示带时间加权的向量存储,首先模拟在昨天存入文本"今天天气很好!",然后在今天存入"今天下雨了。",代码如下:

```
from datetime import datetime, timedelta
import faiss
from langchain.retrievers import TimeWeightedVectorStoreRetriever
from langchain_community.docstore import InMemoryDocstore
from langchain_community.vectorstores import FAISS
from langchain_core.documents import Document
from langchain_openai import OpenAIEmbeddings


embeddings_model = OpenAIEmbeddings()
embedding_size = 1536
index = faiss.IndexFlatL2(embedding_size)
vectorstore = FAISS(embeddings_model, index, InMemoryDocstore({}), {})
retriever = TimeWeightedVectorStoreRetriever(
    vectorstore=vectorstore, decay_rate=0.1, k=1
)
yesterday = datetime.now() - timedelta(days=1)
retriever.add_documents(
    [Document(page_content="今天天气很好!", metadata={"last_accessed_at":
yesterday})]
)
retriever.add_documents([Document(page_content="今天下雨了。")])
retriever.invoke("今天天气很好!")
```

检索结果如下:

```
[Document(metadata={'last_accessed_at': datetime.datetime(2024, 9, 10, 9, 36,
14, 712379), 'created_at': datetime.datetime(2024, 9, 10, 9, 36, 6, 463604),
'buffer_idx': 1}, page_content='今天下雨了。')]
```

当用"今天天气很好!"来进行检索时,返回的却是"今天下雨了。",这是因为"今天天气很好!"是昨天创建的,已经逐渐被遗忘了。

9.7.4 检索结果重排

在基于 RAG 技术的系统中,检索模块的性能对整体系统表现具有关键性作用。RAG 的基本原理是通过检索模块从大规模外部知识库中找到与用户输入的查询相关的文档,然后由生成模块利用这些文档信息生成回答,因此检索模块的精度和有效性会直接影响生成结果的质量。

然而,传统的检索模块通常会对问题和文档进行独立编码,即首先分别对查询(问题)和文档进行向量化处理,然后通过计算两者的相似度来决定文档与查询的相关性。这种方法在检索初期可以提供较高的性能和大致的相关性判断,但由于缺乏对问题与文档之间复杂语义关系的深入理解,所以会导致在某些复杂任务场景下,检索结果的精确度可能不足,相关性判断不够理想。

为了解决这一问题,重排(Rerank)技术被引入 RAG 系统中。Rerank 技术的核心思想是在初次检索的基础上,通过同时传入问题和文档对两者的相关性更细致地进行评估,从而提高相关性判断的精度。

具体的流程如下:

初次检索:首先,系统通过传统的检索模块对问题和文档进行独立编码,并检索出一个初步的候选文档集合。此阶段可以返回较多的文档,其目的是确保在后续步骤中有足够的候选文档进行进一步筛选。

重排序:在获得初步的候选文档集合后,系统会进入重排序阶段。此时,Rerank 模块通过将每个候选文档与问题一起传入模型来联合编码问题和文档。这种联合编码方式能够更好地捕捉两者之间的语义相关性,从而对文档和问题更准确地进行匹配。通过这种方式,系统能够重新排序文档集合,将最相关的文档排在最前面,从而提升检索结果的质量。

生成阶段:最终,经过重排序后,系统会选择与问题高度相关的若干文档(通常是排名最靠前的几个),将其作为大模型的输入。在此基础上,大模型结合这些高度相关的文档进行回答的生成,从而提高生成内容的准确性和信息密度。

通过这种“检索+重排序+生成”的三阶段流程,RAG 系统不仅能快速地完成初步检索,还能通过重排进一步精确筛选出最相关的文档,最终显著提高文档的相关性判断精度。这种策略有效地解决了传统检索模块无法捕捉复杂语义关系的问题,使 RAG 在处理需要深层次语义匹配的任务时,表现得更加优越。

通过继承 LangChain 的 BaseDocumentCompressor 来实现对较多文档进行重排,并返回较少的相关文档,代码如下:

```
//Chapter9/RAG_Rerank.ipynb
from typing import Sequence, Optional, Dict, Any
import torch
from langchain_core.callbacks import Callbacks
from langchain_core.documents import BaseDocumentCompressor, Document
```

```
from transformers import AutoModelForSequenceClassification, AutoTokenizer
from langchain_core.pydantic_v1 import root_validator

class BGEReranker(BaseDocumentCompressor):
    k: int = 3
    model_path:str = None
    tokenizer: Any = None
    model: Any = None

    @root_validator(pre=False, skip_on_failure=True)
    def validate_model_specified(cls, values: Dict) -> Dict:
        model_path = values["model_path"]
        values["tokenizer"] = AutoTokenizer.from_pretrained(model_path, use_
fast=False)
        values["model"] = AutoModelForSequenceClassification.from_pretrained
(model_path)
        return values


    class Config:
        arbitrary_types_allowed = True

    def top_k_indices(self,scores, k):
        #如果 k 大于 scores 的长度,则返回所有元素的索引
        k = min(k, len(scores))

        #使用 enumerate 生成 (index, score) 对,按照 score 排序,取前 k 个
        return [index for index, score in sorted(enumerate(scores), key=lambda x:
x[1], reverse=True)[:k]]

    def compress_documents(self, documents: Sequence[Document], query: str,
callbacks: Optional[Callbacks] = None) -> \
    Sequence[Document]:
        pairs = []
        for doc in documents:
            pairs.append([query, doc.page_content])
        with torch.no_grad():
            inputs = self.tokenizer(pairs, padding=True, truncation=True,
return_tensors='pt', max_length=512)
            scores = self.model(**inputs, return_dict=True).logits.view(-1, ).
tolist()
        indices = self.top_k_indices(scores,self.k)
        return [documents[i] for i in indices]
```

然后定义文本分块器和向量存储,代码如下:

```
from langchain_community.vectorstores import FAISS
from langchain_text_splitters import RecursiveCharacterTextSplitter
from langchain_community.document_loaders import TextLoader
```

```
from langchain_huggingface import HuggingFaceEmbeddings

embedding_model = HuggingFaceEmbeddings(model_name=r"Your_model_path\bge-
large-zh-v1.5")

def pretty_print_docs(docs):
    print(
        f"\n{'-' *100}\n".join(
            [f"Document {i+1}:\n\n" + d.page_content for i, d in enumerate(docs)]
        )
    )
documents = TextLoader(r"\代码\data\rerank.txt",autodetect_encoding=True).load()
text_splitter = RecursiveCharacterTextSplitter(chunk_size=300, chunk_overlap=30)
texts = text_splitter.split_documents(documents)
retriever = FAISS.from_documents(
    texts, embedding_model
).as_retriever(search_kwargs={"k": 6})
```

接着对向量存储进行直接查询,原始文档是一篇介绍人工智能发展的文章,被分割成多个文档,代码如下:

```
query = "人工智能对医疗有什么帮助?"
docs = retriever.invoke(query)
pretty_print_docs(docs)
```

直接进行向量存储查询后返回的 6 个相关文档片段如下:

```
Document 1:

金融科技:在金融领域,人工智能被广泛地用于风险评估、欺诈检测和智能投顾服务。通过分析用户的财务行为,人工智能能够提供个性化的投资建议和风险控制。
智能制造:人工智能推动了制造业的自动化和智能化。通过机器学习和工业机器人,制造流程变得更加高效且精确,大幅地提高了生产率。
----------------------------------------------------------------------------------------------------
Document 2:

六、人工智能应用的广泛化
如今,人工智能已经渗透到我们生活的方方面面。以下是一些重要的应用领域:
自动驾驶:自动驾驶技术依赖于计算机视觉、深度学习和传感器融合,能够实时分析道路环境、做出驾驶决策。特斯拉、Waymo 等公司正在积极推动自动驾驶汽车的商业化。
医疗健康:人工智能在医学影像分析、药物研发、个性化治疗等领域展现出巨大的潜力。人工智能能够帮助医生更快、更准确地诊断疾病,并为患者提供个性化的治疗方案。
语音助手:虚拟助手如 Siri、Alexa、Google Assistant 等基于自然语言处理和语音识别技术,能够帮助用户执行各种任务,如查询信息、控制智能家居设备等。
----------------------------------------------------------------------------------------------------
Document 3:

七、未来的挑战与机遇
尽管人工智能取得了巨大成就,但是未来的道路上依然充满挑战。技术伦理问题成为社会关注的
```

```
焦点，例如人工智能可能会导致的隐私侵犯、就业岗位减少等问题。此外，如何确保人工智能的决策透明、公正，以及避免算法偏见，也是重要的研究课题。
未来，随着量子计算的进展，人工智能的计算能力可能再度跃升，带来新的突破。同时，脑机接口等前沿技术的进步，可能进一步缩短人类与机器之间的距离，使人机共生成为可能。
人工智能的发展历程，既充满了曲折与挑战，也满载着人类智慧和创新的力量。在未来，人工智能有望继续推动社会进步，改善我们的生活方式，并为解决全球性问题提供新的思路。
----------------------------------------------------------------------------------------------------
Document 4:

五、现代人工智能的快速发展(2000—2020 年)
进入 21 世纪，人工智能的发展步入了快速发展阶段，这主要得益于以下几个关键因素：
计算能力的飞跃：摩尔定律的延续和图形处理器(GPU)的发展，使计算机的处理能力大幅提升，能够支持更大规模的数据处理和更复杂的算法运算。
大数据的兴起：互联网、移动设备和社交媒体的普及带来了海量数据，人工智能算法通过这些数据进行训练，使系统的预测和决策能力得以大幅提高。大数据与人工智能的结合被认为是现代人工智能成功的核心因素之一。
----------------------------------------------------------------------------------------------------
Document 5:

一、人工智能的起源
人工智能(Artificial Intelligence, AI)的概念并非现代的发明，其起源可以追溯到古代的神话和传说。古希腊传说中的"自动机"(automatons)，中国神话中的"木牛流马"都可以视为对人工智能最早的幻想。真正具有现代科学意义的人工智能概念，最早在 20 世纪中期便被提出，当时数学、逻辑和计算机科学领域的快速发展为人工智能奠定了基础。
----------------------------------------------------------------------------------------------------
Document 6:

20 世纪 70 年代，专家系统的概念开始出现。专家系统是一种基于规则的人工智能系统，它模拟人类专家的决策过程，能够在特定领域内给出相对专业的建议。MYCIN 是当时最著名的专家系统之一，它可以帮助医生诊断细菌感染并推荐治疗方案。虽然 MYCIN 非常成功，但这些早期系统的局限性也显现出来：它们依赖于预先定义的规则和知识库，一旦遇到超出范围的问题就难以应对。
----------------------------------------------------------------------------------------------------
```

通过观察结果发现，其中第 2 个和第 6 个文档是和问题相关的。下面调用重排来进行实验，代码如下：

```python
reranker = BGEReranker(model_path=r"Your_model_path\bge-reranker-large")
compression_retriever = ContextualCompressionRetriever(
    base_compressor=reranker, base_retriever=retriever
)

compressed_docs = compression_retriever.invoke(query)
pretty_print_docs(compressed_docs)
```

重排结果如下：

```
Document 1:

六、人工智能应用的广泛化
如今，人工智能已经渗透到我们生活的方方面面。以下是一些重要的应用领域：
```

```
自动驾驶：自动驾驶技术依赖于计算机视觉、深度学习和传感器融合，能够实时分析道路环境、做出驾驶决策。特斯拉、Waymo 等公司正在积极推动自动驾驶汽车的商业化。
医疗健康：人工智能在医学影像分析、药物研发、个性化治疗等领域展现出巨大的潜力。人工智能能够帮助医生更快、更准确地诊断疾病，并为患者提供个性化的治疗方案。
语音助手：虚拟助手如 Siri、Alexa、Google Assistant 等基于自然语言处理和语音识别技术，能够帮助用户执行各种任务，如查询信息、控制智能家居设备等。
--------------------------------------------------------------------------------
Document 2:

20 世纪 70 年代，专家系统的概念开始出现。专家系统是一种基于规则的人工智能系统，它模拟人类专家的决策过程，能够在特定领域内给出相对专业的建议。MYCIN 是当时最著名的专家系统之一，它可以帮助医生诊断细菌感染并推荐治疗方案。虽然 MYCIN 非常成功，但这些早期系统的局限性也显现出来：它们依赖于预先定义的规则和知识库，一旦遇到超出范围的问题就难以应对。
--------------------------------------------------------------------------------
Document 3:

金融科技：在金融领域，人工智能被广泛地用于风险评估、欺诈检测和智能投顾服务。通过分析用户的财务行为，人工智能能够提供个性化的投资建议和风险控制。
智能制造：人工智能推动了制造业的自动化和智能化。通过机器学习和工业机器人，制造流程变得更加高效且精确，大幅地提高了生产率。
```

可以发现通过重排后，和问题相关的两个文档被排到了第一和第二的位置。说明 Rerank 确实可以提高对相关文档的查找准确率。

9.8 智能体

智能体(Agent)是一种具备智能的系统，能够通过感知外部环境进行信息采集和分析，然后自主地做出决策，并通过行动与外界环境进行交互。这种能力使 Agent 在诸如自动化、机器人、智能系统等领域具有广泛的应用，然而，尽管当今的大语言模型已经展现出了极高的智能水平，尤其在语言处理、知识推理等方面表现出色，但它们的一个显著局限性在于，其本质上只能输出文本内容，简单来讲，它们只能生成一系列的词汇或句子，而无法直接与真实世界中的环境产生物理或实际的互动。

换句话说，当前的大语言模型虽然具备丰富的知识和强大的推理能力，但它们与环境之间的关系仍然是间接的，被动的。它们只能根据输入的文本信息生成输出，无法主动地感知外部环境，更无法像真正的智能体那样通过执行实际的行动与外部世界进行互动，例如，尽管大语言模型可以回答关于如何使用某个软件的详细步骤，但它无法真正打开该软件并进行操作，因此其应用的范围在一定程度上受到限制。

然而，为了克服这一限制，研究人员提出了一个创新的解决方案，即为大语言模型定义和提供工具(Tools)。通过这些工具，大语言模型可以超越其原本的文本输出能力，借助工具与外界环境进行交互。这意味着，语言模型不再局限于被动响应用户的文本输入，而是能够在适当的场景下主动调用各种外部工具，执行具体的任务，例如，可以为模型定义访问数据库的工具、与 API 交互的工具，甚至是控制机器人执行任务的接口。

这种方式赋予了大语言模型真正成为 Agent 的能力，使其不仅能"思考"和"推理"，还能"行动"。它可以通过工具获取外部信息，处理任务，甚至可以在环境中进行决策并采取行动。这种能力的提升使大语言模型的应用场景大大扩展，从最初的语言处理领域，扩展到更多的行业和任务，例如，在自动化客服系统中，Agent 能够理解用户的需求，并通过调用适当的工具帮助用户解决问题，例如下单、信息检索、远程故障诊断等。再如，在智能家居领域，Agent 可以通过接入物联网设备，帮助用户管理家中的各种电器和设施，实现更加智能化的生活体验。

实际上，给大语言模型定义工具并让其成为 Agent，不仅增强了它的功能，还极大地提高了它的自主性和灵活性，例如，在金融分析场景中，Agent 可以自主地从多个数据源获取最新的市场信息，分析趋势，帮助用户进行投资决策；在医疗领域，Agent 可以根据病人的病史数据与医学文献，协助医生给出诊断建议，甚至可以通过与医疗设备的集成，帮助进行远程监控和诊疗。这种多工具、多场景的结合，开创了人工智能与现实世界深度融合的新模式。

通过引入工具与环境交互的能力，Agent 使大语言模型不仅具备了语言理解和生成能力，还能够在外部环境中执行任务，真正成为智能化的"决策者"和"执行者"。这一变革带来的不仅是模型能力的提升，更是整个智能系统应用领域的革命。它改变了我们与 AI 系统互动的方式，未来可能将有越来越多的复杂任务可以通过这种智能体来完成，例如，自动驾驶汽车可以通过 Agent 与周围的交通环境进行持续交互，智能制造业中的工业机器人也能够通过 Agent 系统实现自主决策和协同作业。

通过为大语言模型定义工具并赋予其与外部环境交互的能力，可以将大语言模型提升为一个真正的 Agent。这种转变极大地扩展了语言模型的应用范围，使其不再仅仅局限于生成文本，而是能够直接参与到各种复杂的实际任务中，成为各行各业中不可或缺的智能助手。随着技术的不断进步，Agent 的能力将变得更加完善和强大，推动我们进入一个全新的智能时代。

9.8.1　创建第 1 个智能体

大模型的一大局限是没有办法获取实时最新的信息，例如天气预报。可以通过让大模型使用搜索引擎这一工具来弥补这一缺陷。

LangChain 官方建议使用 langgraph 来创建 Agent。首先需要安装 langgraph，命令如下：

```
pip install -U langgraph langsmith
```

首先，利用 langgraph 创建一个基本的聊天机器人，它还不会使用工具。通过这个例子可以了解 langgraph 的一些基本概念。

首先需要创建一种状态图(State Graph)对象，可以想象它将聊天机器人定义成一种状态机,其中,大语言模型和供大模型使用的工具是状态机里的节点,而其中的边表示聊天机器人如何在节点间转化状态。同时需要定义一个表示状态的类,代码如下:

```
//Chapter9/Agent.ipynb
from typing import Annotated

from typing_extensions import TypedDict

from langgraph.graph import StateGraph, START, END
from langgraph.graph.message import add_messages


class State(TypedDict):
    #messages 的类型为 list
    #messages 通过 add_messages 方法来进行更新
    messages: Annotated[list, add_messages]


graph_builder = StateGraph(State)
```

自定义的 State 是一个明确类型的字典。它只有一个 key,为 messages,其中 messages 加了注解,说明了它的类型和更新方法。如果一个 key 没有注解,则默认的更新策略为直接覆盖。

在聊天机器人的状态机里每个节点都会接收当前的状态作为输入,返回消息列表来更新当前的状态,而且节点返回的消息列表会被追加到当前状态的消息列表后边。

接下来创建一个聊天机器人节点,代码如下:

```
import getpass
import os
from langchain_openai import ChatOpenAI

os.environ["OPENAI_API_KEY"] = getpass.getpass()
llm = ChatOpenAI(temperature=0)

def chatbot(state: State):
    return {"messages": [llm.invoke(state["messages"])]}

#第 1 个参数必须是全局唯一的节点名
#第 2 个参数是这个节点可调用的一种方法或者对象
graph_builder.add_node("chatbot", chatbot)
```

可以看到创建的聊天机器人节点指向一个 Python 的方法,它接收当前状态,并且返回一个可以更新当前状态的变量。返回的变量是一个字典对象。字典里的 key 必须和定义的状态类里的 key 对应。返回的消息列表会被追加到当前状态的消息列表里。

langgraph 里已经有两个预定义的节点,即 START 和 END,分别代表一个 graph 的起始和结束节点。接下来将它们与刚定义的聊天机器人节点相连,代码如下:

```
graph_builder.add_edge(START, "chatbot")
graph_builder.add_edge("chatbot", END)
```

接下来利用 graph_builder 编译出一个可以执行的图,代码如下:

```
graph = graph_builder.compile()
```

然后可以通过可视化组件来呈现当前的图,代码如下:

```
from IPython.display import Image, display

display(Image(graph.get_graph().draw_mermaid_png()))
```

生成的执行图如图 9-5 所示。

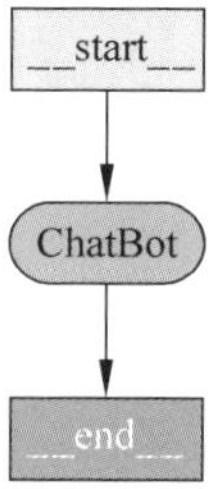

图 9-5 ChatBot 执行图

接下来尝试与这个聊天机器人进行对话,代码如下:

```
while True:
    user_input = input("用户: ")
    if user_input.lower() in ["quit", "exit", "q"]:
        print("再见!")
        break
    for event in graph.stream({"messages": ("user", user_input)}):
        for value in event.values():
            print("Assistant:", value["messages"][-1].content)
```

对话过程如下:

```
用户: 你好,我叫小明。
Assistant: 你好,小明!有什么可以帮助你的吗?
用户: 2231 乘以 3493 等于多少?
Assistant: 2231 乘以 3493 等于 7811183。
用户: 我叫什么名字?
Assistant: 您的名字是什么?
用户: quit
再见!
```

实际上 2231 乘以 3493 的答案是 7 792 883。可以看到目前的聊天机器人还不能正确地进行计算。也没有记忆,不能根据之前的聊天信息进行回答。

9.8.2 给智能体定义工具

下面定义计算工具,让聊天机器人可以利用计算工具进行加、减、乘、除计算,代码如下:

```
from langchain_core.pydantic_v1 import BaseModel, Field


class Calculation_input(BaseModel):
    op1: int = Field()
    op2: int = Field()
    pass


def calculate_sum(op1: int, op2: int) -> str:
    print("调用加法",op1,op2)
    return str(op1 + op2)


def calculate_mul(op1: int, op2: int) -> str:
    print("调用乘法", op1, op2)
    return str(op1 * op2)


def calculate_div(op1: int, op2: int) -> str:
    print("调用除法", op1, op2)
    return str(op1 / op2)


def calculate_sub(op1: int, op2: int) -> str:
    print("调用减法", op1, op2)
    return str(op1 - op2)


sum_tool = StructuredTool(
    name='calculate_sum',
    func=calculate_sum,
    description="计算两个数的和",
    args_schema=Calculation_input,
)
mul_tool = StructuredTool(
    name='calculate_mul',
    func=calculate_mul,
    description="计算两个数的积",
    args_schema=Calculation_input,
)
sub_tool = StructuredTool(
    name='calculate_sub',
    func=calculate_sub,
```

```
    description="计算两个数的差",
    args_schema=Calculation_input,
)
div_tool = StructuredTool(
    name='calculate_div',
    func=calculate_div,
    description="计算两个数的商",
    args_schema=Calculation_input,
)
tools = [sum_tool,mul_tool,div_tool,sub_tool]
llm_with_tools = llm.bind_tools(tools)
```

接着定义 Graph，代码如下：

```
graph_builder = StateGraph(State)
def chatbot(state: State):
    return {"messages": [llm_with_tools.invoke(state["messages"])]}

#添加 chatbot 节点
graph_builder.add_node("chatbot", chatbot)
```

接着定义一个工具节点，代码如下：

```
import json
from langchain_core.messages import ToolMessage


class BasicToolNode:
    """一个节点，它执行最后一条 AIMessage 里运行 tools 的请求。"""

    def __init__(self, tools: list) -> None:
        self.tools_by_name = {tool.name: tool for tool in tools}

    def __call__(self, inputs: dict):
        if messages := inputs.get("messages", []):
            message = messages[-1]
        else:
            raise ValueError("No message found in input")
        outputs = []
        for tool_call in message.tool_calls:
            tool_result = self.tools_by_name[tool_call["name"]].invoke(
                tool_call["args"]
            )
            outputs.append(
                ToolMessage(
                    content=json.dumps(tool_result),
                    name=tool_call["name"],
                    tool_call_id=tool_call["id"],
                )
```

```
        )
        return {"messages": outputs}

#创建 tools 节点,并添加进 graph
tool_node = BasicToolNode(tools=tools)
graph_builder.add_node("tools", tool_node)
```

下边定义一个关键的条件判断的边。它根据 chatbot 输出的 message,判断是调用工具还是由大模型直接回答,并结束本轮对话,代码如下:

```
from typing import Literal


def route_tools(
    state: State,
) -> Literal["tools", "__end__"]:
    """
    利用 conditional_edge 来根据最有一条消息进行路由
    如果有调用工具的命令,则路由到 ToolNode 节点
    否则,路由到 end 节点
    """
    if isinstance(state, list):
        ai_message = state[-1]
    elif messages := state.get("messages", []):
        ai_message = messages[-1]
    else:
        raise ValueError(f"No messages found in input state to tool_edge: {state}")
    if hasattr(ai_message, "tool_calls") and len(ai_message.tool_calls) > 0:
        return "tools"
    return "__end__"


#agent 的主循环
#如果 chatbot 要求使用工具,则 route_tools 返回 tools,最终路由到 tools 节点
#如果 chatbot 可以直接回答问题,则直接回答,并返回__end__,最终路由到 end 节点
graph_builder.add_conditional_edges(
    "chatbot",
    route_tools,
    #定义路由结果与 node 的对应关系
    {"tools": "tools", "__end__": "__end__"},
)
#调用 tools 后返回 chatbot 来判断下一步
graph_builder.add_edge("tools", "chatbot")
graph_builder.add_edge(START, "chatbot")
graph = graph_builder.compile()
```

展示目前构建的图结构，代码如下：

```
display(Image(graph.get_graph().draw_mermaid_png()))
```

聊天机器人使用工具的执行图如图 9-6 所示。

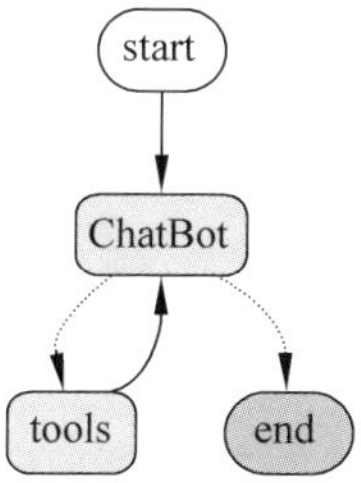

图 9-6　ChatBot 使用工具执行图

聊天机器人连出的两条虚线代表一个条件判断。接下来调用这个聊天机器人，尝试它是否可以调用工具，正确地进行加、减、乘、除运算，代码如下：

```
from langchain_core.messages import AIMessage
while True:
    user_input = input("User: ")
    if user_input.lower() in ["quit", "exit", "q"]:
        print("Goodbye!")
        break
    for event in graph.stream({"messages": [("user", user_input)]}):
        for value in event.values():
            if isinstance (value["messages"][-1], AIMessage) and len (value
["messages"][-1].tool_calls) == 0:
                print("Assistant:", value["messages"][-1].content)
```

对话信息如下：

```
User: 2231 乘以 3493 等于多少?
调用乘法 2231 3493
Assistant: 2231 乘以 3493 等于 7792883。
User: 234 乘以 341 的结果再加上 234,最终等于多少?
调用乘法 234 341
调用加法 79794 234
Assistant: 234 乘以 341 的结果再加上 234 等于 80,028。
User: quit
Goodbye!
```

可以看到，这次通过调用工具，chatbot 给出了正确的计算结果，并且对于第 2 个问题，大模型判断要循环调用两次工具，最终返回结果。证明 chatbot 和 tools 之间的循环可以正常工作。

9.8.3 智能体使用工具的原理

大家可能会好奇智能体是怎样决定使用工具还是返回最终答案,这一节我们就自己动手来实现这个调用循环。

首先智能体在调用工具解决问题时遵循一种叫作 ReAct 的模式。它的含义是推理(Reason)和 Act(行动)的结合,如图 9-7 所示。

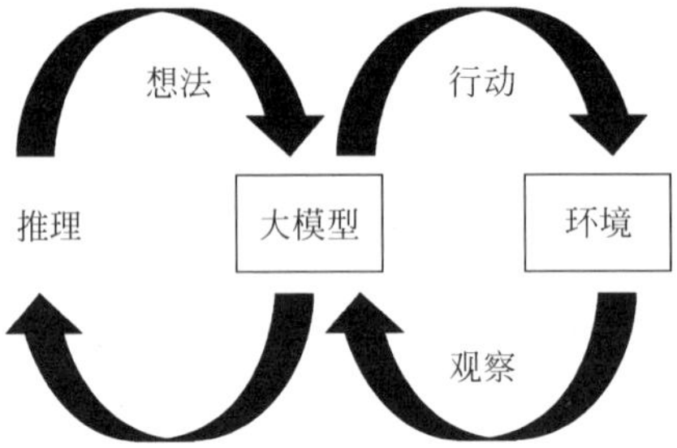

图 9-7 ReAct 模式

首先定义大模型,代码如下:

```
import getpass
import os
import json
from langchain_core.messages import HumanMessage, SystemMessage, AIMessage

from langchain_core.output_parsers import StrOutputParser
os.environ["OPENAI_API_KEY"] = getpass.getpass()
from langchain_openai import ChatOpenAI
llm = ChatOpenAI(model="gpt-4o-mini",temperature=0)
```

接着定义工具,代码如下:

```
def calculate_sum(op1: float, op2: float) -> float:
    print("调用加法", op1, op2)
    return str(op1 + op2)


def calculate_mul(op1: float, op2: float) -> float:
    print("调用乘法", op1, op2)
    return str(op1 * op2)


def calculate_div(op1: float, op2: float) -> float:
    print("调用除法", op1, op2)
    return str(op1 / op2)


def calculate_sub(op1: float, op2: float) -> float:
```

```
    print("调用减法", op1, op2)
    return str(op1 - op2)


tools = {
    "加法器": calculate_sum,
    "减法器": calculate_sub,
    "乘法器": calculate_mul,
    "除法器": calculate_div
}
```

下边是关键，通过一个精心设计的提示词，让大模型可以进入 ReAct 循环，提示词如下：

```
system_prompt = """
尽可能地帮助用户解决问题。在解决问题的过程中可以使用下边的工具:

加法器：可以对两个数字进行加法运算
输入为 JSON 格式：{"op1":<操作数 1>,"op2":<操作数 2>}
返回值：计算结果

减法器：可以对两个数字进行减法运算
输入为 JSON 格式：{"op1":<操作数 1>,"op2":<操作数 2>}
返回值：计算结果

乘法器：可以对两个数字进行乘法运算
输入为 JSON 格式：{"op1":<操作数 1>,"op2":<操作数 2>}
返回值：计算结果

除法器：可以对两个数字进行除法运算
输入为 JSON 格式：{"op1":<操作数 1>,"op2":<操作数 2>}
返回值：计算结果

使用下面的格式来解决问题:

Question: 你需要解决的问题

Thought: 你下一步做什么的想法

Action: 选择调用的工具，必须为[加法器,减法器,乘法器,除法器]中之一。

Action Input: 工具的输入

(注意：每次给出工具的输入后,结束输出。外部工具执行给出执行结果后会进行下一次调用。)


Observation: 工具执行的结果
... (过程 Thought/Action/Action Input/Observation 会重复很多次)
```

```
Thought: 我知道最终答案了

Final Answer: 最终可以回答用户原始问题的答案

下边是一个例子:
Question: 234 乘以 345 再减去 232 等于多少?

Thought: 首先计算 234 乘以 345

Action: 乘法器

Action Input: {{"op1":234,"op2":345}}

Observation: 80730

Thought: 接着计算 80730 减去 232

Action: 减法器

Action Input: {{"op1":80730,"op2":232}}

Observation: 80498

Thought: 我知道最终答案了

Final Answer: 最终答案为 80498
"""
user_template = """

开始!

Question: {question}
"""
```

下边定义一个 Agent 类,它通过一个大模型和一组工具来构造。可以接收用户的问题,自己规划并决定执行过程,代码如下:

```
class Agent:
    def __init__(self, model, tools):
        self.model = model
        self.tools = tools
        self.messages = []
        self.messages.append(SystemMessage(content=system_prompt))
        self.parser = StrOutputParser()
        self.chain = self.model | self.parser

    def call_tool(self, msg):
        start = msg.index("Action:") + len("Action:")
        end = msg.index("\n\nAction Input:")
```

```
        action = msg[start:end].strip()
        start = msg.index("{")
        end = msg.index("}")
        args = msg[start:end + 1]
        args = json.loads(args)
        result = self.tools[action](**args)
        return str(result)

    def __call__(self, user_msg):
        print(user_msg)
        msg = HumanMessage(content=user_template.format(question=user_msg))
        self.messages.append(msg)
        output = self.chain.invoke(self.messages)
        print(output)
        self.messages.append(AIMessage(content=output))
        if "Action" in output:
            tool_output = self.call_tool(output)
            return self.__call__("Observation:"+tool_output)
        else:
            return output
```

调用这个 agent 来进行尝试，代码如下：

```
agent = Agent(llm,tools)
output = agent("公司去年收入 323 万元，今年收入 344 万元，今年收入比去年提升了百分之
多少?")
```

得到的输出如下：

```
公司去年收入 323 万元，今年收入 344 万元，今年收入比去年提升了百分之多少?
Thought: 首先，我需要计算今年收入比去年收入的提升金额。

Action: 减法器

Action Input: {"op1":344,"op2":323}
调用减法 344 323
Observation:21
Thought: 现在我知道今年收入比去年提升了 21 万元。接下来，我需要计算这个提升占去年收入
的百分比。
Action: 除法器

Action Input: {"op1":21,"op2":323}
调用除法 21 323
Observation:0.06501547987616099
Thought: 现在我知道提升的比例是 0.06501547987616099。接下来，我需要将这个比例转换为
百分比。

Action: 乘法器
```

```
Action Input: {"op1":0.06501547987616099,"op2":100}
调用乘法 0.06501547987616099 100
Observation:6.5015479876160995
Thought: 我已经计算出提升的百分比是 6.5015479876160995%。我可以将其四舍五入到两位小数。

Final Answer: 今年收入比去年提升了 6.50%。
```

9.8.4 给智能体增加记忆

调用一种状态图总是从开始节点到结束节点的。进行一次对话之后，保存历史消息的状态就会被清除，从而造成了智能体没有记忆。接下来就为智能体增加记忆。

langgraph 里通过 MemorySaver 来保存记忆，在进行 Graph 的 compile()时，传入一个 memory 对象，它会在对话间保存历史消息作为记忆，代码如下：

```
from langgraph.checkpoint.memory import MemorySaver

memory = MemorySaver()
graph = graph_builder.compile(checkpointer=memory)
```

在调用时，还需要设置一个配置对象。配置对象里通过 thread_id 来唯一标识当前的对话，代码如下：

```
config = {"configurable": {"thread_id": "1"}}
while True:
    user_input = input("User: ")
    if user_input.lower() in ["quit", "exit", "q"]:
        print("Goodbye!")
        break
    for value in graph.stream({"messages": [("user", user_input)]}, config,
stream_mode="values"):
        if isinstance(value["messages"][-1], AIMessage) and len(value
["messages"][-1].tool_calls) == 0:
            print("Assistant:", value["messages"][-1].content)
```

与修改后的聊天机器人进行对话，示例如下：

```
User: 你好，我叫小明，今年 24 岁。
Assistant: 你好，小明！祝贺你今年 24 岁。有什么问题或者需要帮助的吗？
User: 我的年龄的 23 倍是多少？
调用乘法 24×23
Assistant: 小明，你的年龄的 23 倍是 552 岁。有其他问题需要帮忙吗？
User: 我叫什么名字？
Assistant: 你告诉我你叫小明。你的名字是小明。有其他问题需要帮忙吗？
User: q
Goodbye!
```

接下来修改 thread_id，然后对聊天机器人进行问答，代码如下：

```
config = {"configurable": {"thread_id": "2"}}
while True:
    user_input = input("User: ")
    if user_input.lower() in ["quit", "exit", "q"]:
        print("Goodbye!")
        break
    for value in graph.stream({"messages": [("user", user_input)]}, config,
stream_mode="values"):
        if isinstance(value["messages"][-1], AIMessage) and len(value
["messages"][-1].tool_calls) == 0:
            print("Assistant:", value["messages"][-1].content)
```

可以发现因为 thread_id 被修改了，聊天机器人已经没有之前的记忆了。

```
User: 你好，我叫什么名字？
Assistant: 你好！很抱歉，我无法获取您的名字。您可以告诉我您的名字吗？
User: q
Goodbye!
```

接下来，将 thread_id 改回来，再进行测试，代码如下：

```
config = {"configurable": {"thread_id": "1"}}
while True:
    user_input = input("User: ")
    if user_input.lower() in ["quit", "exit", "q"]:
        print("Goodbye!")
        break
    for value in graph.stream({"messages": [("user", user_input)]}, config,
stream_mode="values"):
        if isinstance(value["messages"][-1], AIMessage) and len(value
["messages"][-1].tool_calls) == 0:
            print("Assistant:", value["messages"][-1].content)
```

可以看到，聊天机器人又恢复之前的记忆了，对话如下：

```
User: 你好，我叫什么名字？
Assistant: 你好，你告诉我你叫小明。你的名字是小明。有其他问题需要帮忙吗？
User: q
Goodbye!
```

9.8.5 人与智能体合作

由于大模型在某些情况下容易产生幻觉或错误理解，因此在面临关键决策时，完全依赖模型可能存在一定的风险。为了确保决策的准确性和可靠性，在某些重要决策做出之前，引入人类审核和确认环节显得尤为重要。通过这种“人类参与其中”的方式，可以有效地避免模型误判，确保系统在自动化执行任务的过程中，每个关键步骤都经过了人类的把关，从而提高整体的决策质量和安全性。这种结合人类判断的工作流不仅能增强系统的透明度,还能增强用户的信任感,特别是在涉及敏感或高风险领域的应用中,例如医疗、金融等行业,人的介入更是必不可少的保障。

LangChain 通过 interrupt_before 来支持人类参与智能体的循环中,代码如下:

```
graph = graph_builder.compile(
    checkpointer=memory,
    #在 tools 前增加中断
    interrupt_before=["tools"]
)
```

然后对 graph 进行一次调用,代码如下:

```
config = {"configurable": {"thread_id": "5"}}
user_input = "公司上半年收入是 3243 万元,下半年收入 3221 万元。公司全年成本 5020 万元,
请问公司全年利润是多少?"
events = graph.stream(
    {"messages": [("user", user_input)]}, config, stream_mode="values"
)
for event in events:
    if "messages" in event:
        event["messages"][-1].pretty_print()
```

输出如下:

```
============================ Human Message ==========================================

公司上半年收入是 3243 万元,下半年收入 3221 万元。公司全年成本 5020 万元,请问公司全年利
润是多少?
============================= Ai Message ============================================
Tool Calls:
  calculate_sum (call_8Wkm7RJx9mvtjG8WcmQyNbna)
Call ID: call_8Wkm7RJx9mvtjG8WcmQyNbna
  Args:
    op1: 3243
    op2: 3221
```

状态图在对加法工具调用前暂停了。通过检查调用工具的方法名和参数,确认没有问题。这时只需传入 None,便可以让状态图继续执行,代码如下:

```
events = graph.stream(None, config, stream_mode="values")
for event in events:
    if "messages" in event:
        event["messages"][-1].pretty_print()
```

可以看到接下来状态图继续执行,直到下一次调用工具之前,输出如下:

```
================================ Ai Message ==================================
Tool Calls:
  calculate_sum (call_8Wkm7RJx9mvtjG8WcmQyNbna)
Call ID: call_8Wkm7RJx9mvtjG8WcmQyNbna
  Args:
    op1: 3243
    op2: 3221
调用加法 3243 3221
================================ Tool Message =================================
Name: calculate_sum

"6464"
================================ Ai Message ==================================
Tool Calls:
  calculate_sub (call_PslHPzLrYfOGATN5J610Mnlw)
Call ID: call_PslHPzLrYfOGATN5J610Mnlw
  Args:
    op1: 6464
    op2: 5020
```

经过检查,这次对工具的调用也没有问题,可以继续执行,代码如下:

```
events = graph.stream(None, config, stream_mode="values")
for event in events:
    if "messages" in event:
        event["messages"][-1].pretty_print()
```

输出如下:

```
================================ Ai Message ==================================
Tool Calls:
  calculate_sub (call_PslHPzLrYfOGATN5J610Mnlw)
Call ID: call_PslHPzLrYfOGATN5J610Mnlw
  Args:
    op1: 6464
    op2: 5020
调用减法 6464 5020
================================ Tool Message =================================
Name: calculate_sub

"1444"
================================ Ai Message ==================================

公司全年利润是 1444 万元。
```

在人类参与到整个状态图的运行循环中,在调用工具前进行确认,最终得到正确的结果。在上边的例子里,用户可以中断状态图的执行,检查中间过程是否正确。如果发现大模型生成内容不正确,则可以通过对状态的修改来进行修正,代码如下:

```
config = {"configurable": {"thread_id": "7"}}
user_input = "公司去年收入是 3243 万元，今年收入是 3521 万元。公司今年收入比去年提升了
百分之多少?"
events = graph.stream(
    {"messages": [("user", user_input)]}, config, stream_mode="values"
)
for event in events:
    if "messages" in event:
        event["messages"][-1].pretty_print()
```

输出如下：

```
================================ Human Message =================================

公司去年收入是 3243 万元，今年收入是 3521 万元。公司今年收入比去年提升了百分之多少?
================================== Ai Message ==================================
Tool Calls:
  calculate_sub (call_rK9eAl3YAoyxsfb7oS3Dc9q2)
 Call ID: call_rK9eAl3YAoyxsfb7oS3Dc9q2
  Args:
    op1: 3521
    op2: 3243
```

可以看到，按照大模型的计划，应该是(3521－3243)/3243。在这里可以进行修改，改变大模型的计划。用 3521÷3243－1 来计算，所以先进行除法计算，代码如下：

```
snapshot = graph.get_state(config)
existing_message = snapshot.values["messages"][-1]
existing_message.tool_calls[0]["name"]="calculate_div"
graph.update_state(config,{"messages":[existing_message]})
snapshot = graph.get_state(config)
existing_message = snapshot.values["messages"][-1]
existing_message.pretty_print()
```

通过代码对选择的工具进行更新，可以看到输出如下：

```
================================== Ai Message ==================================
Tool Calls:
  calculate_div (call_rK9eAl3YAoyxsfb7oS3Dc9q2)
 Call ID: call_rK9eAl3YAoyxsfb7oS3Dc9q2
  Args:
    op1: 3521
    op2: 3243
```

选择的工具已经从 calculate_sub 变为 calculate_div，然后继续运行 chatbot，看是否能正确地完成第 2 步的计算，代码如下：

```
events = graph.stream(None, config, stream_mode="values")
for event in events:
    if "messages" in event:
        event["messages"][-1].pretty_print()
```

输出如下：

```
================================ Ai Message ==================================
Tool Calls:
  calculate_div (call_rK9eAl3YAoyxsfb7oS3Dc9q2)
Call ID: call_rK9eAl3YAoyxsfb7oS3Dc9q2
  Args:
    op1: 3521
    op2: 3243
调用除法 3521 3243
================================ Tool Message ================================
Name: calculate_div

"1.085723095898859"
================================ Ai Message ==================================
Tool Calls:
  calculate_sub (call_YqZVrhcPh1th75WV8teODkiy)
Call ID: call_YqZVrhcPh1th75WV8teODkiy
  Args:
    op1: 1.085723095898859
    op2: 1
```

可以看到，大模型领会了新的意图，并在第 2 次调用工具时，正确地选择了减法。让聊天机器人继续运行下去，代码如下：

```
events = graph.stream(None, config, stream_mode="values")
for event in events:
    if "messages" in event:
        event["messages"][-1].pretty_print()
```

输出如下：

```
================================ Ai Message ==================================
Tool Calls:
  calculate_sub (call_YqZVrhcPh1th75WV8teODkiy)
Call ID: call_YqZVrhcPh1th75WV8teODkiy
  Args:
    op1: 1.085723095898859
    op2: 1
调用减法 1.085723095898859 1
================================ Tool Message ================================
Name: calculate_sub

"0.085723095898859"
```

```
=============================== Ai Message ===================================

公司今年收入比去年提升了约 8.57%。
```

9.8.6 多智能体协作

多智能体系统指的是一组能够相互交互并协作完成复杂任务的独立智能体。在这种系统中,智能体具备自主性,可以根据环境信息进行独立决策,并与其他智能体或环境进行交互。

大语言模型的引入为多智能体系统的研究和开发带来了新的突破。以斯坦福大学的研究为例,通过论文 *Generative Agents: Interactive Simulacra of Human Behavior* 研究者展示了如何使用大语言模型来赋予智能体自然语言理解与生成能力,使其能够表现出复杂的人类行为和社交能力。该研究构建了一个名为 Smallville 的虚拟小镇,25 个 AI 智能体在这个环境中生活,每个智能体都有独特的背景故事和个性,并能够与其他智能体及环境进行动态交互。

这些智能体的行为得益于大语言模型的语义理解能力,它们可以根据上下文理解场景并生成相应的语言和行动,例如,当某个智能体遇到火灾时,它会做出合理的反应,例如关闭火炉;在公共场所,它会遵守社交规则,例如等待他人使用浴室或与其他智能体进行闲聊。这种对细致场景的响应模拟了人类行为,展现了多智能体系统的潜力。

在 langgraph 中,可以方便地定义多智能体协作系统。以下以撰写文章为例,展示多智能体系统的工作能力。

在使用大模型时,最直接的方式是提供一个题目,让大模型自动生成整篇文章,然而,这种生成方式存在局限性:大模型通常从文章的开头逐字生成直至完成,无法进行回溯或修改。显然,这样的方式难以保证文章的高质量输出。

人类创作高质量文章的过程通常更复杂。首先,需要制定详细的大纲,然后进行资料查找,接着撰写初稿,并邀请他人审阅初稿并提出修改建议。作者根据反馈意见,进一步查找资料并修改文章。经过多次迭代修改,最终才能完成一篇优质的文章。

多智能体系统可以模拟这一人类创作的过程,通过不同的智能体协同工作,分别负责大纲制定、资料查找、草稿撰写、审阅反馈,从而有效地提高文章质量。

首先,通过直接让大模型生成一篇名为"中国的茶文化"的文章作为将来对比的基准,代码如下:

```
//Chapter9/Multi_Agent.ipynb
import getpass
import os
import json
from langchain_core.messages import HumanMessage, SystemMessage, AIMessage

from langchain_core.output_parsers import StrOutputParser
os.environ["OPENAI_API_KEY"] = getpass.getpass()
from langchain_openai import ChatOpenAI
```

```
llm = ChatOpenAI(model="gpt-4o-mini",temperature=0)

parser = StrOutputParser()
chain = llm | parser

output = chain.invoke("请以“中国的茶文化”为题,写一篇文章。")
output
```

大模型根据题目,一次性给出的输出如下:

```
中国的茶文化
中国是茶的故乡,茶文化源远流长,历经千年,形成了独特而丰富的文化内涵。茶不仅是一种饮品,更是一种生活方式和文化象征,承载着中国人民的智慧与情感。
一、茶的起源与发展
茶的历史可以追溯到公元前 2737 年,传说神农氏在尝百草时发现了茶叶的神奇功效。随着时间的推移,茶逐渐从一种药用植物演变为日常饮品。唐代是中国茶文化发展的重要时期,茶的饮用开始普及,陆羽的《茶经》成为茶文化的经典之作,系统地总结了茶的种植、制作和饮用方法。
宋代时,茶文化进一步繁荣,点茶法成为流行,文人雅士通过品茶抒发情感,茶道逐渐形成。明代以后,泡茶法取代了点茶法,茶叶的种类和制作工艺也日益丰富,绿茶、红茶、乌龙茶等各具特色的茶品相继问世。
二、茶的种类与特点
中国的茶叶种类繁多,主要分为六大类:绿茶、红茶、乌龙茶、白茶、黄茶和黑茶。每种茶都有其独特的风味和制作工艺。
绿茶:以其清新、爽口的特点受到广泛喜爱,如西湖龙井、碧螺春等。
红茶:因其发酵程度较高,口感醇厚,适合与牛奶搭配,代表性茶品有祁门红茶和大吉岭红茶。
乌龙茶:介于绿茶和红茶之间,具有独特的花香和果香,如铁观音和大红袍。
白茶:制作工艺简单,保留了茶叶的天然风味,代表有白毫银针和白牡丹。
黄茶:制作过程中的"闷黄"工艺使其口感独特,代表有君山银针。
黑茶:经过后发酵,口感醇厚,普洱茶是其代表。
三、茶道与品茶
茶道是中国茶文化的重要组成部分,强调的是一种心境和氛围。品茶不仅是为了享受茶的味道,更是一种修身养性的过程。在品茶时,茶者需要专注于茶的色、香、味,感受茶的变化与内涵。
茶道的仪式感也体现在茶具的选择与使用上。紫砂壶、瓷器、玻璃杯等不同的茶具能够影响茶的味道和体验。通过精心的泡茶过程,茶者与茶之间建立了一种深厚的情感联系。
四、茶文化的社会功能
茶文化在中国社会中扮演着重要角色。它不仅是待客的礼仪,更是人际交往的纽带。在家庭聚会、朋友相聚、商务洽谈中,茶都是不可或缺的元素。通过喝茶,人们可以增进感情、交流思想,营造和谐的氛围。
此外,茶文化还与中国的哲学、艺术、文学等领域密切相关。许多文人墨客以茶为题材,创作了大量诗词和散文,茶成为文化交流的重要载体。
五、结语
中国的茶文化是一种深厚的文化遗产,蕴含着丰富的历史和哲学思想。随着时代的发展,茶文化不仅在中国继续传承与发展,也逐渐走向世界,成为全球人们共同欣赏的文化符号。在快节奏的现代生活中,品一杯好茶,感受那份宁静与淡然,或许是对生活最好的诠释。
```

接下来让多智能体来协作完成这个任务,首先导入一些必要的包,代码如下:

```
from langgraph.checkpoint.memory import MemorySaver
from langgraph.graph import StateGraph, END
```

```
from typing import TypedDict, Annotated, List
import operator
from langchain_core.messages import AnyMessage, SystemMessage, HumanMessage
```

定义多个智能体之间进行沟通和同步的状态，代码如下：

```
class AgentState(TypedDict):
    title: str                    #文章题目
    outline: str                  #大纲
    draft: str                    #草稿
    critique: str                 #评价
    information: List[str]        #参考信息
    revision_number: int          #文章修改次数
    max_revisions: int            #文章最大修改次数
```

为不同智能体定义它们专属的 prompt，首先是制定提纲的智能体，代码如下：

```
outline_prompt="""你是一名经验丰富的编辑会根据用户的文章题目，拟定一个详细大纲，
并给每节用一句话说明应该描写什么具体内容。
"""
```

具体生成文章智能体的 prompt，它会根据题目、大纲及提供的参考信息来撰写文章，代码如下：

```
writer_prompt="""你是一名优秀的作家会根据提供的题目和大纲写出优秀的文章。
也可以严格地按照修改意见对文章进行修改。
你写的文章内容专业有深度，而且读起来非常有趣。
可以参考下边提供的信息来进行文章的撰写。
------------------
{information}
"""
```

提出修改意见智能体的 prompt，代码如下：

```
reflection_prompt="""你是一名优秀的编辑，可以对作家提交的文章提出专业的修改意见。
你的修改意见总是专业而且具体的。
"""
```

为大纲提供相关信息智能体的 prompt，它通过搜索引擎来查找相关信息，代码如下：

```
outline_search_prompt="""你是一名研究员，负责为撰写文章提供相关信息。
你根据下边提供的文章题目和文章大纲，利用搜索引擎来检索撰写文章需要的相关信息。
请生成 3 个不同的针对搜索引擎优化的查询。
"""
```

为修改意见提供相关信息智能体的 prompt，它通过搜索引擎来查找相关信息，代码如下：

```
critique_search_prompt="""你是一名研究员,负责为修改文章提供相关信息。
你根据下边提供的文章和修改意见,利用搜索引擎来检索改写需要的相关信息。
请生成 3 个不同的针对搜索引擎优化的查询。
"""
```

因为通过搜索引擎返回的信息为一个字符串的列表,所以定义一个类来让大模型生成规范的输出,代码如下:

```
from langchain_core.pydantic_v1 import BaseModel
class Queries(BaseModel):
    queries: List[str]
```

定义搜索引擎的工具,Tavily 是专门为配合大模型使用优化过的搜索引擎,代码如下:

```
from tavily import TavilyClient
import os
import getpass

os.environ["TAVILY_API_KEY"]=getpass.getpass()
tavily = TavilyClient(api_key=os.environ["TAVILY_API_KEY"])
```

定义每个节点,首先需要生成大纲的节点。它会更新状态里的 outline 信息,代码如下:

```
def outline_node(state: AgentState):
    content = "请为《{title}》生成文章大纲。"
    messages=[
        SystemMessage(content=outline_prompt),
        HumanMessage(content=content.format(title=state['title']))
    ]
    response = model.invoke(messages)
    return {"outline": response.content}
```

为生成文章提供检索信息的节点。它会更新状态里的 information 信息,代码如下:

```
def outline_search_node(state: AgentState):
    content = "文章题目:{title}\n\n 文章大纲:{outline}"
    queries = model.with_structured_output(Queries).invoke([
        SystemMessage(content=outline_search_prompt), HumanMessage(content=
content.format(title=state["title"],outline=s tate["outline"]))
    ])
    information = []
    for q in queries.queries:
        response = tavily.search(query=q, max_results=5)
        for r in response["results"]:
            information.append(r["content"])
    return {"information": information}
```

生成文章的节点，在生成文章后，将版本加 1。更新状态里的 revision_number 和 draft 信息，代码如下：

```
def write_node(state: AgentState):
    information = "\n\n".join(state["information"])
    content = """请写一篇文章：
    题目为{title}
    大纲为{outline}
    """
    messages = [
        SystemMessage(
            content=writer_prompt.format(information=information)
        ),
        HumanMessage(
              content = content. format (title = state [ " title "], outline = state
["outline"])
        )
    ]
    response = model.invoke(messages)
    return { " draft": response. content, " revision _number": state [ " revision_
number"]+1}
```

对文章生成评价的节点。它会更新状态里的 critique 信息，代码如下：

```
def reflection_node(state:AgentState):
    content = "请对下边的文章提出修改意见：{draft}"
    messages = [
        SystemMessage(content=reflection_prompt),
        HumanMessage(content=content.format(draft=state["draft"]))
    ]
    response = model.invoke(messages)
    return {"critique":response.content}
```

针对文章的评价，进行相关信息查找的节点会更新状态里的 information 信息，代码如下：

```
def critique_search_node(state:AgentState):
    content = """文章：{draft}
    修改意见：{critique}
    """
    queries = model.with_structured_output(Queries).invoke([
        SystemMessage(content=critique_search_prompt),
        HumanMessage(content=content.format(draft=state["draft"], critique=
state["critique"]))
    ])
    information = state['information'] or []
```

```
    for q in queries.queries:
        response = tavily.search(query=q, max_results=5)
        for r in response["results"]:
            information.append(r["content"])
    return {"information": information}
```

接下来还需要定义一个条件分支，用来根据当前修改的版本数判断是否到达终止条件，退出修改循环，代码如下：

```
def should_continue(state:AgentState):
    if state["revision_number"] > state["max_revisions"]:
        return END
    return "reflect"
```

最后，将这些基本元素连接起来，形成一个流程图，代码如下：

```
builder = StateGraph(AgentState)
#增加节点
builder.add_node("outline_node", outline_node)
builder.add_node("write_node",write_node)
builder.add_node("reflection_node", reflection_node)
builder.add_node("outline_search_node", outline_search_node)
builder.add_node("critique_search_node",critique_search_node)
#将生成大纲的节点作为起始节点
builder.set_entry_point("outline_node")
#增加条件边
builder.add_conditional_edges(
    "write_node",
    should_continue,
    {END:END,"reflect":"reflection_node"}
)
#连接各个节点
builder.add_edge("outline_node","outline_search_node")
builder.add_edge("outline_search_node","write_node")
builder.add_edge("reflection_node","critique_search_node")
builder.add_edge("critique_search_node","write_node")
```

通过编译生成一幅可执行的图，并进行可视化，代码如下：

```
memory = MemorySaver()
graph = builder.compile(checkpointer=memory)
from IPython.display import Image
Image(graph.get_graph().draw_png())
```

最终执行图如图 9-8 所示。

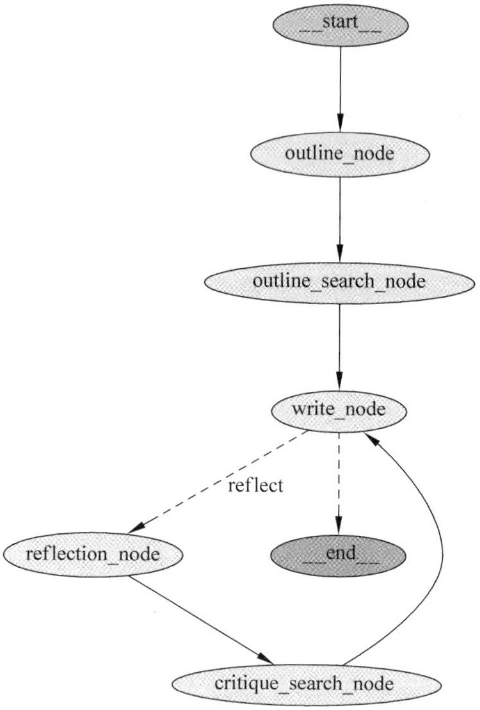

图 9-8　多智能体执行图

运行执行图,并打印每步的信息,代码如下:

```
config={"configurable":{"thread_id":"1"}}
events = graph.stream({
    'title': "中国的茶文化",
    'max_revisions':2,
    'revision_number':1
}, config)
for event in events:
    print(event)
```

第 1 步,生成大纲输出的信息如下:

```
文章大纲:中国的茶文化
一、引言
简要介绍茶在中国历史和文化中的重要性,阐明茶文化的广泛影响。
二、茶的起源与历史
描述茶的起源传说及其在中国历史上的发展,强调茶的早期使用和传播。
三、茶的种类
介绍中国主要的茶类(绿茶、红茶、乌龙茶、白茶、黄茶、普洱茶),并简述每种茶的特点和制作工艺。
四、茶的制作工艺
详细说明茶叶的采摘、加工和制作过程,强调不同茶类的独特工艺。
```

```
五、茶的饮用方式
探讨中国传统的饮茶习惯，包括茶具的选择、泡茶的技巧和饮茶的礼仪。
六、茶与中国哲学
分析茶文化与道家、儒家等中国传统哲学的关系，探讨茶在修身养性中的作用。
七、茶文化的社会功能
讨论茶在社交、待客和家庭聚会中的重要性，强调其促进人际关系的作用。
八、茶文化的艺术表现
介绍茶在文学、绘画、音乐等艺术形式中的表现，展示茶文化的多样性。
九、现代茶文化的变迁
探讨现代社会中茶文化的演变，包括茶馆的兴起和茶饮品的创新。
十、结论
总结中国茶文化的独特性和持久影响，展望其未来的发展趋势。
```

第 2 步，通过搜索引擎，获取相关信息如下：

```
['"中国茶史"的起源，到目前为止仍是众说纷纭，争议未定，大致说来，有先秦说、西汉说、三国说。茶以文化面貌出现，是在两晋北朝，最早喜好饮茶的多是文人雅士。…… 中国是茶的故乡，经过漫长的历史跋涉，现在茶已经在全世界扎下了根，茶叶已经成为 ……', '中国茶史的起源，众说纷纭，有先秦说、西汉说、三国说等。茶以文化面貌出现，是在两晋北朝时期，最早喜好饮茶的多是文人雅士。唐代开元以后，中国的"茶道"大行，饮茶之风弥漫朝野，宋承唐代饮茶之风，日益普及。茶圣陆羽著有《茶经》一书。《神农本草经》亦有记载关于茶这方面的知识。', '中国茶的起源与历史引语：从远古时代的神农尝百草集至今日，现代人对茶的需求越来越广泛。饮茶“以茶敬客”也成为生活中最常见的待客礼仪。1.起源：古人传说始于黄帝时代，在《神农本草经》中说，神农尝百草，日……', '茶起源于中国，盛行于世界。…… 一千多年来，茶从中国走向世界，融入各国人民的生活，不同的文化因素也丰富了中国茶文化的内容。以茶为媒，交融互鉴，茶是承载历史和文化的"中国名片"。本展览汇集国内外 30 余家考古文博单位的藏品，以展示茶文化数 ……', '以茶为道给大家整理了一些关于茶叶起源和发展的文章资料，给大家把茶叶的发展历史简单的进行了梳理，希望可以让大家对中国茶文化有一个初步的认知。中国是茶的故乡，是世界上最早发现茶和利用茶的国家，任何国家都不能否认中国是茶道宗主国的地位 ……', '中国茶叶的分类方法较多，可以按照产区、季节、销路和制作工艺来分类，目前被国内外茶界人士普遍接受的“六大茶类”的分类方法。这种分类方式，是陈椽教授以茶叶加工方式进行分类的方式，即是以加工方式的不同来分类，分为绿茶、白茶、黄茶……', '绿茶是中国的主要茶类之一，是指采取茶树的新叶或芽，未经发酵，经杀青、整型、烘干等工艺而制作的饮品。其制成品的色泽和冲泡后的茶汤较多地保存了鲜茶叶的绿色格调，较多地保留了鲜叶内的天然物质，其中茶多酚咖啡因保留鲜叶的 85%以上，叶绿素保留 50%左右，维生素损失也较少。', '铁观音(青茶) 三、六大茶类的品质特点. 1.绿茶的品质特点："清汤绿叶"绿茶的制作工艺为鲜叶-摊凉-杀青-揉捻-干燥，茶的鲜叶经过高温杀青后，制止了酶促反应，使茶叶具有清香的同时，也能使叶绿素从叶绿体中解放出来，进而能够溶于茶汤，使其呈现出汤色碧绿、叶底嫩绿的特点。', '茶叶，这一片神奇的树叶，看似普通的绿叶能愈发美丽多彩，与茶叶的制作工艺息息相关。基本需要经过采青、萎凋、杀青、揉捻、干燥等过程才成为成品茶。根据工艺的不同，可分为六大类茶叶，接下来“小茶控”就一一剖析这六大茶类的工艺和分类！', '中国作为产茶大国，各地各类名茶比比皆是。为了便于识别茶叶的品质特点，根据加工方式和发酵程度的不同，现一般习惯将茶叶分为六大类：绿茶(green tea)、红茶(black tea). 乌龙茶(青茶)(oolong tea)、白茶(white tea). 黄茶(yellow tea)、黑茶(dark tea ……', '中国茶文化的经过漫长历史的发展和积淀，兼收并蓄，多种思想融入其中，融儒、释、道诸派思想于一体，不断补充和融合，从而形成了广博的中国茶文化。…… 论佛教与唐宋茶文化[J]. 青海师范大学学报(哲学社会科学版)，2013,35(06): 44-48 …… 茶与佛教文化的关系 ……', '【李靖】从茶文化看中国人的人生哲学-哲学中国网 社科网首页|客户端|官方微博|报刊投稿|邮箱 中国社会科学网 本站首页 哲学总论 哲学通史 哲学流派 分支学科 交叉研究 新兴领域 通俗读物 爱好者说 学者介绍 学者文集 学者访谈 中国社会科学院 预告公告 新闻动态 回顾反思 书评书讯 学术批评 观点争鸣 哲学社团 学术刊物 教
```

研机构 哲学教育 现实关切 资源共享 哲学研究所入口 通俗读物 通俗读物 当前位置：首页>>通俗读物>>通俗读物【李靖】从茶文化看中国人的人生哲学 茶是一种文化同时也是一种哲学。在中国茶，已经超越了自身固有的物质领域迈入一个精神领域，成为一种修养，一种人格力量，一种境界。中国人通过品茶陶冶情操、修身养性，思想升华到富有哲理的境界。品饮与思想相辅相成，缺一不可，成为茶道的必要条件，构成茶文化的最高层次，成为茶文化的核心内容。中国是茶叶的故乡，也是世界上最早发现茶树和利用茶叶的文明古国。据传远在四千七百多年前的神农氏时期，我们的祖先就已经发现茶的药用价值。后来，茶逐渐演化为人们日常生活的饮料，有"粗茶淡饭""开门七件事，柴米油盐酱醋茶"之俗语。今天，茶已成为"国饮"，可见茶不仅历史悠久，而且它与人们日常生活关系也非常密切。悠久的饮茶习惯渐渐形成了内涵丰富的茶文化，而这茶文化中又渗透着中国人神奇的处世哲学。茶文化中的哲学 统治者哲学。茶是汉唐时期逐步发展起来的重要饮料，自中唐以后，随着茶叶消费的普及，人们对茶叶的需求日益增大，茶叶商品市场活跃，利润丰厚，所以，自唐代开始征收茶税，以殷国库，以后茶税便成了历朝历代财政收入的重要来源之一。自唐代之后，茶税作为一种专税，历代相承，从无间断。成为国家除盐铁税外的又一固定税收。饮茶者的哲学。中国人饮茶，讲究品位、讲究意境，更讲究心情。品茶者最能领悟可使身心获得放松与健康的饮茶真谛。在茶从药用、祭祀、食用，发展到饮用，茶从物质形态，升华到精神内涵。茶的每处变化，每个阶段，无不留下了中国古代社会文化、政治、经济的烙印。历朝历代的帝王将相、文人墨客、庶民百姓都能在茶中体会人生真趣。中国人把饮茶表现为茶礼、茶俗、茶艺等形式。"客来敬茶"是我国传统的待客礼仪，无论南北，不分民族。给上门的客人敬上一杯香茶，是最基本的待客礼节了。茶又是一种文化形式的物质载体，它在人们的生活习惯、风俗礼仪中占有相当重要的地位，可以说是婚、丧、嫁、娶无处不在。特别集中体现在各民族的婚俗礼仪中，在佛教的祭祀仪式中等。不同地区、不同民族有着异彩纷呈的饮茶习俗，历代饮茶的方式、饮茶的艺术，美不胜收。人们的饮茶过程一步一步被赋予越来越丰富的价值观、审美观等思想内容，中国人平和、内敛，强调个人内心修养的性格，与品茶需要的平和宁静的心态相符。茶艺与茶道的最高境界又总是与悠闲、安静、从容等生命状态联系在一起，成为一种文化载体，形成最高层次的茶文化。茶道中体现的哲学。茶艺和茶道精神，是中国茶文化的核心，是一种由物质载体升华出来的精神。在博大精深的中国茶文化中，茶道是茶文化的精神内涵部分，在品茗的过程中体悟儒释道的思想从而陶冶情操、修身养性，把思想升华到富有哲理的境界，从而形成了独特的茶文化。在历史长河的演进中，涵盖了茶道、茶礼、茶艺、茶仪、茶宴及关联的茶诗、茶词、茶曲、茶歌、茶舞、茶画、茶书茶室（建筑和布饰）、茶器、茶工艺品、文学、戏曲等在内的人文学、审美学的文化体系。茶道的重点在"道"的人文精神，茶艺的重点在"艺"的习茶审美艺术。人们习茶品茶旨在通过茶艺作为媒介已达到修身养性、参悟大道。得到精神享受，是一种心灵的契合，一种自我超脱的态度。日本茶道——和、敬、清、寂。在日本，人们把茶艺最终发展成"茶道"，使之更具有精神内涵的是日本东山时期的著名茶人村田珠光，他把茶的精神与大和民族自身的精神特性结合起来，把中国佛教中禅宗思想引入用茶的修养之中，使茶道精神更具民族性和思想性。日本茶道的最终确立者千利休把几百年的饮茶技巧和精神加以总结和发展，创立了"陀茶道"，明确提出了"和、敬、清、寂"的茶道精神，从此日本茶道成为一种独立的完整的文化思想体系。可以看出，日本的茶道在形式上完全承袭了中国茶艺的艺术形式，而在内容上是深受中国茶文化和禅宗思想的影响。朝鲜茶礼——清、敬、和、乐。朝鲜人用茶注重礼，这是受中国茶文化中儒家的中庸思想"仁""礼"的影响，对茶中体现的礼的追求胜于对茶艺形式的追求，并形成"中正"的精神。茶在朝鲜最主要的应用范围就是宗教的祭祀仪式、宫廷的庆典仪式和民间婚丧嫁娶的仪式，茶在朝鲜成为一种礼仪的象征。中国茶道——廉、美、和、敬。中国茶道在历经千年茶史中历经世事，饱含了中国文化和中国茶的精髓。它内敛平和，决不招摇张扬。越是好茶，就越是内敛。平常的心态是种力量，它可以让人处事不惊，可以让人游刃有余，也可以让人持之以恒；如果再注入智慧，则可达到一种令人神往的"境界"。这种境界是时间、空间、自由、知己、理想、主见等，这种境界是茶的极致，也是精神的极致。在文人的眼里，茶不同于其他饮品，它是一种将感官和精神融合为一体的"圣物"，是一种精神的滋润物，是不死的文化精魂。喝茶本身就是一种平静的选择，只有在"静心"的状态下才能体味其中的奥妙。'……]

第 3 步，完成第 1 次的初稿如下：

中国的茶文化
一、引言
茶，作为中国的国饮，承载着悠久的历史和深厚的文化底蕴。自古以来，茶不仅是人们日常生活中不可或缺的饮品，更是文化交流、社交礼仪和哲学思考的重要载体。茶文化的广泛影响，渗透到中国人的生活方式、价值观念和艺术创作中，成为中华文化的重要组成部分。
二、茶的起源与历史
关于茶的起源，流传着许多美丽的传说。最为人熟知的是神农氏尝百草的故事，传说他在尝试各种植物时，偶然发现了茶的药用价值。随着时间的推移，茶逐渐演变为人们日常生活的饮品。茶的历史可以追溯到先秦时期，经过西汉、三国等多个历史阶段的发展，茶文化逐渐形成并传播开来。尤其是在两晋北朝时期，文人雅士开始喜爱饮茶，茶文化开始以其独特的文化面貌展现。
三、茶的种类
中国是茶的故乡，拥有丰富多样的茶类。根据加工工艺和发酵程度的不同，茶叶通常被分为六大类：绿茶、红茶、乌龙茶、白茶、黄茶和普洱茶。
绿茶：未经发酵，保留了鲜叶的绿色，制作工艺包括杀青、揉捻和干燥，茶汤清香，色泽碧绿。
红茶：全发酵茶，茶汤红亮，口感醇厚，常用于调配各种茶饮。
乌龙茶：半发酵茶，介于绿茶和红茶之间，具有独特的花香和果香。
白茶：轻微发酵，制作工艺简单，保留了茶叶的天然风味，口感清淡
黄茶：轻发酵茶，制作工艺独特，茶汤金黄，味道鲜爽。
普洱茶：后发酵茶，具有独特的陈香，随着时间的推移，口感愈加醇厚。
四、茶的制作工艺
茶叶的制作工艺是茶文化的重要组成部分。茶的制作过程通常包括采摘、萎凋、杀青、揉捻和干燥等步骤。不同茶类的制作工艺各具特色，例如，绿茶的鲜叶经过高温杀青，迅速制止酶促反应，保留了茶叶的绿色和鲜香，而红茶，则需要经过完全发酵，形成其独特的色泽和口感。每种茶的制作工艺都蕴含着丰富的文化内涵和地方特色。
五、茶的饮用方式
中国的饮茶习惯丰富多样，讲究茶具的选择、泡茶的技巧和饮茶的礼仪。传统的茶具包括紫砂壶、瓷器和玻璃器具等，泡茶时需注意水温、茶量和浸泡时间，以确保茶的最佳风味。在饮茶礼仪上，“客来敬茶”是中国传统的待客之道，体现了对客人的尊重和热情。
六、茶与中国哲学
茶文化与中国传统哲学有着密切的关系，尤其是道家和儒家思想。道家强调“天人合一”，饮茶成为一种修身养性的方式，而儒家则注重礼仪和中庸之道，茶在社交场合中扮演着重要角色。通过品茶，人们不仅能享受茶的美味，更能在宁静中反思自我，提升内心的修养。
七、茶文化的社会功能
茶在中国社会中扮演着重要的角色，尤其是在社交、待客和家庭聚会中。无论是亲友相聚，还是商务洽谈，茶都成为沟通的桥梁，促进了人际关系的和谐。茶文化的社交功能使人们在轻松的氛围中交流思想，增进感情。
八、茶文化的艺术表现
茶文化不仅体现在饮用和社交中，还在文学、绘画、音乐等艺术形式中得到了广泛的表现。许多文人墨客以茶为题材创作诗词，描绘茶的清香与雅致；茶道的仪式感也常常成为绘画作品中的主题，展现了茶文化的多样性和深邃的内涵。
九、现代茶文化的变迁
随着社会的发展，现代茶文化也在不断演变。茶馆的兴起为人们提供了一个休闲和社交的场所，茶饮品的创新则吸引了更多年轻人的关注。现代茶文化不仅保留了传统的精髓，还融入了新的元素，展现出更加多元化的面貌。
十、结论
中国的茶文化以其独特性和深远影响，成为中华文化的重要组成部分。它不仅是人们日常生活中的饮品，更是文化交流、社交礼仪和哲学思考的载体。展望未来，茶文化将继续在全球范围内传播与发展，成为连接不同文化的重要桥梁。

接下来进入对文章提出修改意见的环节，得到的修改意见如下：

```
这篇文章对中国茶文化进行了全面而深入的探讨，结构清晰，内容丰富。以下是一些具体的修改意见，以进一步提升文章的质量：
一、引言
1. 增强吸引力：引言部分可以增加一些引人入胜的事实或数据，例如茶在中国的消费量或茶文化的国际影响力，以吸引读者的注意。
2. 简化句子：可以考虑将“茶不仅是人们日常生活中不可或缺的饮品，更是文化交流、社交礼仪和哲学思考的重要载体”简化为“茶不仅是日常饮品，也是文化交流和社交礼仪的重要载体”。
二、茶的起源与历史
1. 增加时间线：可以在历史部分增加一个简短的时间线，帮助读者更好地理解茶文化的发展脉络。
2. 引用文献：如果有相关的历史文献或考古发现，则可以引用以增强论据的权威性。
三、茶的种类
1. 增加细节：在每种茶的描述中，可以增加一些具体的产地或著名品牌，以便读者更好地理解每种茶的独特性。
2. 图表或插图：考虑添加一张茶类的图表或插图，以视觉化的方式帮助读者理解不同茶类的特点。
四、茶的制作工艺
1. 分段清晰：可以将制作工艺的每个步骤分成小段落，详细描述每个步骤的具体操作和其对茶叶品质的影响。
2. 增加文化背景：可以提及不同地区的茶叶制作工艺差异，反映地方文化的多样性。
五、茶的饮用方式
1. 具体实例：可以增加一些具体的饮茶场景或习俗，例如“工夫茶”或“茶艺表演”，以丰富内容。
2. 礼仪细节：可以详细描述一些常见的饮茶礼仪，例如如何敬茶、如何品茶等。
六、茶与中国哲学
1. 引用经典：可以引用一些经典的哲学著作或名言，以增强论述的深度。
2. 扩展讨论：可以讨论茶文化如何影响现代人的生活方式和价值观。
七、茶文化的社会功能
1. 案例分析：可以增加一些具体的案例或故事，展示茶在社交场合中的实际应用。
2. 数据支持：如果有相关的调查数据，则可以引用以支持茶文化在社交中的重要性。
八、茶文化的艺术表现
1. 具体作品：可以提及一些著名的文学作品或艺术作品，展示茶文化在艺术中的具体表现。
2. 多样性讨论：可以讨论不同艺术形式中茶文化的表现差异，例如在诗词与绘画中的不同表现手法。
九、现代茶文化的变迁
1. 趋势分析：可以分析现代茶文化的趋势，例如健康饮品的兴起或茶饮品牌的创新。
2. 年轻人参与：可以讨论年轻人如何重新定义茶文化，增加一些相关的社会现象。
十、结论
1. 展望未来：可以在结论中增加对未来茶文化发展的展望，例如如何在全球化背景下保持其独特性。
2. 呼吁行动：可以呼吁读者参与茶文化的传播与保护，增强文章的号召力。
总体而言，文章内容丰富，结构合理，以上建议旨在进一步提升其深度和吸引力。希望这些修改意见对你有所帮助！
```

针对修改意见进行检索的结果如下：

```
['"中国茶史"的起源，到目前为止仍是众说纷纭，争议未定，大致说来，有先秦说、西汉说、三国说。茶以文化面貌出现，是在两晋北朝，最早喜好饮茶的多是文人雅士。……中国是茶的故乡，经过漫长的历史跋涉，现在茶已经在全世界扎下了根，茶叶已经成为 ……', '中国茶史的起源，众说纷纭，有先秦说、西汉说、三国说等。茶以文化面貌出现，是在两晋北朝时期，最早喜好饮茶的多是文人雅士。
```

唐代开元以后，中国的"茶道"大行，饮茶之风弥漫朝野，宋承唐代饮茶之风，日益普及。茶圣陆羽著有《茶经》一书。《神农本草经》亦有记载关于茶这方面的知识。'，'中国茶的起源与历史引语：从远古时代的神农尝百草集至今日，现代人对茶的需求越来越广泛。饮茶"以茶敬客"也成为生活中最常见的待客礼仪。1.起源：古人传说始于黄帝时代，在《神农本草经》中说，神农尝百草，日……'，'茶起源于中国，盛行于世界。一千多年来，茶从中国走向世界，融入各国人民的生活，不同的文化因素也丰富了中国茶文化的内容。以茶为媒，交融互鉴，茶是承载历史和文化的"中国名片"。本展览汇集国内外 30 余家考古文博单位的藏品，以展示茶文化数 ……'，'以茶为道给大家整理了一些关于茶叶起源和发展的文章资料，给大家把茶叶的发展历史简单的进行了梳理，希望可以让大家对中国茶文化有一个初步的认知。中国是茶的故乡，是世界上最早发现茶和利用茶的国家，任何国家都不能否认中国是茶道宗主国的地位 ……'，'中国茶叶的分类方法较多，可以按照产区、季节、销路和制作工艺来分类，目前被国内外茶界人士普遍接受的"六大茶类"的分类方法。这种分类方式，是陈椽教授以茶叶加工方式进行分类的方式，即是以加工方式的不同来分类，分为 绿茶 、白茶 、黄茶 ……'，'绿茶 是中国的主要茶类之一，是指采取 茶树 的新叶或芽，未经发酵，经杀青、整型、烘干等工艺而制作的饮品。其制成品的色泽和冲泡后的茶汤较多的保存了鲜茶叶的绿色格调，较多地保留了 鲜叶 内的天然物质，其中 茶多酚 咖啡因 保留鲜叶的 85%以上，叶绿素 保留 50%左右，维生素损失也较少。'，'铁观音(青茶) 三、六大茶类的品质特点．1.绿茶的品质特点："清汤绿叶" 绿茶的制作工艺为鲜叶-摊凉-杀青-揉捻-干燥，茶的鲜叶经过高温杀青后，制止了酶促反应，使茶叶具有清香的同时，也能使叶绿素从叶绿体中解放出来，进而能够溶于茶汤，使其呈现出汤色碧绿、叶底嫩绿的特点。'，'茶叶，这一片神奇的树叶，看似普通的绿叶能愈发美丽多彩，与茶叶的制作工艺息息相关。基本需要经过采青、萎凋、杀青、揉捻、干燥等过程，才成为成品茶。根据工艺的不同，可分为六大类茶叶，接下来"小茶控"就一一剖析这六大茶类的工艺和分类!'，'中国作为产茶大国，各地各类名茶比比皆是。为了便于识别茶叶的品质特点，根据加工方式和发酵程度的不同，现一般习惯将茶叶分为六大类：绿茶(green tea)、红茶(black tea)．乌龙茶(青茶)(oolong tea)、白茶(white tea)．黄茶(yellow tea)、黑茶(dark tea ……'，'中国茶文化的经过漫长历史的发展和积淀，兼收并蓄，多种思想融入其中，融儒、释、道诸派思想于一体，不断补充和融合，从而形成了广博的中国茶文化。论佛教与唐宋茶文化[J]．青海师范大学学报(哲学社会科学版)，2013，35(06)：44-48 …… 茶与佛教文化的关系 ……'，…]

最终，根据修改意见和参考信息，得到最终的文章如下：

中国的茶文化
一、引言
茶，作为中国的国饮，承载着悠久的历史和深厚的文化底蕴。根据统计，中国的茶叶消费量在全球占据重要地位，茶文化的影响力也逐渐扩展到国际舞台。茶不仅是日常饮品，也是文化交流和社交礼仪的重要载体。它的广泛影响渗透到中国人的生活方式、价值观念和艺术创作中，成为中华文化的重要组成部分。
二、茶的起源与历史
关于茶的起源，流传着许多美丽的传说。最为人熟知的是神农氏尝百草的故事，传说他在尝试各种植物时，偶然发现了茶的药用价值。茶的历史可以追溯到先秦时期，经过西汉、三国等多个历史阶段的发展，茶文化逐渐形成并传播开来。尤其是在两晋北朝时期，文人雅士开始喜爱饮茶，茶文化开始以其独特的文化面貌展现。以下是茶文化发展的简要时间线：
先秦时期：茶的初步发现与使用。
西汉：茶作为饮品逐渐被人们接受。
三国：茶文化的初步传播。
两晋北朝：文人雅士的饮茶风尚兴起。
三、茶的种类
中国是茶的故乡，拥有丰富多样的茶类。根据加工工艺和发酵程度的不同，茶叶通常被分为六大类：绿茶、红茶、乌龙茶、白茶、黄茶和普洱茶。
绿茶：未经发酵，保留了鲜叶的绿色，制作工艺包括杀青、揉捻和干燥，茶汤清香，色泽碧绿。著名品牌如西湖龙井和碧螺春。

红茶：全发酵茶，茶汤红亮，口感醇厚，常用于调配各种茶饮。代表性茶叶有祁门红茶和阿萨姆红茶。
乌龙茶：半发酵茶，介于绿茶和红茶之间，具有独特的花香和果香。著名的有铁观音和大红袍。
白茶：轻微发酵，制作工艺简单，保留了茶叶的天然风味，口感清淡。代表性茶叶有白毫银针和寿眉。
黄茶：轻发酵茶，制作工艺独特，茶汤金黄，味道鲜爽。著名的有君山银针
普洱茶：后发酵茶，具有独特的陈香，随着时间的推移，口感愈加醇厚。普洱茶的代表品牌有大益和下关。
四、茶的制作工艺
茶叶的制作工艺是茶文化的重要组成部分。茶的制作过程通常包括采摘、萎凋、杀青、揉捻和干燥等步骤。不同茶类的制作工艺各具特色，例如，绿茶的鲜叶经过高温杀青，迅速制止酶促反应，保留了茶叶的绿色和鲜香，而红茶，则需要经过完全发酵，形成其独特的色泽和口感。每种茶的制作工艺都蕴含着丰富的文化内涵和地方特色。
采摘：选择适宜的茶叶嫩芽。
萎凋：使茶叶失去部分水分，增强香气。
杀青：通过高温处理停止酶的活性。
揉捻：使茶叶形状更美观，释放香气。
干燥：去除水分，保持茶叶的品质
五、茶的饮用方式
中国的饮茶习惯丰富多样，讲究茶具的选择、泡茶的技巧和饮茶的礼仪。传统的茶具包括紫砂壶、瓷器和玻璃器具等，泡茶时需注意水温、茶量和浸泡时间，以确保茶的最佳风味。在饮茶礼仪上，“客来敬茶”是中国传统的待客之道，体现了对客人的尊重和热情。具体的饮茶场景如“工夫茶”或“茶艺表演”更是展示了茶文化的独特魅力。
六、茶与中国哲学
茶文化与中国传统哲学有着密切的关系，尤其是道家和儒家思想。道家强调“天人合一”，饮茶成为一种修身养性的方式，而儒家则注重礼仪和中庸之道，茶在社交场合中扮演着重要角色。通过品茶，人们不仅能享受茶的美味，更能在宁静中反思自我，提升内心的修养。经典著作如《道德经》和《论语》中都能找到与茶文化相关的哲学思想。
七、茶文化的社会功能
茶在中国社会中扮演着重要的角色，尤其是在社交、待客和家庭聚会中。无论是亲友相聚，还是商务洽谈，茶都成为沟通的桥梁，促进了人际关系的和谐。茶文化的社交功能使人们在轻松的氛围中交流思想，增进感情。根据调查，超过 70%的中国人认为饮茶是增进友谊的重要方式。
八、茶文化的艺术表现
茶文化不仅体现在饮用和社交中，还在文学、绘画、音乐等艺术形式中得到了广泛的表现。许多文人墨客以茶为题材创作诗词，描绘茶的清香与雅致；茶道的仪式感也常常成为绘画作品中的主题，展现了茶文化的多样性和深邃的内涵。著名的文学作品如《红楼梦》中多次提到茶的文化。
九、现代茶文化的变迁
随着社会的发展，现代茶文化也在不断演变。茶馆的兴起为人们提供了一个休闲和社交的场所，茶饮品的创新则吸引了更多年轻人的关注。现代茶文化不仅保留了传统的精髓，还融入了新的元素，展现出更加多元化的面貌，例如，奶茶和水果茶的流行，正是年轻人重新定义茶文化的体现。
十、结论
中国的茶文化以其独特性和深远影响，成为中华文化的重要组成部分。它不仅是人们日常生活中的饮品，更是文化交流、社交礼仪和哲学思考的载体。展望未来，茶文化将继续在全球范围内传播与发展，成为连接不同文化的重要桥梁。我们每个人都可以参与到茶文化的传播与保护中，共同传承这一珍贵的文化遗产。

经过多个智能体之间的配合，最终生成的文章比原来大模型直接输出的文章有了很大的提升，逻辑更加清晰，而且有更多的细节，读起来更加吸引人。

图 书 推 荐

书 名	作 者
HuggingFace 自然语言处理详解——基于 BERT 中文模型的任务实战	李福林
动手学推荐系统——基于 PyTorch 的算法实现(微课视频版)	於方仁
强化学习——从原理到实践	李福林
全解深度学习——九大核心算法	于浩文
深度学习——从零基础快速入门到项目实践	文青山
Diffusion AI 绘图模型构造与训练实战	李福林
图像识别——深度学习模型理论与实战	于浩文
Transformer 模型开发从 0 到 1——原理深入与项目实践	李瑞涛
AI 驱动下的量化策略构建(微课视频版)	江建武、季枫、梁举
LangChain 与新时代生产力——AI 应用开发之路	陆梦阳、朱剑、孙罗庚 等
自然语言处理——原理、方法与应用	王志立、雷鹏斌、吴宇凡
玩转 OpenCV——基于 Python 的原理详解与项目实践	刘爽
ChatGPT 应用解析	崔世杰
跟我一起学深度学习	王成、黄晓辉
跟我一起学机器学习	王成、黄晓辉
深度强化学习理论与实践	龙强、章胜
语音与音乐信号处理轻松入门(基于 Python 与 PyTorch)	姚利民
轻松学数字图像处理——基于 Python 语言和 NumPy 库(微课视频版)	侯伟、马燕芹
自然语言处理——基于深度学习的理论和实践(微课视频版)	杨华 等
Java+OpenCV 高效入门	姚利民
Java+OpenCV 案例佳作选	姚利民
计算机视觉——基于 OpenCV 与 TensorFlow 的深度学习方法	余海林、翟中华
量子人工智能	金贤敏、胡俊杰
Flink 原理深入与编程实战——Scala+Java(微课视频版)	辛立伟
Spark 原理深入与编程实战(微课视频版)	辛立伟、张帆、张会娟
PySpark 原理深入与编程实战(微课视频版)	辛立伟、辛雨桐
ChatGPT 实践——智能聊天助手的探索与应用	戈帅
AI 芯片开发核心技术详解	吴建明、吴一昊
编程改变生活——用 Python 提升你的能力(基础篇・微课视频版)	邢世通
编程改变生活——用 Python 提升你的能力(进阶篇・微课视频版)	邢世通
编程改变生活——用 PySide6/PyQt6 创建 GUI 程序(基础篇・微课视频版)	邢世通
编程改变生活——用 PySide6/PyQt6 创建 GUI 程序(进阶篇・微课视频版)	邢世通
Python 量化交易实战——使用 vn.py 构建交易系统	欧阳鹏程
Python 全栈开发——基础入门	夏正东
Python 全栈开发——高阶编程	夏正东
Python 全栈开发——数据分析	夏正东
Python 编程与科学计算(微课视频版)	李志远、黄化人、姚明菊 等
Python 游戏编程项目开发实战	李志远
Python 概率统计	李爽
Python 区块链量化交易	陈林仙
Python 玩转数学问题——轻松学习 NumPy、SciPy 和 Matplotlib	张骞

续表

书　名	作　者
仓颉语言实战(微课视频版)	张磊
仓颉语言核心编程——入门、进阶与实战	徐礼文
仓颉语言程序设计	董昱
仓颉程序设计语言	刘安战
仓颉语言元编程	张磊
仓颉语言极速入门——UI 全场景实战	张云波
HarmonyOS 移动应用开发(ArkTS 版)	刘安战、余雨萍、陈争艳 等
openEuler 操作系统管理入门	陈争艳、刘安战、贾玉祥 等
AR Foundation 增强现实开发实战(ARKit 版)	汪祥春
AR Foundation 增强现实开发实战(ARCore 版)	汪祥春
后台管理系统实践——Vue. js+Express. js(微课视频版)	王鸿盛
HoloLens 2 开发入门精要——基于 Unity 和 MRTK	汪祥春
Octave AR 应用实战	于红博
Octave GUI 开发实战	于红博
公有云安全实践(AWS 版·微课视频版)	陈涛、陈庭暄
虚拟化 KVM 极速入门	陈涛
虚拟化 KVM 进阶实践	陈涛
Kubernetes API Server 源码分析与扩展开发(微课视频版)	张海龙
编译器之旅——打造自己的编程语言(微课视频版)	于东亮
JavaScript 修炼之路	张云鹏、戚爱斌
深度探索 Vue. js——原理剖析与实战应用	张云鹏
剑指大前端全栈工程师	贾志杰、史广、赵东彦
从数据科学看懂数字化转型——数据如何改变世界	刘通
5G 核心网原理与实践	易飞、何宇、刘子琦
恶意代码逆向分析基础详解	刘晓阳
深度探索 Go 语言——对象模型与 runtime 的原理、特性及应用	封幼林
深入理解 Go 语言	刘丹冰
Vue+Spring Boot 前后端分离开发实战(第 2 版·微课视频版)	贾志杰
Spring Cloud Alibaba 微服务开发	李西明、陈立为
Spring Boot 3.0 开发实战	李西明、陈立为
Spring Boot+Vue. js+uni-app 全栈开发	夏运虎、姚晓峰
Dart 语言实战——基于 Flutter 框架的程序开发(第 2 版)	亢少军
Dart 语言实战——基于 Angular 框架的 Web 开发	刘仕文
Power Query M 函数应用技巧与实战	邹慧
Pandas 通关实战	黄福星
深入浅出 Power Query M 语言	黄福星
深入浅出 DAX——Excel Power Pivot 和 Power BI 高效数据分析	黄福星
从 Excel 到 Python 数据分析：Pandas、xlwings、openpyxl、Matplotlib 的交互与应用	黄福星
云原生开发实践	高尚衡
云计算管理配置与实战	杨昌家
移动 GIS 开发与应用——基于 ArcGIS Maps SDK for Kotlin	董昱